香川県の細原邦明さんが「1日刈ってもくたびれない」という刈り方。竿を左側に持ち、右足を前に出す「剣道の構え」。細原さんはチップソーでも同じように持つが、とくにナイロンコードに向く？（本文24ページ）

草刈りがもっとラクになる作業名人のひと工夫

右に傾ければゴミが自分に飛ばない

栃木県　山野井登喜江さん（撮影　赤松富仁）

登喜江さんが実践する刈り方は、刈った草や小石が自分のほうに飛んで来ない。その秘密は、ヘッドを右側に傾けて持つこと
（本文44ページ）

右に傾けて刈ったら、スプレー糊をつけた前掛けには、まったくといっていいほどゴミが付いていない

普通の持ち方だと…

水平に持って刈ったら、前掛けにゴミがびっしりついた。「ほら、小石も付いてる」

体に合わせてハンドルを調節

三重県　青木恒男さん（撮影　倉持正実）

刈り払い機のセッティングは、最初にして最大のポイント。自分の体に合わせてハンドルの取り付け位置・角度・幅を調節。自然に立った状態で脇を締めてハンドルを持ち、地面と刈り刃が水平になるようにする。腕力でなく、腰の回転で振るようにすると疲れない（本文28ページ）

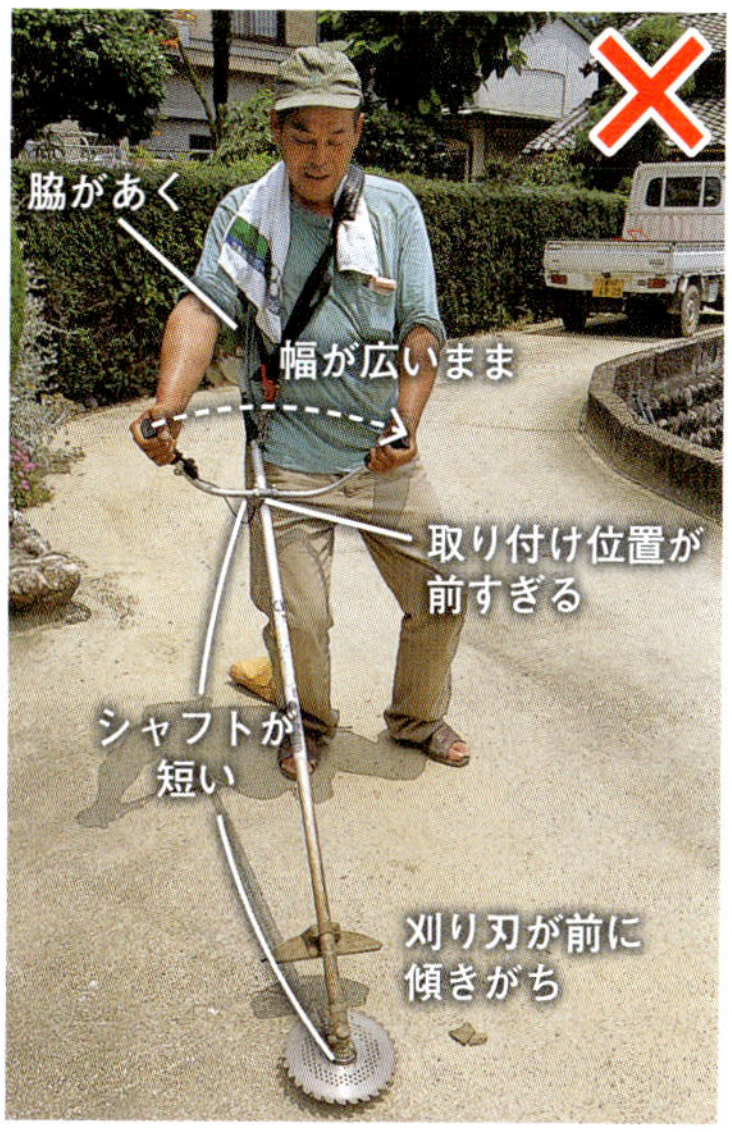

斜面では“機械を肩に吊るす”

福岡県　大橋幸太郎さん

いつも通りの持ち方だと、左手が前。刈り払い機は体の右側（斜面の上側）にくる。これだとエンジン部分を右手で持つことになって、負担が大きい

山や土手など、斜面のきつい場所での草刈りのポイントは、「刈り払い機は手で持つのではなく、肩に吊るす」こと。刈り払い機が体の左側（斜面の下側）にくるように持ち直す（本文48ページ）

さまざまな場所に合わせた草の刈り方

アゼ上面は「一直線刈り」

（撮影　倉持正実）

三重県の青木恒男さんがアゼの上面を刈るときは、草刈り機はまったく振らず、体の前に構えたままで一直線に歩くだけ。よく切れる刈り刃を使っていれば、これで草はパタパタ倒れるのでかなり速く刈れる

斜面を刈り上げながら戻ってくれば、田んぼに刈り草を落とさず、アゼに満遍なくマルチしたような状態になる（本文30ページ）

狭い幅は「カニ歩き刈り」

（撮影　倉持正実）

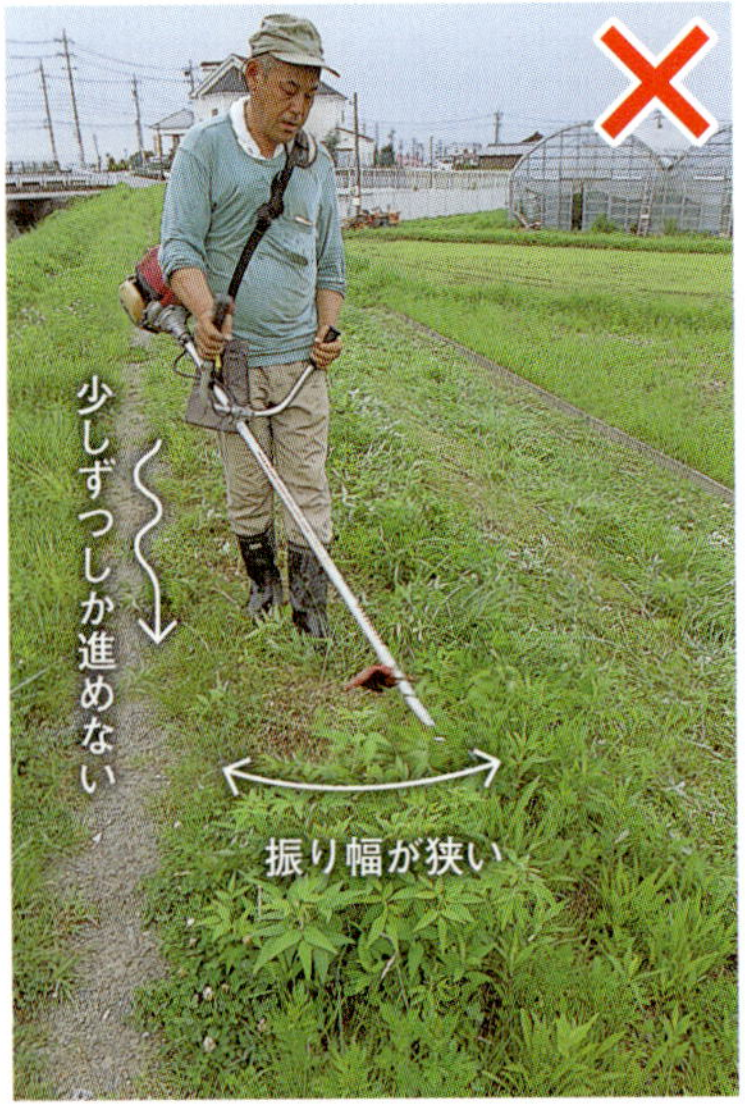

堤防上面の道路脇など、幅の狭い部分まで前進して刈っていたら、チョコチョコ振る回数ばかり多くて時間もかかるし疲れてしまう

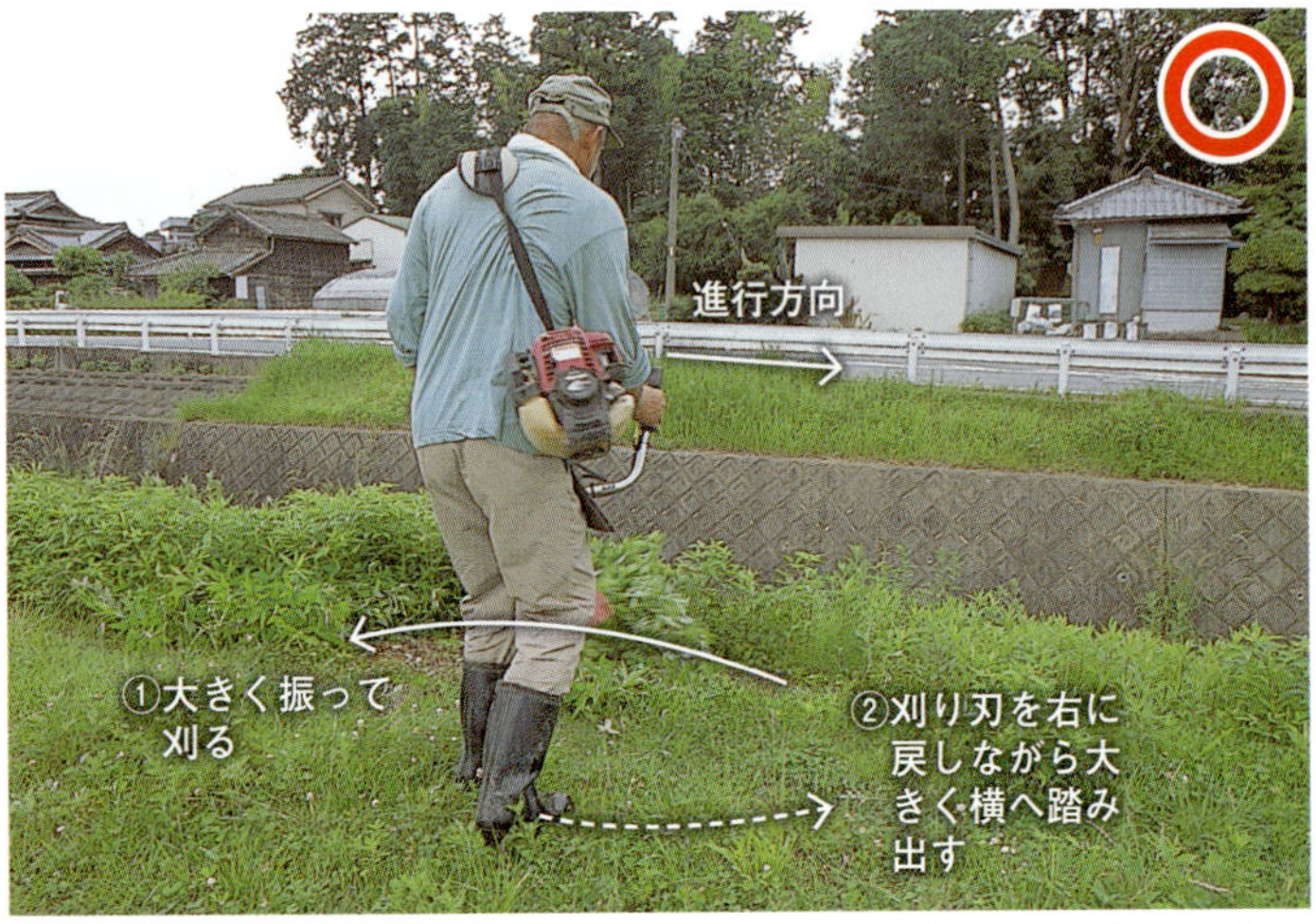

青木さんは、進行方向に対して横向きになり、「刈り刃を右から左へゆったり大きく振ったら右足を大きく横へ踏み出す」という順序で、横歩きしながら刈り進める（本文29ページ）

広い斜面、法面《のりめん》の草刈り

◆鍬と刈り払い機を使う

京都府の西馬育穂さんは、等高線に沿って（水平に）草の根を鍬で切り、幅10cmほどの足場をつくる。
それだけで斜面の草刈りはうんとラクに、しかも安全にできる（本文26ページ）

◆作業道造成機とレシプロ式草刈り機を使う

鳥取県農業試験場では、果樹園用の作業道造成機（左下）で作業道をつくり、広幅レシプロ式草刈り機（右上）を使って草を刈る方法を開発した。能率は刈り払い機の3倍（本文53ページ）

刈り払い機の刈り刃　種類と特徴

チップソー

一般的な雑草刈り用、立ち木や竹なども切れるタイプなど、用途ごとにいろいろなチップソーがある。立ち木や竹でも切れる強力な刃にはアサリが付けてある（刃がチドリになっている）。
チップソーの名前の由来にもなっている超硬チップの付け方は大きく分けて２通り（図）。雑草刈り用はAのような埋め込みタイプが多い。衝撃に強く、チップが飛びにくいのが利点。Bのタイプは切れ味が優れており、山林下刈り用などに取り入れられている。
刃全体の重さを軽くするため、たくさんの窓穴を開けた製品もよくある。

チップの付き方の２タイプ

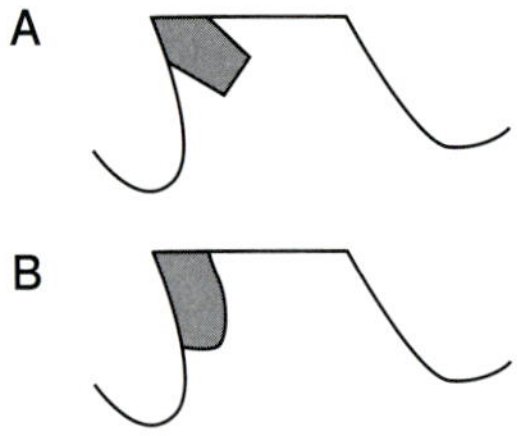

低速回転で刈れるチップソー。一般的な刈り払い機は毎分6000～9000回転程度で使われるが、この刈り刃なら3000～5000回転程度で十分に草を刈れる
（本文79ページ）

ナイロンコード

コードの断面が丸いものや四角いもの、コード全体がスパイラル状（ねじれた形状）のものなどいろいろある。丸いものは耐久性に優れ、四角いものは切れ味の点で優れているという。スパイラル状のものは、回転時の騒音を減らす効果があるとのこと。
なお、ナイロンコードはエンジンにかかる負荷がチップソーより大きいので、排気量が大きい（25cc以上）刈り払い機に取り付けて使う。

二枚刃

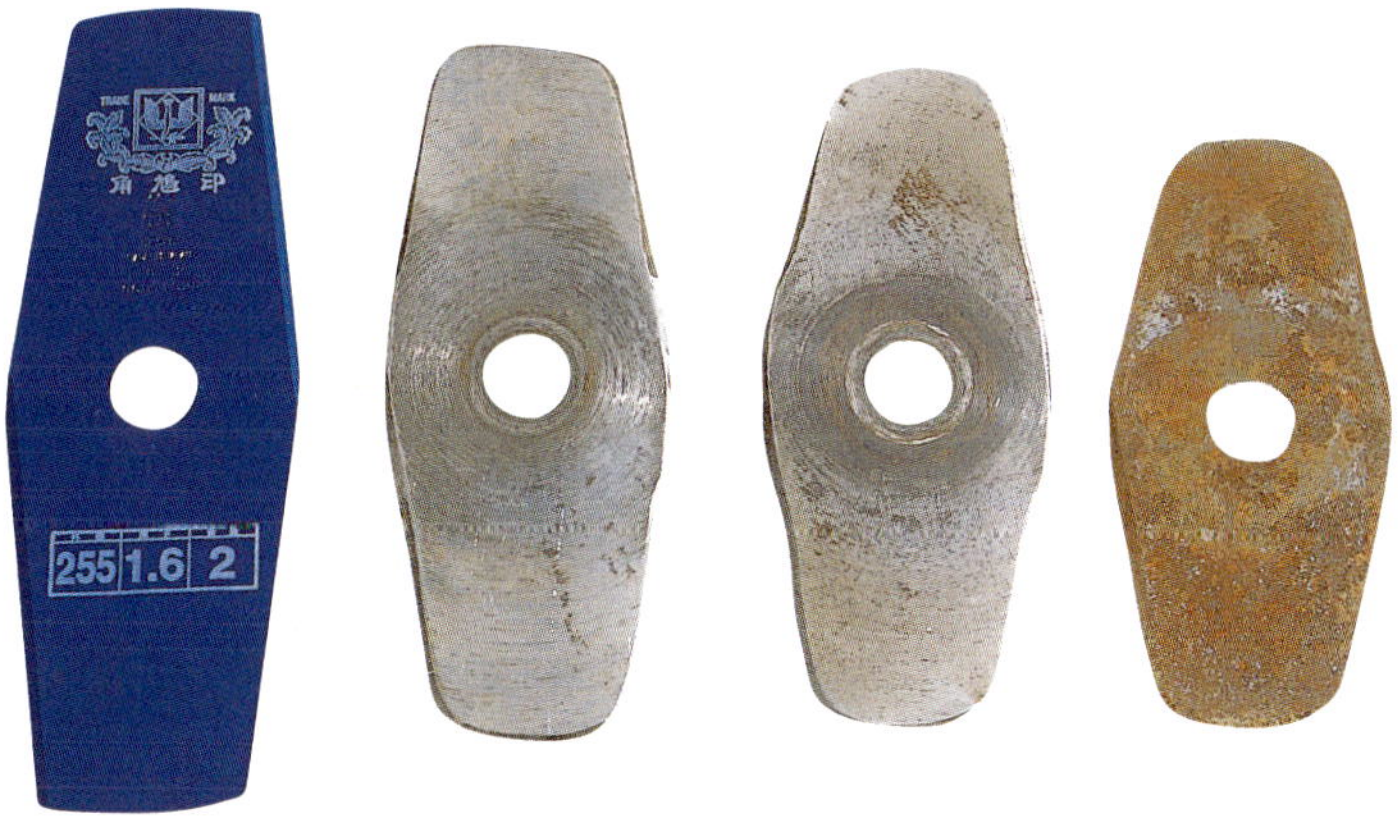

福岡県の大橋鉄雄さんは、もっぱらこの二枚刃を使う。草を刈る範囲が広く、チップソーより軽く、能率が高い。ただしチップソーに比べて危険度が高いため、上級者向け（本文50ページ）。

八枚刃

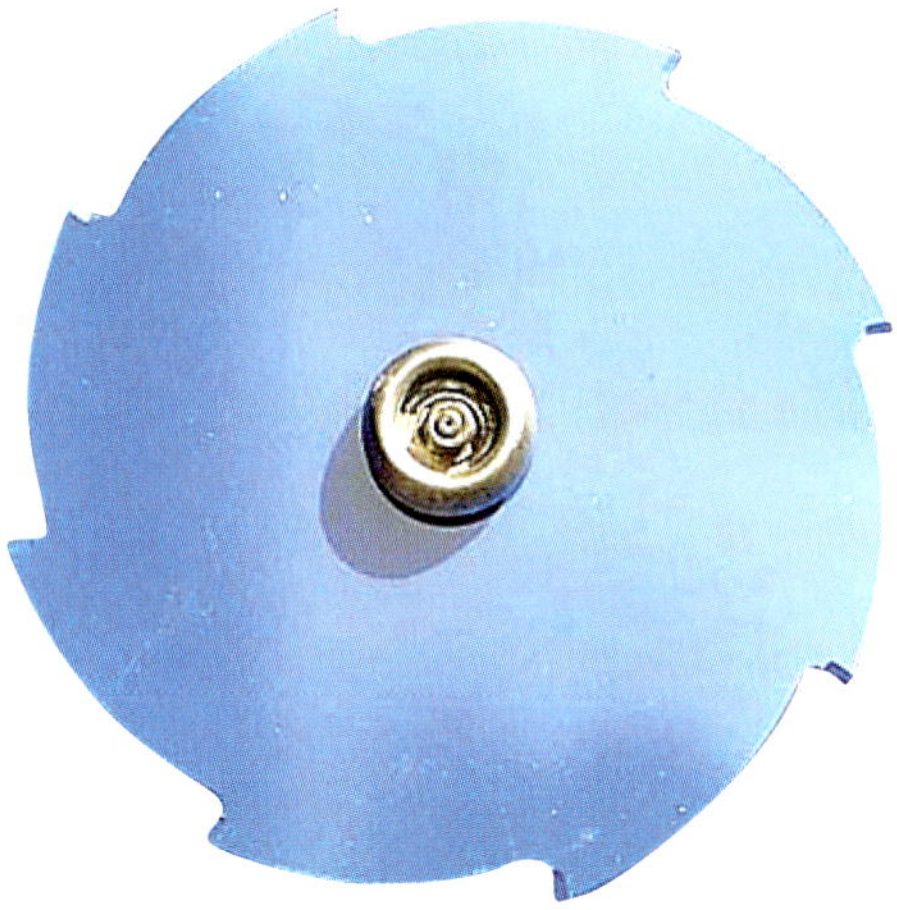

広島県の久和田一夫さんによれば、長い草を刈るときも巻きつきにくく、石などの飛散も少ない。ただし頻繁に研磨しないとすぐ切れなくなるのが難点という（本文31ページ）。

笹刃

山林作業従事者によく使われていて、直径5cm程度の小径木などもスパッと切ることができる。写真は、兵庫県の森野英樹さんが古いチップソーを加工して作ったもの。草などはサッと撫でるだけで切れ、刈り刃に草が巻き付きにくい。エンジンの回転数も落とせて、機械が長持ちし、燃料費も節約できる（本文76ページ）。

新品の切れ味復活！ チップソーの研ぎ方

サトちゃん＆コタローくん

『現代農業』二〇一二年一月号による。

刃先に耐久性のある超硬チップが埋め込まれたチップソー。研磨を頻繁にしなくても切れ味が落ちにくいのが特徴だ。しかしこのチップソー、つい面倒臭くて、一度も研磨せずに新しい刃に交換する人が多いのでは？

「研磨すれば新品同様の切れ味が戻って疲れない。エンジン回転数を落としても軽〜く切れるから、機械長持ち。燃費だっていい。刃も二〜三倍長く使えて丸儲けよ」

というのは、おなじみ福島・会津のサトちゃん（佐藤次幸さん）だ。

片や神奈川県伊勢原市のコタローくん（今井虎太郎さん）は、「一度も研磨したことありません。刃は一年で交換してます」。

「もったいないじゃん！　研磨は慣れればカンタン。全然違うから試してみる？」

（本文68ページからの記事もあわせてご覧ください）

コンテナを2個並べて、写真のように刈り払い機を載せたら、体の中心に刈り刃がくるように座る
（写真はすべて倉持正実撮影）

研磨に使うのはディスクグラインダー。平面研磨用のダイヤモンド砥石（チタン仕上げ）を装着

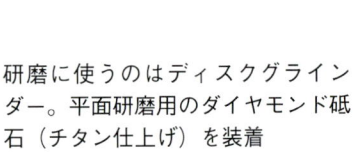

手順1　チップの外側（逃げ面）を研磨

円盤に対して砥石を垂直に立て、図のようにまず逃げ面の手元側に1秒ほど当てる（削り過ぎに注意！）。続けて砥石の角度を変え、すぐに砥石をチップから離す。この要領で逃げ面だけを1周研磨する

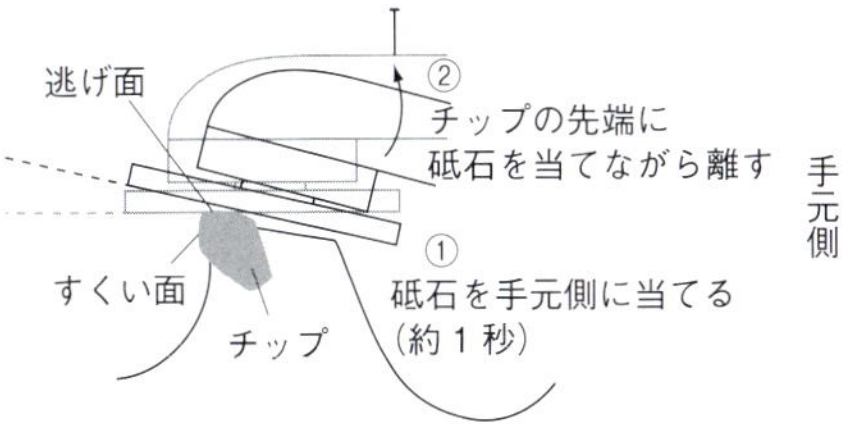

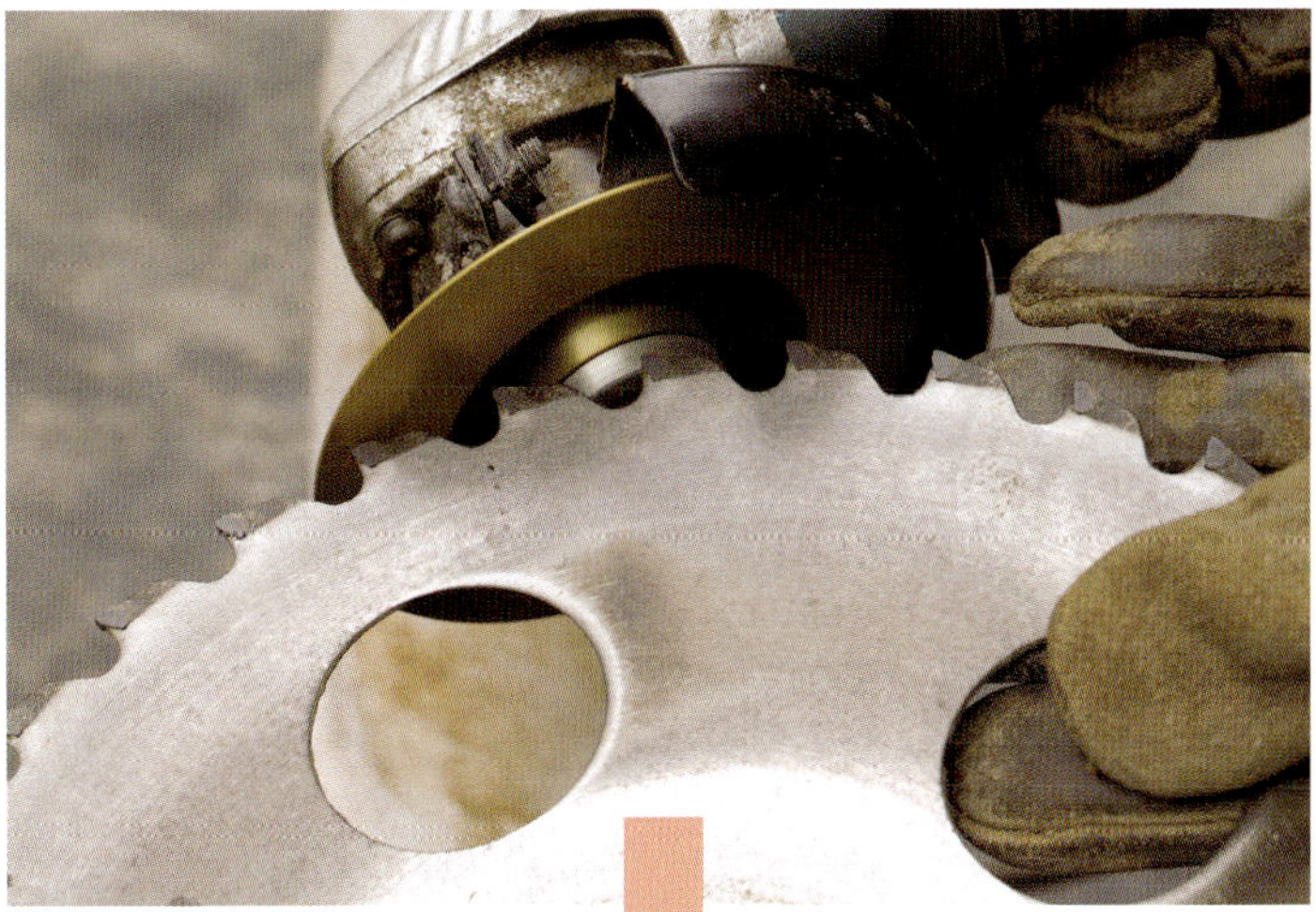

手順2　チップの内側（すくい面）を研磨

次はチップの内側を研磨。円盤に対して砥石を垂直に立て、図のようにチップのすくい面にまっすぐ砥石を当て、削り過ぎないようすぐに離す（♡→は起点の刃）

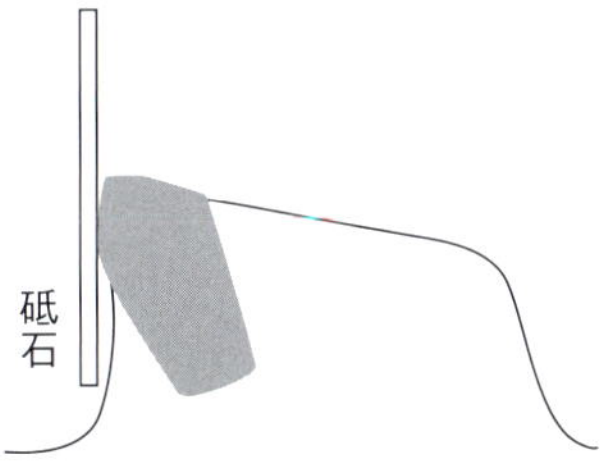

うまく目立てができているか指でそっとチップに触ってみる。新品のチップ同様に引っかかる感じがあればＯＫ

「もう使えない」とコタローくんが捨てていた古いチップソーも、研磨したら切れ味が復活。刈り払い機に装着していない刈り刃は、中心の穴にドライバーを刺して簡単に固定して研磨

続々登場！水田で活躍する手づくり除草機

ハウス用パイプと車用のタイヤチェーンでつくったチェーン除草機
（本文32ページ）

女性1人で引ける大きさのチェーン除草機
（本文94ページ）

水に浮くチェーン除草機（本文96ページ）

乗用型のチェーン除草機。燃費をよくするためフロートを取り付けた
（本文100ページ）

竹ぼうき2本でつくった除草機
（本文104ページ）

ワイヤー除草機（本文109ページ）

10m幅の超ロング竹ぼうき除草機
（本文103ページ）

ハウス用ビニペットとスプリングでつくった除草機
（本文108ページ）

空気の力で雑草を浮かせる
エアー除草機
（本文110ページ）

チェーン除草の実際と除草機のつくり方

古川勇一郎「チェーン除草」『農業総覧　病害虫防除・資材編』第九巻、二〇一一年による。

チェーン除草機による除草作業

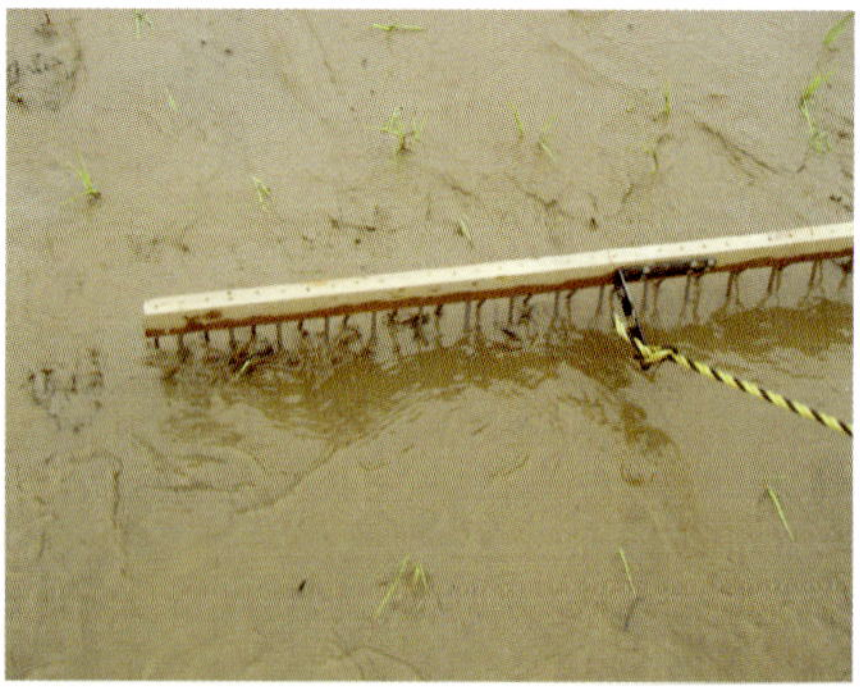

写真は田植え3日後のようす

チェーン除草の効果

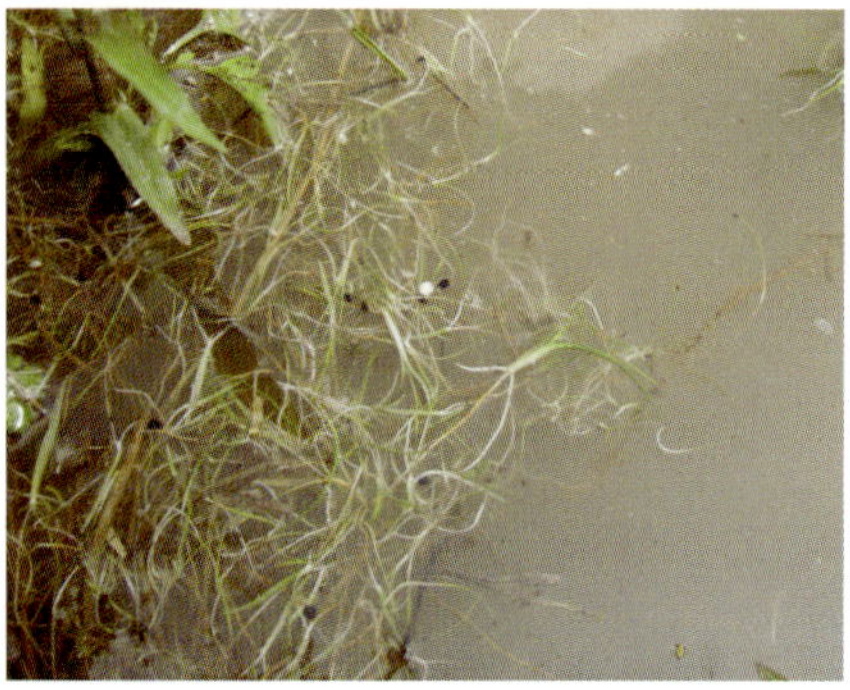

左は畦に吹き寄せられた浮遊雑草幼芽。右はコナギとホタルイの幼芽

田植え後30日目の状況。左は無除草、右はチェーン除草4回実施

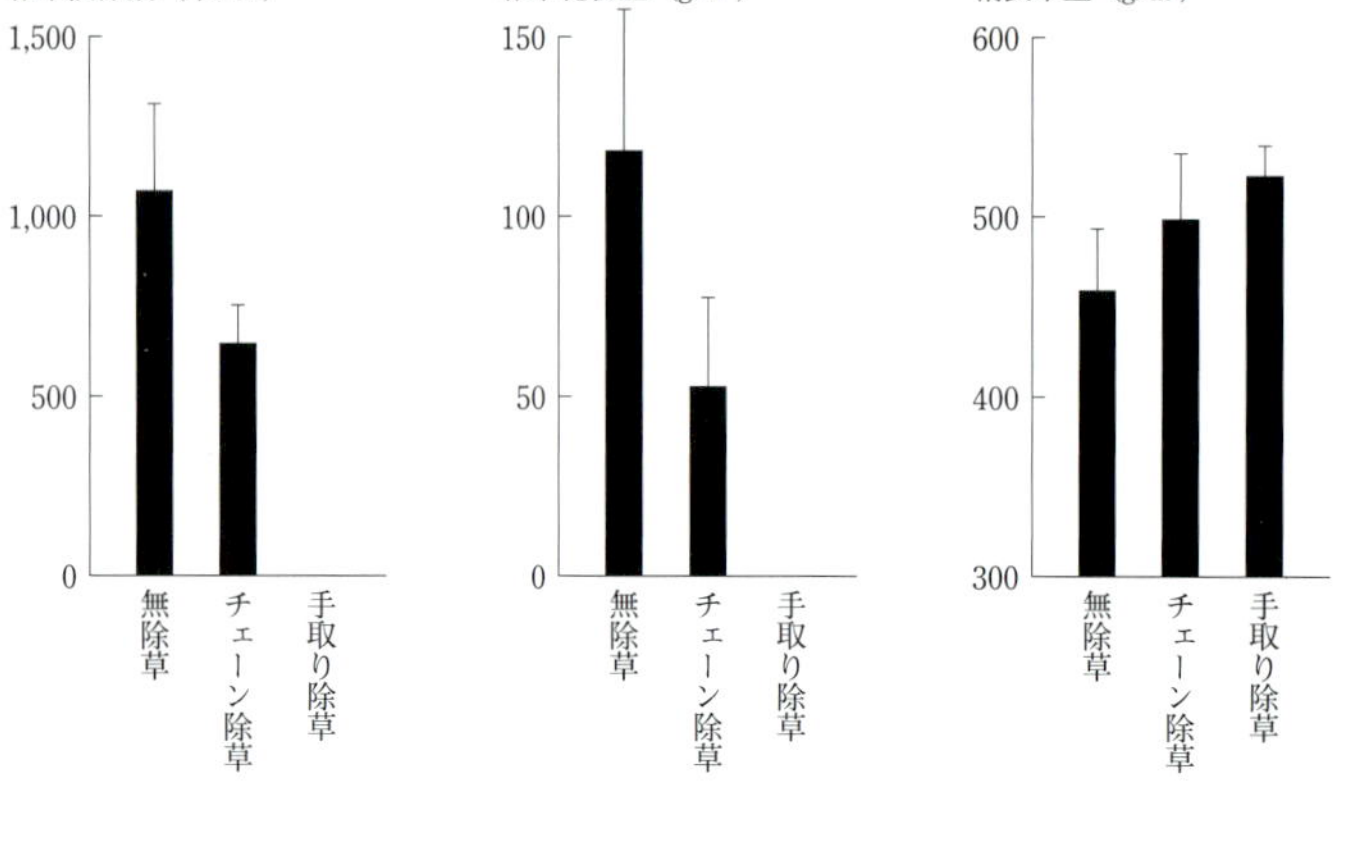

出穂期の残存雑草の個体数と乾物重、および収穫時の精玄米重

チェーン除草機の製作例（6条用）

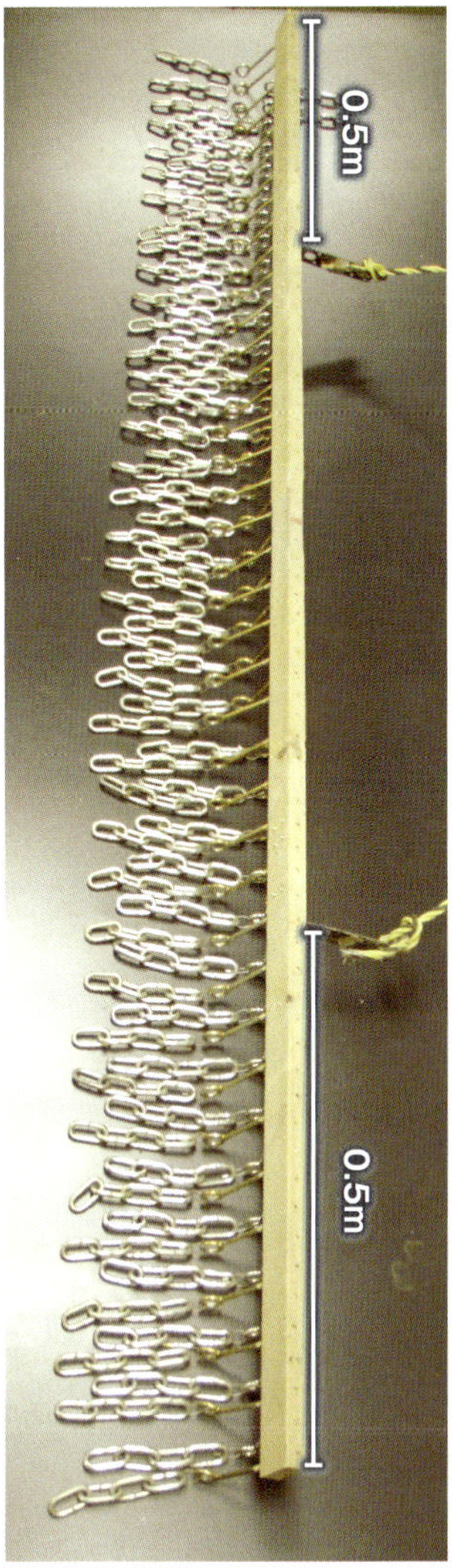

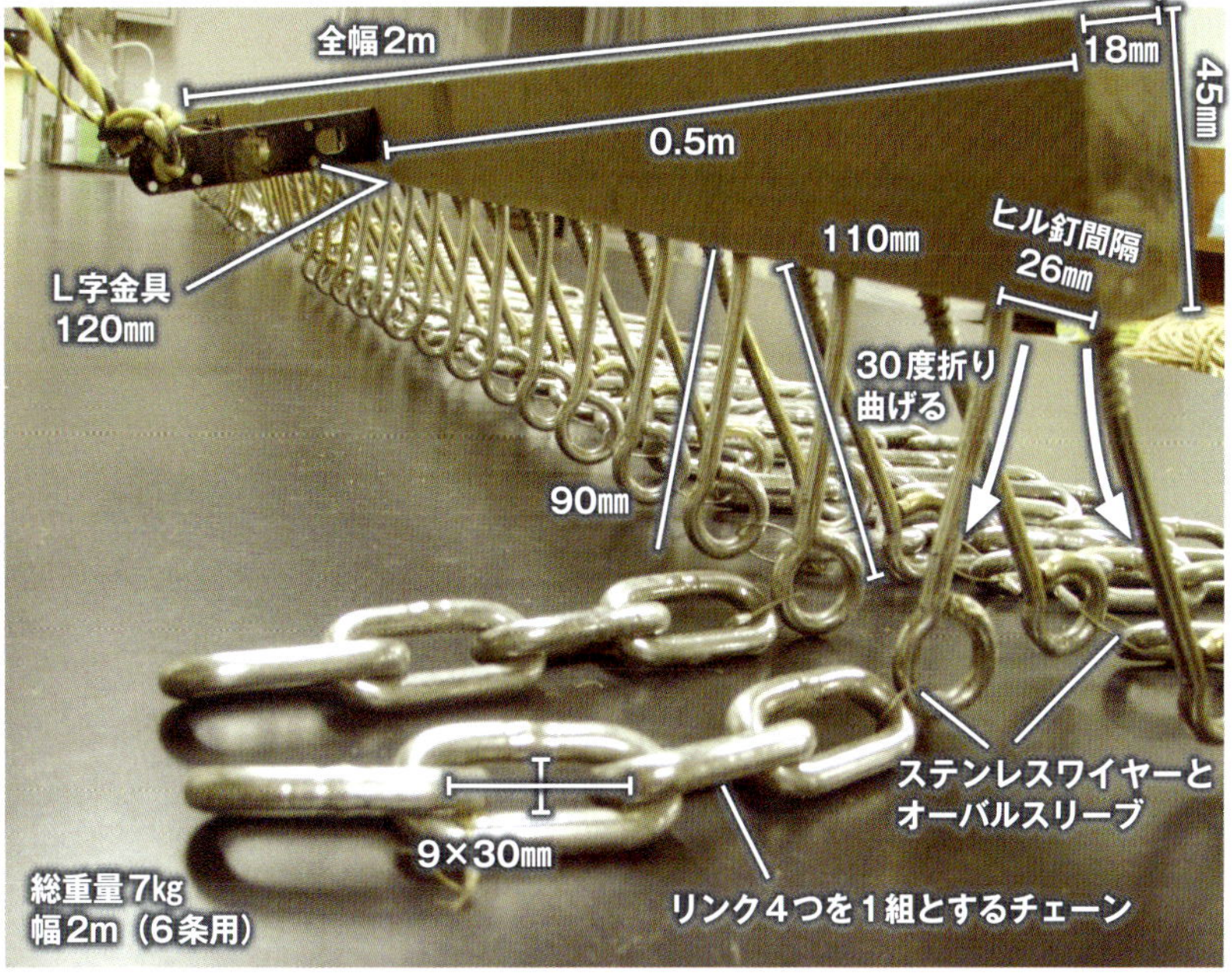

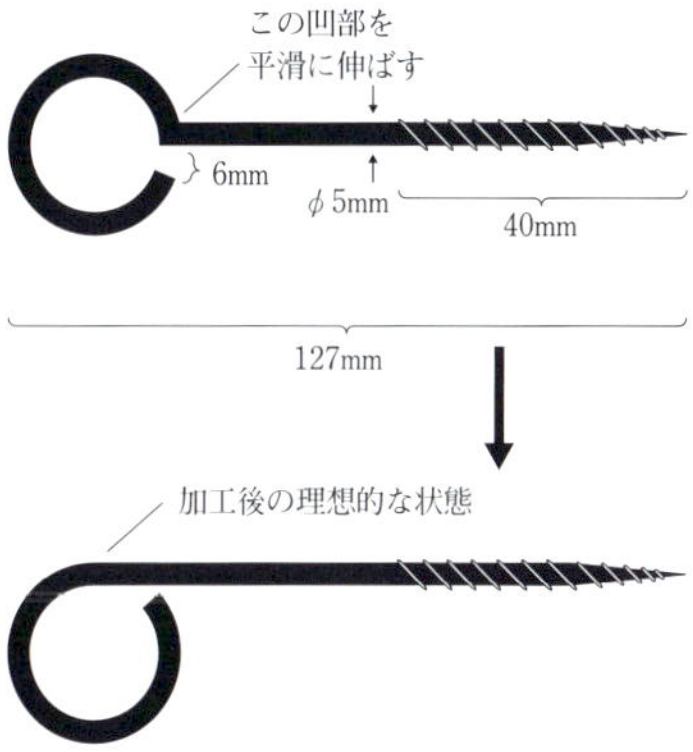

チェーン除草機の設計と外観。右下はヒル釘の加工法

【チェーン除草機をつくる際の注意点】

●ヒル釘の取付け間隔を広げるほど除草作業時に刈り株などがチェーンやヒル釘に絡まるのを軽減できるが、チェーンとチェーンの間に隙間が生じて田面攪拌力は低下する。

●ヒル釘頭部の平滑加工やヒル釘のジグザグ配置も刈り株などの絡まりを軽減するための工夫である。また、ヒル釘とチェーンを接続するワイヤー類もなるべく突起物が残らぬよう注意する。

●ヒル釘の代わりにベルトやひもなどのやわらかい素材で角材とチェーンを接続すると、チェーンが田面水中に浮き上がりやすくなり田面攪拌力が低下する。その一方で角材が直接田面に接触しやすくなるため、角材が移植苗の株元を直撃して欠株の原因となりやすい。また、角材に重りを追加しても接地圧力を調整できない。

●除草機の牽引時にヒル釘が均等に田面に接していないと除草効果のムラが大きくなるため、ヒル釘の貫入深度やジグザグ配置の角度については現場状況に合わせた調整が必要である。たとえば、人力牽引を前提とする場合は歩行によってその周囲の土壌が盛り上がるため、除草機の中央付近に配置するヒル釘は端に配置するヒル釘に比べて貫入深度を深くするか、折曲げ角度を深くすることが望ましい。

●重いチェーンを使用したほうが除草効果は高くなるが、とくに人力牽引を前提とする場合は作業性も考慮する必要がある。また構造的補強が必要になる場合もある。

畑の除草に活躍する機具

こまごま畑の除草に便利な機具

（撮影　倉持正実）

兵庫県の山下正範さんは、「穴あきホー」を野菜の特徴に合わせて使い分けている（本文150ページ）（撮影　倉持正実）

埼玉県の平川まち子さんは、立ったままの姿勢で草削りができる三角鎌を愛用（本文156ページ）
（撮影　赤松富仁）

条間の狭い軟弱野菜畑などの除草ができる中耕除草器（本文158ページ）

熊本県の村上カツ子さんが愛用するのは、昔の農家には1台はあったという「人力カルチベータ」（本文157ページ）

全国の畑に利用が広がるカルチ

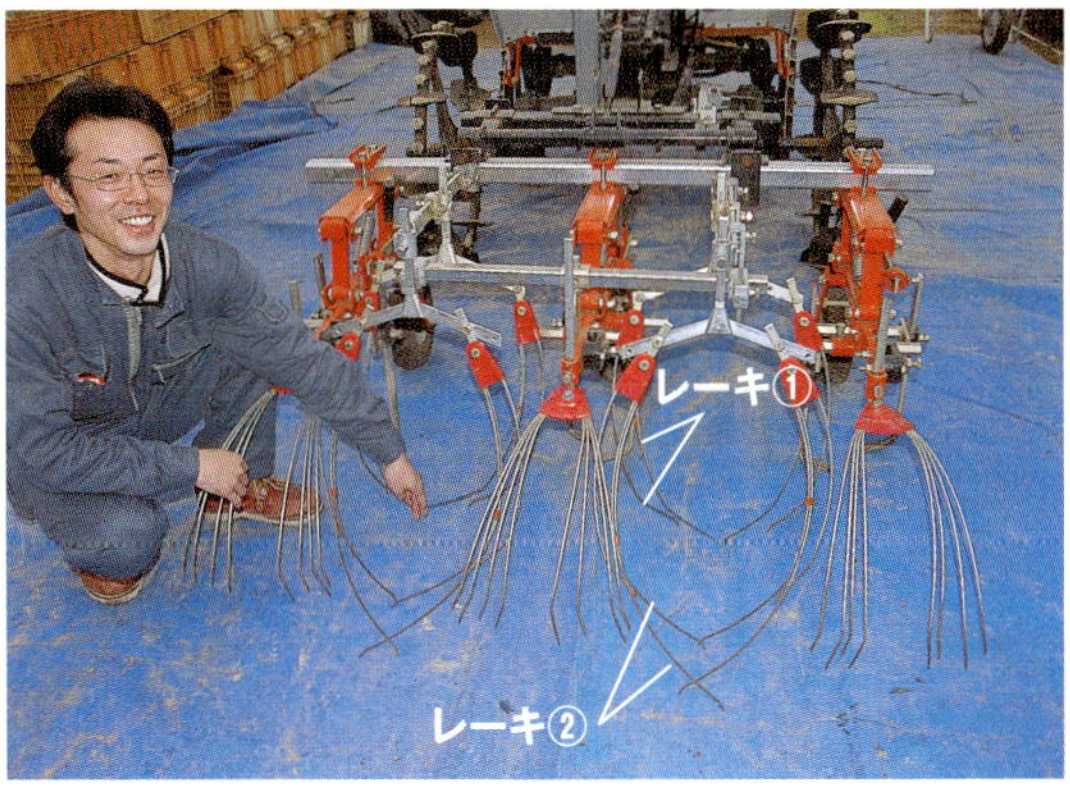

岩手県の三浦誠さんが使うカルチ（キュウホー「ウルトラQ」2条タイプ）。手を入れている部分で作物を抱え込むように株際まで除草する。ウネ間60cmのキャベツの2条用にセットしたもの（本文164ページ）

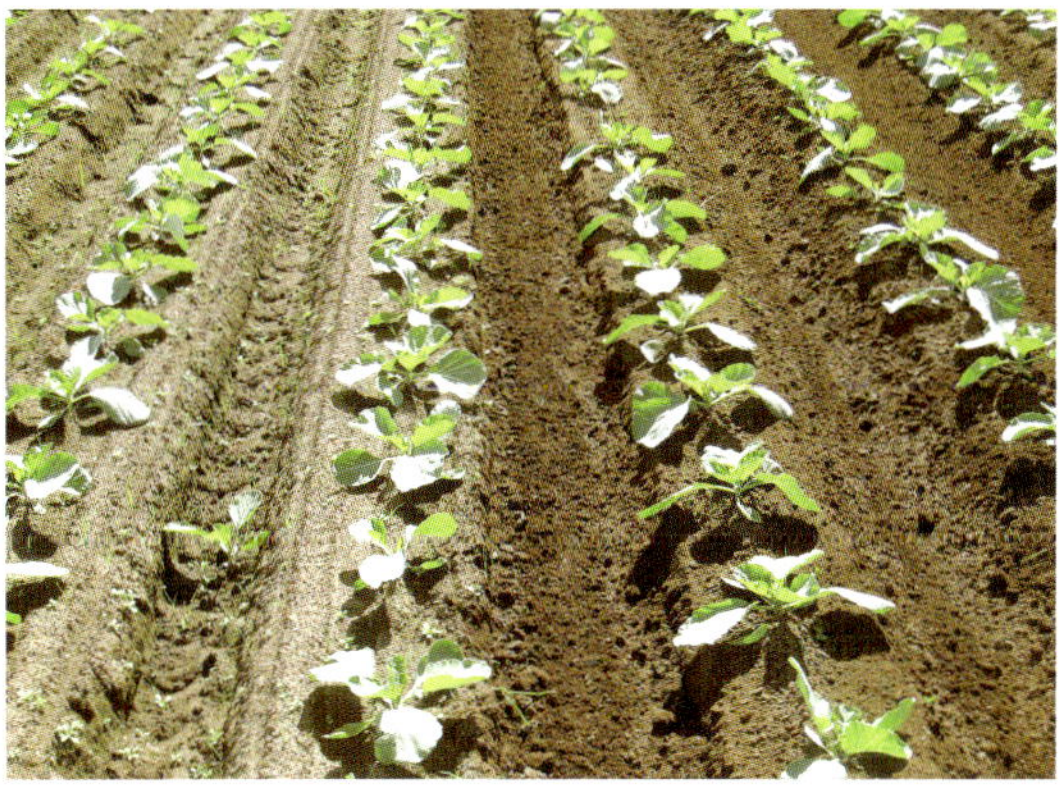

三浦さんのキャベツ畑。カルチをかけた右半分は株際まできれいに草が取れている
（写真提供　㈱キュウホー）

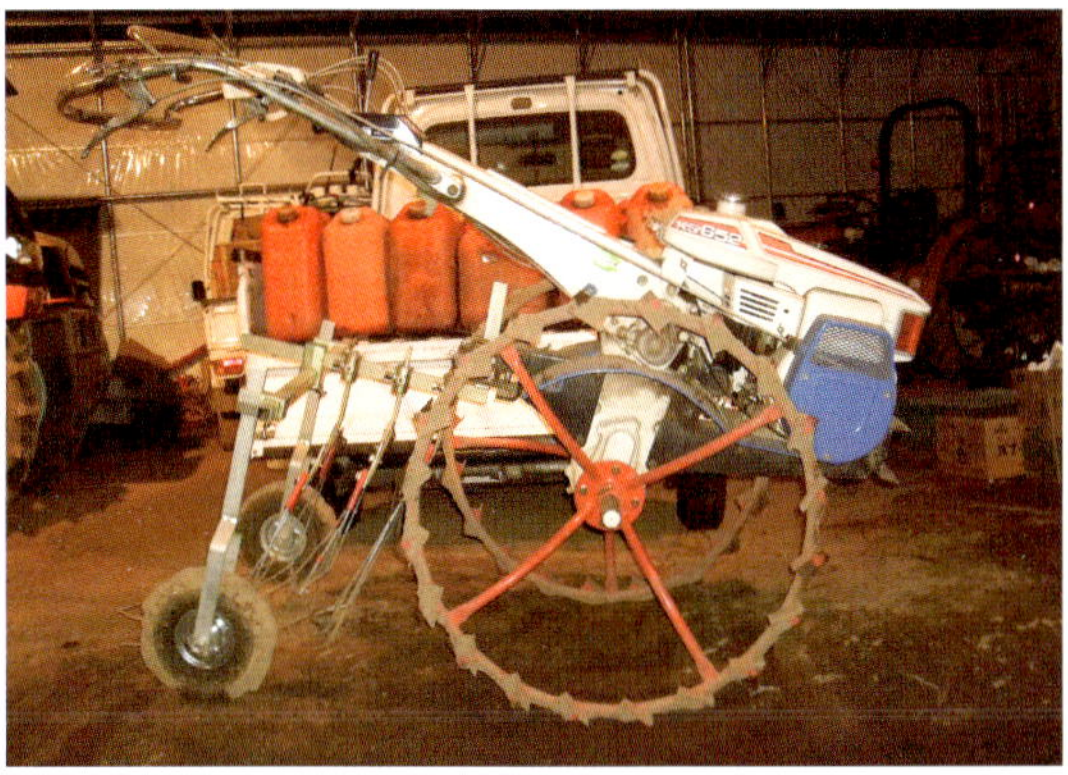

茨城県の平澤大輔さんが愛用するのは小型タイプのカルチ。小型タイプなら枕地をほとんど使わず、端のウネだろうが、条間が少しずれていようが、1ウネごとに使える
（本文168ページ）

株元ギリギリまで除草ができるスパイラルローター

福岡県の古野隆雄さんが（株）オーレックと共同開発したもの。作物が発芽したばかりの頃でも、小さな雑草だけを完璧に除去できる
（本文38ページ）

江戸時代から昭和初期の除草用農具

江戸時代

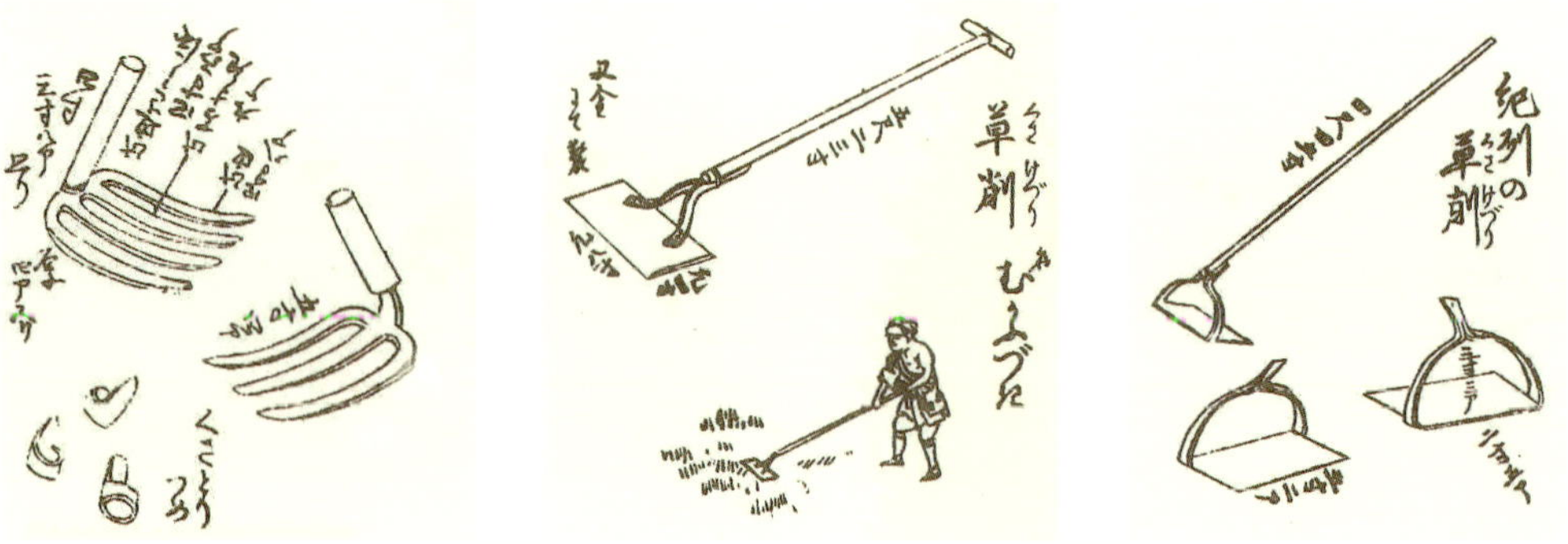

大蔵永常『農具便利論』（1822年刊、『日本農書全集⑮』に収録）に紹介された除草機具。左が水田用の「雁爪」と「草とり爪」、中央が畑用の「草削り」、右が和歌山県で使われていた「草削り」

明治時代

明治時代になると、除草作業を立ったままで行なえる「田打ち車」と呼ばれる回転式中耕除草機が登場した。左は、中井太一郎『大日本稲作要法』（1897年刊、『明治農書全集⑪』に収録）に紹介された除草機

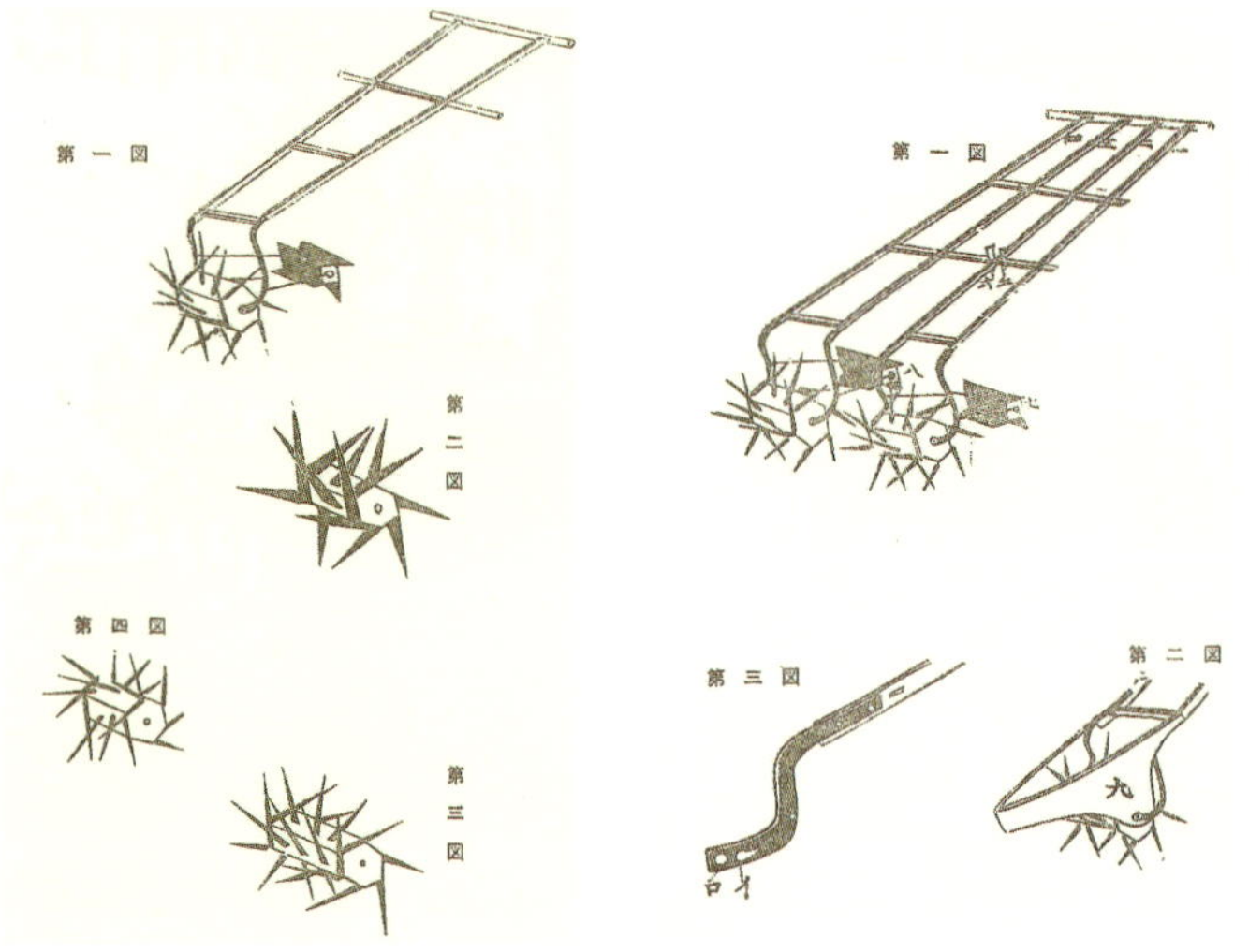

大正時代・昭和初期

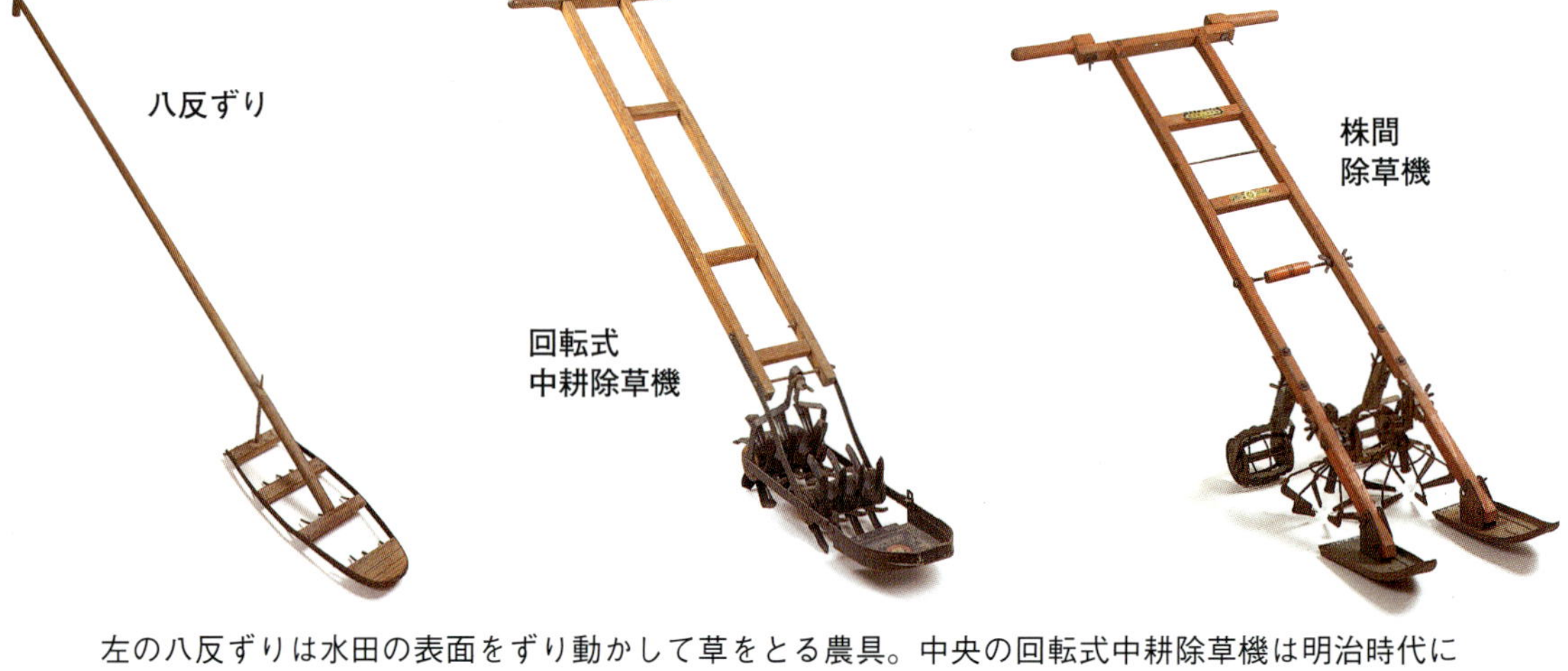

左の八反ずりは水田の表面をずり動かして草をとる農具。中央の回転式中耕除草機は明治時代に登場し、大正から昭和にかけて広く普及した。右の株間除草機は、たて軸回転で株際の除草効果を高める工夫がされている（撮影　赤松富仁）

はじめに

アジアモンスーン地帯に位置するわが国では、昔から「農業は雑草との戦い」とも呼ばれるほど、草刈り・草取りは、一年の農作業のなかでも大きな割合を占めています。本書は、そんな草刈り・草取りを、もっとラクに能率よくする工夫を集め、四つのパートで構成しています。

全国の作業名人の技をダイジェストで紹介するパート1に続き、パート2では、草刈り作業を取り上げます。畦畔などの草刈りは、作物を育てる作業などとともに重要な作業で、それに費やす時間も労力も相当なもの。炎天下で刈り払い機を背負った作業に泣かされているという人も多いのではないでしょうか。その作業も、機械の持ち方や草を刈るタイミングの見極めなどを工夫することで、負担を大きく減らせるばかりか、安全性も高まる、そんな実践を数多く収録しています。

パート3では、田んぼの草取り作業を取り上げます。田んぼの除草は、戦前は手作業や手押し式の除草機などで行なわれていましたが、戦後は除草剤によって行なうのが一般的になりました。しかし、近年では、減農薬、無農薬栽培への関心の高まりから、除草機（器）による除草も徐々に見直されてきています。そのなかで、『現代農業』二〇〇八年五月号で紹介したチェーン除草は、またたく間に全国の農家に広がりました。今では農家によるアイデア除草機が数多く生み出されており、本書にも多数収録しています。

パート4では、畑の草取り作業を取り上げます。直売野菜の畑や家庭菜園から、面積の大きな畑まで、さまざまな条件に合わせた除草機具が市販されており、本書ではそれらの特徴や使いこなし術を収録しました。

各パートとも、基本的な作業のやり方・仕方に加えて、作業に関連する機具類についての情報も充実させました。

ふだんの作業を見直して、よりかしこく草とつきあっていくヒントに、本書を大いにご活用ください。

（社）農山漁村文化協会

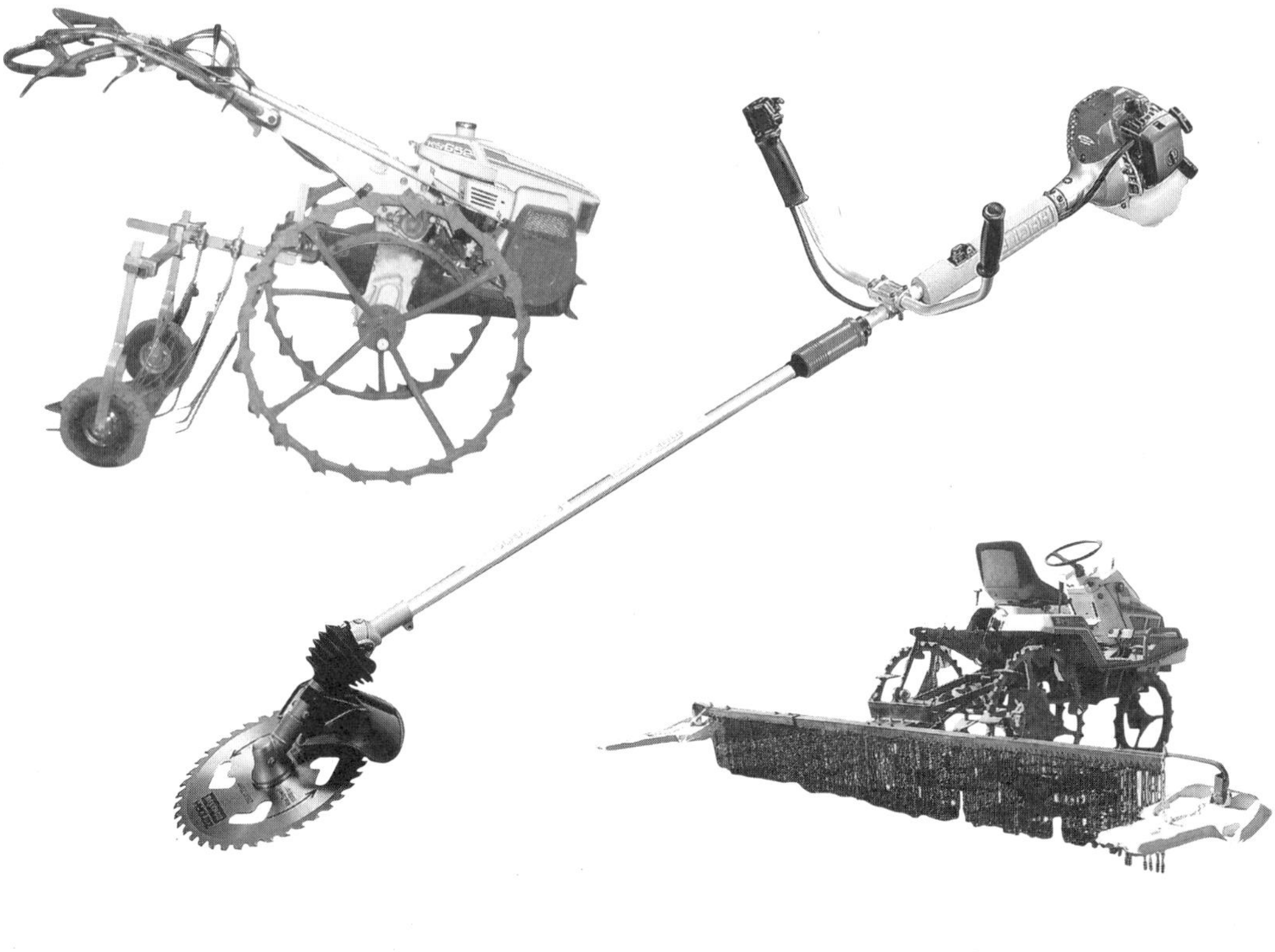

農家が教える　ラクラク草刈り・草取り術　目次

執筆者、取材対象者の肩書きや市町村は、原則として掲載時のままとしました。

〈カラー口絵〉

一日刈ってもくたびれない剣道の構え……1
草刈りがもっとラクになる作業名人のひと工夫……2
さまざまな場所に合わせた草の刈り方……4
刈り払い機の刈り刃　種類と特徴……6
新品の切れ味復活！　チップソーの研ぎ方……8
続々登場！　水田で活躍する手づくり除草機……10
チェーン除草の実際と除草機のつくり方……12
畑の除草に活躍する機具……14
江戸時代から昭和初期の除草用農具……16

パート1　草刈り・草取り名人の技、大公開！

草刈り大好き母ちゃん　低く刈るのはもうやめた！……22
熊本県　松本香代子さん
「剣道の構え」は一日刈ってもくたびれない……24
香川県　細原邦明さん
幅一〇cmの足場で、斜面の草刈りが安全・快適に……26
京都府　西馬育穂
必死で刈る人の倍速い!?　青木流ラクラク草刈りの極意……28
三重県　青木恒男さん
場面に合わせて四つの刃を使い分け……31
広島県　久和田一夫さん
田植え一週間後にかけるチェーン除草機……32
宮城県　長沼太一
地表一cmの草削りで雑草との縁を切る……34
三重県　青木恒男さん
カルチ利用・除草剤なしで二〇haのエダマメに成功……36
新潟県　柳　恵一
出芽後すぐの除草に　管理機装着のスパイラルローター……38
福岡県　古野隆雄
刈り払い機より速い、安全、気持ちいい！　草刈りには大鎌もいいぞ……40
福島県　小川　光

パート2　草を刈る

【刈り払い機を使いこなす】

登喜江さん流「根こそぎ刈り」　草や小石が自分に飛ばない……44
栃木県　山野井登喜江さん
アゼ草は丸坊主より「五分刈り」にしなきゃ損……46
福島県　佐藤次幸さん（サトちゃん）
石が飛んでこない、傾斜地でもラクな刈り払い機の持ち方……48
福岡県　大橋幸太郎さん
二枚刃を体験したら、ほかの刃はもう使えん！……50
福岡県　大橋鉄雄さん
法面作業道をつくって草刈り作業をラクに……53
鳥取県農業試験場　三谷誠次郎
タイミング、回数、機械の持ち方……　草刈りにも極意がある……56
三重県　青木恒男

「二回草刈り」だけで全量一等米　防除なんていらん！……60
滋賀県　中道唯幸さん
【機種選び】
今どきの刈り払い機　ここがスゴイ　安全な機種を選ぶ目安……64
生研センター　皆川啓子
振動が減ってラク　低振動型刈り払い機……67
生研センター　中野　丹
【メンテ術】
掃除・目立て・ハンドル調整で　刈り払い機の悩み解決……68
神奈川県　今井虎太郎
マフラーをコンロで焼いて　新品並みの馬力復活……72
岡山県　杉山邦雄さん
【改良・自作もおもしろい】
疲れない刈り払い機に改良……74
栃木県　益子武夫さん
切れ味最強!?　古いチップソーが笹刃に変身……76
兵庫県　森野英樹
新型チップソー開発秘話　切れる草刈り刃はどこが違うのか……79
岩手県　岩間勝利
【資料】現代農業に登場した　便利な刈り払い機・刈り刃／刈り払い機のアタッチメント／草刈りをラクにする道具……82
【コラム】刈り払い機を台車にのせた手押し草刈り機……88
（愛媛県　影山芳文）

パート3　田んぼの草を取る

【アイデア除草機、大集合】
手づくり除草器　鉄棒にタイヤチェーンをそのままつけた……90
栃木県　猪熊文夫
滑車でらくに　アゼから引っぱるチェーン除草器……92
長野県　安江高亮
女一人で引ける大きさのチェーン除草器……94
岐阜県　大坪夕希栄
車につけてコロコロ引くチェーン除草器……95
長野県　唐沢金実
浮くチェーン除草器　田んぼをはさんで夫婦で引き合う……96
滋賀県　是永　宙
田植え機に取り付け乗用型に……98
埼玉県　長谷川憲史
乗用型チェーン除草機　フロートを付けたら燃料代三割減……100
埼玉県　長谷川憲史
今年は「乗用竹ぼうき除草機」でいく！……101
栃木県　水口　博さん
軽くて使いやすい　竹ぼうき除草器……102
新潟県　斎藤真一郎
超ロングサイズ　一〇m幅の竹ぼうき除草器……103
栃木県　杉山修一さん
断然軽い！　三〇〇円の竹ぼうき二本でつくった除草器……104
静岡県　水口雅彦さん
しぶとい草も逃がさない　ピアノ線を付けた八条前面抑草機……106
新潟県　大島知美
ビニペットとスプリング　ハウス資材で除草器……108
新潟県　高橋　正
ワイヤーロープでガリガリ除草……109
新潟県　根津健雄
エアー除草機　空気のパワーで一網打尽……110
山形県　小野寺一博
株間に残るコナギに四つの除草器具……112
島根県農業技術センター　安達康弘

株間のコナギにチェーンとブラシの除草器　島根県農業技術センター　安達康弘……116
【水田除草機を使いこなす】
米ぬかペレット＋高精度水田用除草機＋深水による雑草抑制技術　新潟県農業総合研究所　東　聡志……117
固定式タイン型除草機による除草方法―有機栽培への適用事例　岩手県農業研究センター　臼井智彦……124
これで仕事が楽しくなるチェーン　除草のコツ　宮城県　長沼太一さん……128
チェーン除草機の特徴と効果　鳥取県農林総合研究所　西川知宏……133
多目的田植え機に装着「高精度水田用除草機」　生研機構（現・生研センター）宮原佳彦……142
【資料】現代農業に登場した　水田用除草機たち……144
【コラム】除草機と雁爪（高橋しんじ）／田んぼの除草にノコ刃付き木製鍬（長野県　安井滉）……146

パート４　畑の草を取る

【こまごま畑の除草機具】
こまごま直売野菜の除草に欠かせない　穴あきホーの使いこなし術　兵庫県　山下正範……150
畑の隅々まで草が取れる万能両刃鎌　埼玉県　平川まち子……156
しゃがむ姿勢が苦しくなって　名機「人力カルチベータ」を愛用　熊本県　村上カツ子……157
【資料】現代農業に登場した　畑の除草機具たち……158
【管理機を使う】
機械がなかった頃のおじいさんのワザをヒントに　ウネ間ラクラク除草　長野県　上野真司……160
除草剤よりよく効く！ニラ畑での米ヌカボカシと管理機の使い方　宮城県　石井　稔さん……162
【カルチを使う】
一台四六万円のカルチが二〇〇万円の利益を生みだした　岩手県　三浦　誠さん……164
形の悪い畑が多いから　わが家は小型カルチ　茨城県　平澤大輔……168
北海道・ビート　初期カルチを制する者、除草を制す　北海道　平　和男……170
株間・根際の除草にこだわった製品開発　（株）キュウホー　永井　求……175
【こんなアイデアも】
刈り払い機改造　ウネ間専用草取り機　愛媛県　影山芳文……178
水田用除草機で　ニンジンのウネ間除草　北海道　石山耕太……179
刈り払い機に付けられる除草爪　栃木県　小山田正平……180
ダイズの初期除草に　真ん中二本の刃を抜いたレーキ　北海道　佐藤健一……182
【コラム】タインで草を引っかき浮かせる「田、米カルチ」（㈱キュウホー）……183
【付録】田畑の強害雑草の強み、弱み……184

レイアウト・組版　ニシ工芸株式会社

パート1

草刈り・草取り名人の技、大公開!

「高刈り」はいいことずくめ(22ページ)

決め手は地表1cmの草削り(34ページ)

ハウスサイドには大鎌も便利(40ページ)

(撮影　赤松富仁)

刈っても刈っても伸びてくる、取っても取っても生えてくる草。草刈り、草取りをもっとラクにやりたい。しかも除草剤はなるべく使わずに……。

『現代農業』では、これまで、そんな要望に応える実践を数多く取り上げてきました。ふだん、何気なくやっている草刈り・草取りも、ちょっとした工夫次第で、もっともっとラクで能率よく、しかも環境にも負担をかけずにできるようになります。

まずは、全国の草刈り・草取り作業名人の技をみてみましょう。

草刈り大好き母ちゃん低く刈るのはもうやめた！

松本香代子さん　熊本県苓北町　編集部

斜面の草を刈り終えた松本香代子さん。これぐらい残して刈る

——ミカン農家の松本香代子さんに案内してもらい、草刈りしてすぐの畑を歩くと、ザックザックと音がしそうで、足の裏にはゴツゴツと突き刺さるような感触。地面より数㎝上を刈って、それで済ませているのだ。ただし、昔からこうだったわけではない。

とにかくきれいに刈らなきゃ、と思ってた

「男には、負けたくなかったからね」

そんなわけで香代子さん、草刈りといえば、地際から徹底的にやるのが当然だと思い込んでいた。性格的にも、土が見えるぐらいにきれいにしておかないと気が済まない。それで、作業後はほれぼれとうれしくなるわけである。

ただ、その代償も大きくて、刈り払い機で弾いた石が、足に「カーンと当たって」、それはそれは痛い思いをしたこともある。それから、勢いあまって、スプリンクラーの管を叩き切ったり、防風ネットの番線を切断したり、端に寄せておいたマルチを傷つけたり……。

「そういう刈り方は几帳面とは言わん、むしろ雑。結局、低く刈るのは、見た目を気にしすぎる人の気休めにすぎない」

当時の、香代子さんのがむしゃらぶりを振り返り、父ちゃんの繁喜さんがチクリ。

低く刈りすぎたらダメなんだ、と気づかせてくれた父ちゃんの言葉

じつは、香代子さんが「地際刈り」に見切りをつけたのも、繁喜さんの助言によるところが大きい。そのいくつかをここで紹介したい。

▼低く刈ると、刃の摩耗が三倍くらい早かけん

高く刈る繁喜さんがやっと一枚、刃（当時は八枚刃）を替えるその隙に、低く刈る香代子さんは、すでに三枚も四枚も刃をダメにしていたという。

▼高く刈ろうが、低く刈ろうが、その後の草の伸びはそう変わらん

まめに草を刈るならいざしらず、松本家の草刈りは五月と七月の二回だけ（七月以降はマルチを張る）。それだけ間隔が空けば、草丈の違いなどないのだ。

それに、これはなにも怠けているわけではなく、ワザと。地上部が十分すぎるほど伸びれば、地下部も広く深く広がる。そのうえで草を刈ってやれば、「根穴」効果が助長され、土中の空気も微生物も豊富になる。

▼低く刈ると、表層のよか泥が雨で流される

地表があらわだと、土が流されやすい。香代子さんとしては、こいつが一番しっくりとくる。思い当たる節があるのだ。

たとえば、めまぐるしく草刈りをする人がいて、しかも使う道具は低刈りに向くナイロンコード。そこの園を見ると、現に土が流亡していて、荒れていた。樹のためにもよくないと、つくづく思ったのだという。

＊

以上、そんな経緯で地際で刈るのはもうやめた。達成感のある草刈りが大好きだった香代子さんも、ラクな草刈りへと改心していったのである。

――収穫期、ミカン園に足を踏み入れると、マルチの下がフワフワしている。じつは、園の刈り草や土手の刈り草を、とにかく大量に集めて、敷き詰めているのだという。それで土の「乾きすぎ」を防いでいるわけだが、それはまた別のお話。

平坦地や通路は、自走式モアで刈る。もちろん、刈る位置は高め（3cm前後）に設定

樹のまわりや傾斜地は、刈り払い機で刈る。香代子さんは、モアも刈り払い機もどちらも使える

現代農業二〇一二年七月号　ラクラク度急上昇　草刈り・草取り　高刈りはいいことずくめ　草刈り大好き母ちゃん　低く刈るのはもうやめた！

「剣道の構え」は一日刈ってもくたびれない

細原邦明さん　香川県まんのう町　編集部

疲れないのは「剣道の構え」

田んぼと畑三・三haで、黒米・赤米やタマネギ・ニンニクなどの野菜、カンキツなどを少量多品目つくる細原邦明さん。製薬会社を退職後、農業生産法人（㈲ワケイ）を立ち上げ農業を始めて一五年になる。

現在、七八歳。「八〇歳近い年寄りが、一日草刈りを続けてもくたびれない」という刈り方がこれだ。基本は「剣道の構え」。両足は横に開かず、右足を前に、左足はつま先をやや外に向けて後ろに引く。左手は刈り払い機の竿（シャフト）を握り、右手でループハンドルを持つ。これも要は竹刀を持つのと同じ感覚だという。一般に刈り払い機は、竿を体の右側に、左手を前にして持つ人が多いはずだ。細原さんは左利きというわけでもないのだがそれが逆になる。

「人間工学からいったら、こうじゃなきゃいかん」。そう言って示したループハンドルはわざと横向きに付けてある。右手の手首を縦にして持つためだ。刈るときは、その手首を左右に少し振る程度。両肩も少し前後に動かす程度で、体をねじって竿を左右に大きく振る動きはしない。そして剣道同様、体はおもに前後に動かしながら草を刈る。左右に動くときも、剣道の「すり足」のような動きで移動する。

左持ちのほうが「痛くない」

細原さん、硬い草や山の下草を刈るようなときはチップソーも使うが、ふだん田んぼのアゼや果樹園の軟らかい雑草を刈るときに使うのは、もっぱらナイロンコードだ。軟らかくても長い草には向かないが、伸びすぎないうちに刈ることを心がけると、本人いわく「作業スピードはチップソーの三〜四倍」とか。早めに草を刈る分、草刈り回数が一〜二回多くなってもナイロンコードのほうが効率がいいそうだ。それに、地面が見えるほどコードで叩きつけて刈るためか、草の再生がチップソーより遅くなると感じている。

実際に刈るのを見せてもらうと、なるほど、ナイロンコードで草を刈るには、剣道の構えは理にかなっていると思われた。

一つには、ナイロンコードの場合は、竿を大きく横に振るような動きをしなくても草を刈るのに支障がないからだ。高速回転する二

これぞ、剣道の構え。竿を左側に持ち、右足を前に出す。細原さんはチップソーでも同じように持つが、とくにナイロンコードに向く？

本のヒモ（コード）は、草を刈り払うというよりは粉砕していく。チップソーで刈るときのように、右から左へ竿を振って草を集めるような芸当はそもそも無理だ。

もう一つが飛散の問題だ。ナイロンコードはチップソーなどの金属刃に比べれば危険が少なく、コンクリートや建物、樹木の際などを刈るにも適している。その代わりヒモが地面を叩きつけるために、草はもちろん、小石などが作業者の側にも飛んで痛い思いをすることがある。ところが、刈り払い機の竿を左側に構える細原さんの刈り方だと、自分の体に当たる草やゴミが少なくなるようだ。これは刈り払い機のヘッドが、反時計回りする構造であることが関係しているらしい（図1）。

飛散しても
体に当たら
ない

U字ハンドルの刈り払い機を使うときは、ハンドルを持つのは右手だけ。（作業者から見て）左が下がると、草やゴミ、小石などが作業者側に飛ぶが、体の左側に竿を持つと当たりにくい

バックで進めばもっと安全

また、「自分のほうに飛んでくる草やゴミを減らすには、バックで刈ればなおいいんですわ」と細原さん。とくに田んぼのアゼを刈るときは、もっぱら後ろ向きに歩いて刈るのだとか。剣道の構えのままバックで進めば、ナイロンコードが回転している手前、つまり作業者の側はまだ草が刈られていないために、それが飛散物をガードする役割をするからだ（図2）。

竿を横に振らなければ横方向への飛散も少ない。だから、刈った草が田んぼの中に飛び散るようなことはそれほどない。飛ぶのはおもに前方なので、粉砕した草がアゼの上にマルチするように敷かれていくそうだ。

なるほど剣道の構え、ただものではない。だが、竹刀というよりは、モップか掃除機を持っているようにも見えるような……。

図1

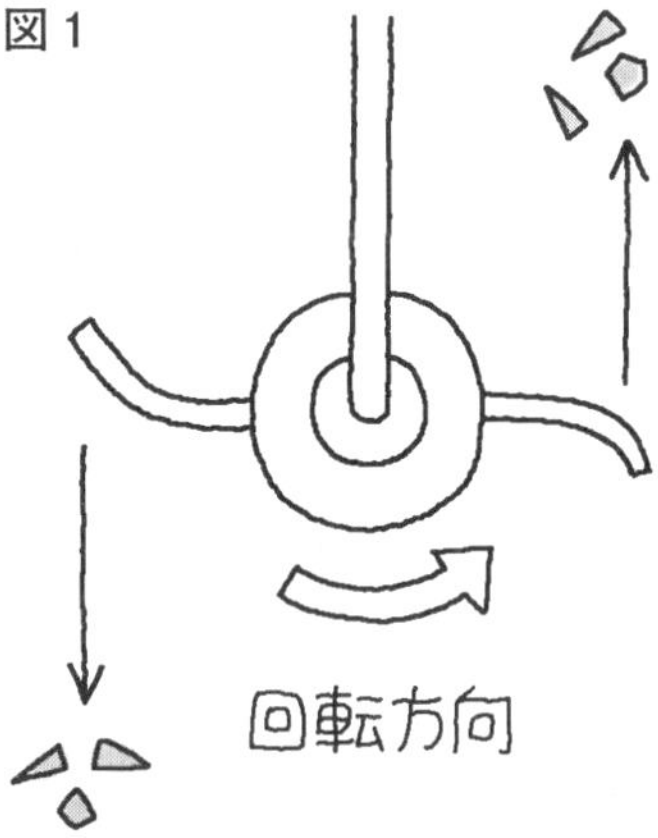
回転方向

図2

バックで刈ると、まだ
刈っていない草が
作業者側への飛散物
をガードしてくれる

現代農業二〇一二年七月号　ラクラク度急上昇　草刈り・草取り　刈り払い機をラクに使う　もうすぐ八〇歳、一日刈ってもくたびれない「剣道の構え」

幅一〇cmの足場で、斜面の草刈りが安全・快適に

西馬育穂　京都府加悦町（現与謝野町）

幅10cmほどの足場をつくるだけで斜面の草刈りはうんとラク

大きな斜面には足場をつくる

『現代農業』にも雑草対策の特集（二〇〇五年五月号）がありましたが、私も田んぼの草刈りには頭を悩ませてきました。結論としては刈り払い機で刈るしかありません。問題は、それをいかにラクにするかです。

私が住んでいるのは中山間地なので、基盤整備の結果、巨大な土手（法面《のりめん》）ができました。いちばん大きな斜面は、高さ八～一〇m、長さ五〇mもあります。この斜面をできるだけ安全にラクに草を刈りたいと考えて、足場を作ることを思いつきました。

斜面のいちばん下が、道路や水路などに面していて足下がしっかりしている場合は、そこが一段目の足場です（そうでなければ、後述の方法でここにも足場をつくる）。もちろん、そこを歩くだけでは斜面の上まで草は刈れません。そこで、数m間隔の等高線に沿うように、刈り払い機を使いながら歩くための足場を刻んでいくわけです。

一段目と二段目、二段目と三段目といった足場どうしの間隔は、作業をする人の身長を考慮して決めるといいでしょう。私の身長は一六五cmですが、刈り払い機を上と下に延ばせる範囲を考えると、足場の間隔は二mという結論に至りました。

鍬で草の根を切り、足で踏みつけるだけ

では、そのつくり方の手順を説明します。足場をつくるといえばたいへんな作業のように思われますが、鍬一丁でできます。まず、草を刈り払ってから、斜面を覆っている草の根っこを鍬で切り取り、その跡を足で踏み固めるだけです。

地面が乾燥していると硬いので、雨上がりなどの地面が湿っているときを選んで作業します。足場の幅は、人の足が乗るように一〇cmくらいあれば十分でしょう。一時間で五〇mくらいつくれます。位置を決めたら、等高線上にヒモなどを張って目印にすると作業がスムーズに進みます。

この足場のおかげで急斜面でも滑ることがなくなりました。足を水平において作業できるので、足首がとてもラクです。安全・快適に作業できます。

三年くらいたつと、草の根が盛り上がって足場が消えてきます。しかし、当初つくった足場は草の根の下に残っているので、鍬を使えば簡単に復元できます。

なお、棚田の山側の斜面の下のようなところにもこの足場をつくっておくと、草刈りはもちろん水田の施肥や水管理にもたいへん役立ちます。

現代農業二〇〇六年五月号　刈り払い機　私はこう使う　足場を作れば斜面の草刈り、安全・快適　わずか10cmの威力

等高線に沿って（水平に）、草の根を鍬で切る

根を切った跡を足で踏み固める

足場の間隔は約2m。このおかげで高さ8～10m、長さ50mの斜面の草刈りがラクになった

必死で刈る人の倍速い!? 青木流ラクラク草刈りの極意

青木恒男さん　三重県松阪市　編集部

「なるべくチンタラやること」こそ極意!?

炎天下、甲高いエンジン音を響かせながら延々続く草刈りは、たいへんな重労働。ところが青木さん、「刈り払い機は、操り方次第でラクなもんなんですよ」。まわりを見ていると、一生懸命機械を振り回しているわりには遅々として進まない人が、じつに多いという。

　では草刈りをラクに、速くやる極意とは？　ズバリ「なるべくチンタラやること」。刈り払い機はぶんぶん振り回さず、ゆったり大きく振る。ある程度続けて刈ったら、休憩がてら刈り刃を替えて切れ味を保ち、エンジン回転数は上げない。などなど「はたから見ると『何あいつチンタラやってるんだ?』って思われるけど、じつは必死で刈ってる人の倍速い」のが青木流。そのポイントを見てみよう。

ハンドル調節

最初にして最大のポイントは、刈り払い機のセッティング。自分の体に合わせてハンドルの取り付け位置・角度・幅を調節。自然に立った状態で脇を締めてハンドルを持ち、地面と刈り刃が水平になるようにする。なるべく刈り払い機が体に密着する状態にして、腕力でなく腰の回転でリズムよく振れば、長時間刈っても疲れない（写真はすべて倉持正実撮影）

刈り刃はマメに交換する

「刈り刃は、カッターナイフの感覚ですぐ交換する」。常に切れ味のいい刃を使っていれば、エンジン回転数を全開から3割くらい落としても、刈れるスピードは3割増し。1年で30～40回、石の多いところでは30分使っただけで交換することも。替えた刈り刃もとっておき、目立てして再利用すればお金もそんなにかからない

体に合わせて

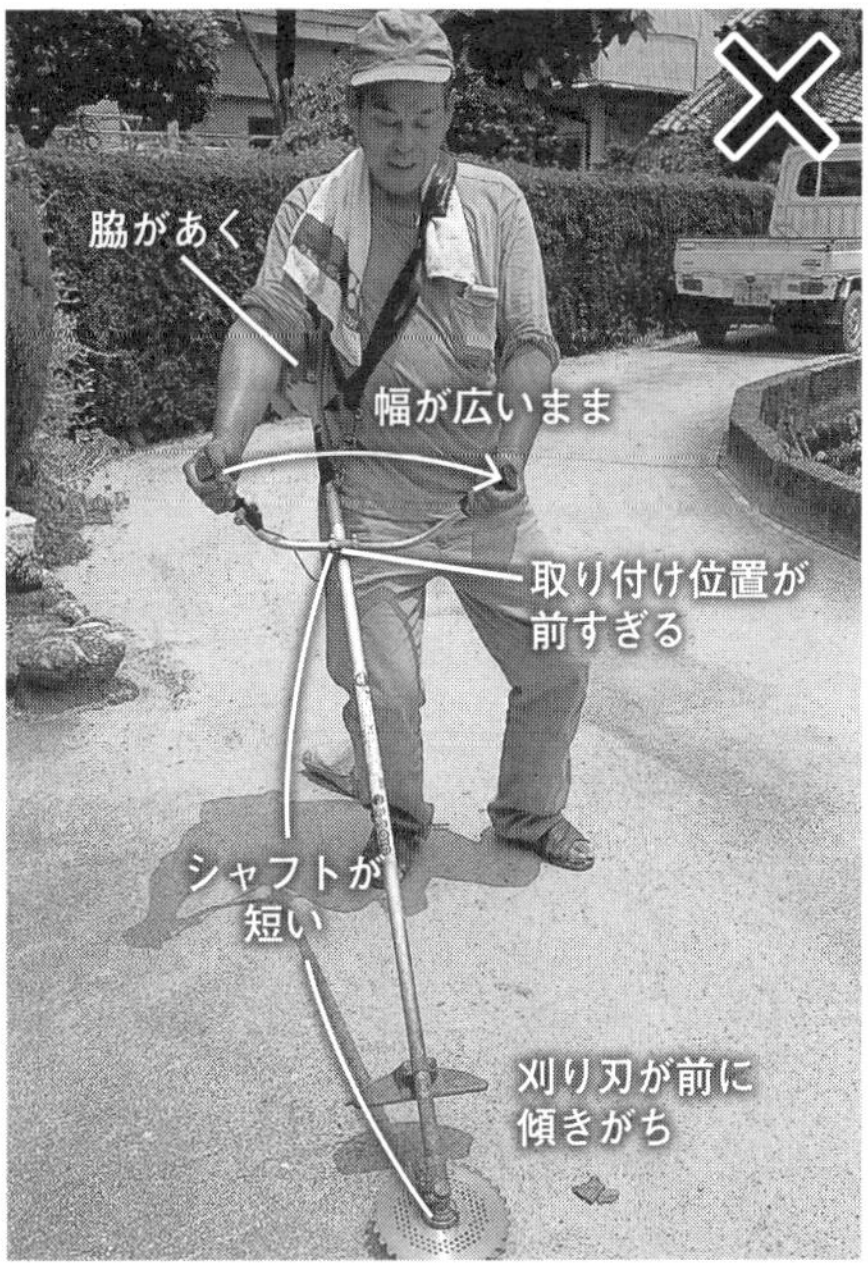

買ったままで何も調節しないと、とくに背の高い人は、刈り刃までのシャフトの距離が短すぎるので刃が前に傾き、脇があいた不自然な姿勢で腕力で振り回すことになる。すぐ疲れてしまうし、石などにひっかけやすくなって危険

狭い幅は「カニ歩き刈り」

青木さんは、進行方向に対して横向きになり、「刈り刃を右から左へゆったり大きく振ったら右足を大きく横へ踏み出す」という順序で、横歩きしながら刈り進める。この「カニ歩き刈り」のほうが疲れないし、スピードは「手押しの草刈り機よりもずっと速い」

刈り払い機は、ひたすら前進して使うものと思いがち。でも堤防上面の道路脇など、幅の狭い部分まで前進して刈っていたら、チョコチョコ振る回数ばかり多くて時間もかかるし疲れてしまう

刃先を傾けて草集め

水路と反対方向へ振るときは、刃先を振る方向に少し傾け、刈った草を刃に乗せるようにして運ぶ。こうすれば、刈り草を常に水路と反対側に集めることができる

刈った草を集める位置は、刃先の角度調節でコントロール。草を落としたくない水路のほうへは、刈り刃を水平にして振ってその場にパタパタ倒す

斜面を刈り上げながら戻ってくれば、田んぼに刈り草を落とさず、アゼに満遍なくマルチしたような状態になる。そのまま集めず放っておけば、次に生えてくる草を抑えることもできる

アゼ上面は「一直線刈り」

アゼの上面を刈るときは、草刈り機はまったく振らず、体の前に構えたままで一直線に歩くだけ。よく切れる刈り刃を使っていれば、これで草はパタパタ倒れるのでかなり速く刈れる

現代農業二〇一一年八月号　必死で刈る人の倍速い!?　青木流ラクラク草刈りの極意を見た

場面に合わせて四つの刃を使い分け

久和田一夫さん　広島県本郷町　編集部

「切れる刃」こそ最大の省力

果樹園（ブドウ五〇a・ナシ三〇a）には乗用草刈り機、それが使えない法面《のりめん》や株のまわりなどには刈り払い機を使っています。

刈り払い機で快適に作業するためには、こまめに刃を取り替えたり、刈ろうとする草に見合った刃をつけて作業するようにしています。切れない刃は、人間にストレスがたまり、機械にも無理がくるので寿命も短くなると思うからです。〝刈り払い機は刃が命〟ということです。

そこで刃を選ぶときは金額よりも強度を重視し、極端に安いものは買わないようにしています。そして、写真のように四つのタイプの刃を場面に合わせて使い分けています。

久和田さんの刃の使い分け

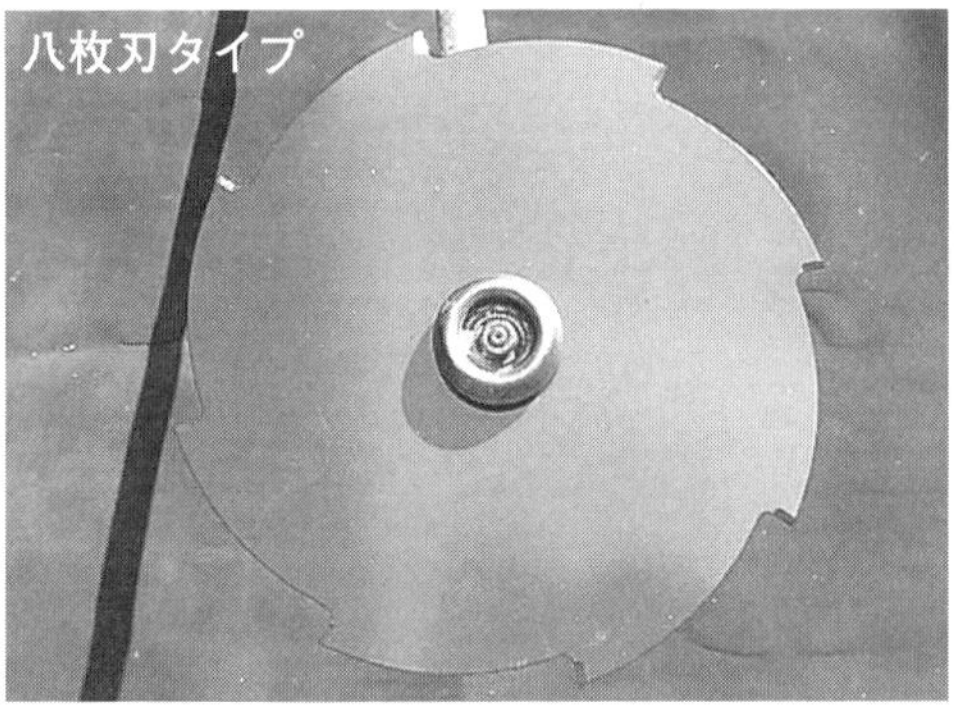

長い草を刈るときも、巻きつきにくく、石などの飛散も少ない。頻繁に研磨しないとすぐ切れなくなるのが難点

チップソーという。見ての通りノコギリのような刃で立ち木の多いところやササ、カヤなど硬いものを切るときに使う。重量が重く、値段が高い

重量が軽く、両面使える。疲れにくいが、石などの飛散がひどく失明の危険も。短い草を刈るときは抜群だが、長い草はよく巻きつく。果実が成っていない春先や収穫後のみに使う

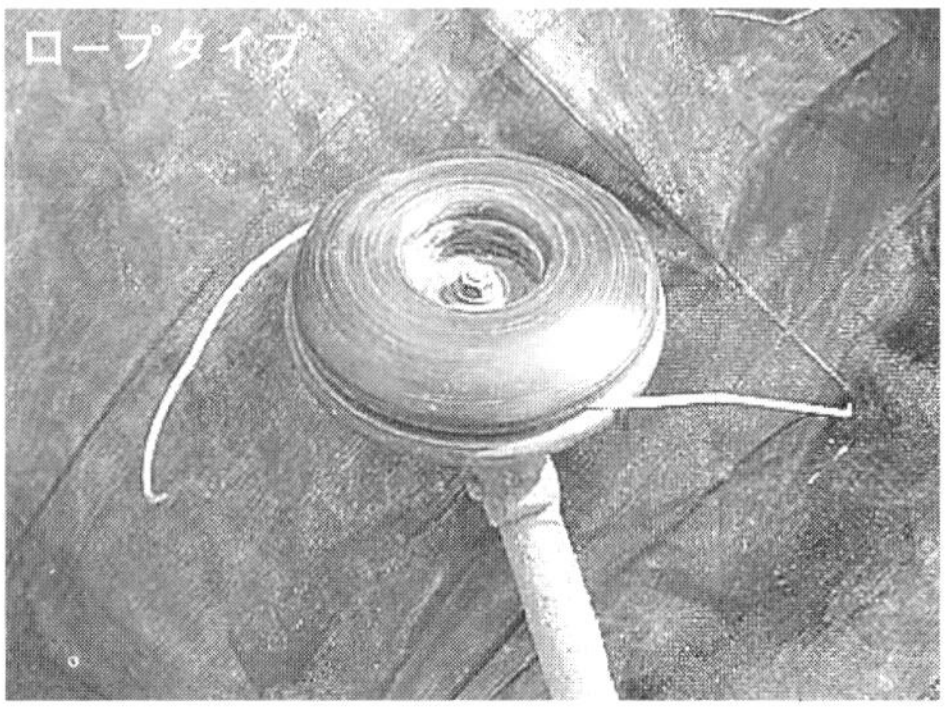

プラスチックロープが回転して草を刈る。石垣やコンクリートのそばなど当たると刃が欠けそうなところを刈るときに使う。ロープが短くなると中から出てくる。普通の刃に比べると刈りにくく、重量もあるので、機械の燃費が悪くなる

田植え一週間後にかけるチェーン除草機

長沼太一　宮城県加美町

チェーン除草機。ハウス用の32㎜のパイプに輪っかのジョイントを120個はめ、チェーンをつなぐだけ。チェーン同士の間隔は約3㎝だが、固定していないので作業している間は土の中を泳ぐように動く。製作にかかった費用は約5000円

ヒエが青くなってからの除草では手遅れ

私は一〇年ほど前から無農薬の米づくりを始めましたが、最大の問題は、やはり除草でした。本当にたいへんなことを日々痛感すると同時に、農薬のすごさもまた改めて思い知らされました。しかし農薬に頼っては食の安心・安全は絶対確立できません。

はじめはアイガモを友達にして、カモちゃんに水田の草取りを任せてきました。しかし気まぐれなカモちゃんだけでは雑草を抑えるのに不十分。外敵対策等、カモの飼育管理もたいへんで、お金がかかるのも問題でした。

そこで考えたのが、除草機を取り入れることです。幸い私の地区ではＪＡが環境保全型稲作にとくに理解を示し、乗用除草機リース事業に取り組んでいるため、有機無農薬の米づくりに取り組む農家はたいへん助かっています。しかし市販の除草機は、イネが小さいうちに使うと押しのける泥でイネまで埋めてしまうため、ある程度大きくなってからでないと使えません。

除草でもっとも大事なことは、「草を見ずして草をとる」に尽きると思います。どんな立派な除草機でも、ヒエが青くなってきてからでは手遅れです。田植え後雑草が地表面から顔を出す前に表土をかき混ぜ、発芽したばかりの雑草を水に浮かすことが最大のポイントなのです。

田植え一週間後から チェーンを引きずって草を浮かす

そこで田植え後一週間くらいの頃、イネが活着したのを見はからって、イネの上からハウスのパイプを引きずったり、建設用のチェーンを魚捕りの鵜縄を引く要領で縦横に人力で引っ張ってみたりしました。しかし田植え機の舟の部分が通るウネ間は低くなっているため、パイプやチェーンと田面との間に隙間ができてしまい、除草効果はいまいちでした。

雑草がしっかり浮くよう、5㎝くらい水を張った状態で作業する。10ａ当たりの作業時間は、人が引っぱっても40分くらい。動力で牽引すれば20分程度。イネの上を引きずっても、イネはすぐに起き上がるので問題ない

いろいろ工夫してみてようやくたどりついたのが、車のタイヤチェーンを一〇～一五cmに切断したものを、三・六mのパイプに一二〇本短冊状に取り付けたチェーン除草機です。低いウネ間にもチェーンがしっかり届くため、安価でしかもかなりの除草効果を得ることができました。

チェーン除草機の利点は、田植え後まもなくでイネが小さいときでも、活着さえ確認できれば、縦・横・斜めとどんな方向であってもイネの上をまったく気にすることなく何回でも引きずることができ、ウネ間も株間もまんべんなく発芽したばかりの雑草を水に浮かすことができることです。

私はチェーン除草機を田植え一週間後から七～一〇日間隔で三回ほどかけ、さらにイネが最高分けつ期を迎える頃までに株間取りを備えた乗用の除草機を二回ほどかけます。二つの除草機を組み合わせることによって、ヒエや広葉雑草など多種にわたる雑草を、除草剤を使用したのと同じくらい抑えることができます。

イネの生育にはほとんど支障はありません。やさしい気持ちを込めてチェーンを引けば、幼いイネでもすぐ元気に起き上がり、順調に生育します。

今後は、カモちゃんや水田のトロトロ層を形成してくれる多くの生きものとも共生しながら、チェーン除草機や深水管理なども有効に活用していきたいと思います。米余り・低米価の時代にあっても、より楽しくいろいろな工夫をしながら日々米づくりの話題を絶やさず、大盛りご飯を安心して食べてくれる人々に感謝しながら、米づくりを続けていきたいです。

現代農業二〇〇八年五月号　イネを傷めない初期除草法　田植え一週間後にかけるチェーン除草機

地表一cmの草削りで雑草との縁を切る

青木恒男さん　三重県松阪市　編集部

ピーマンのウネに「あえて生やした」ヒエを三角鍬で削る青木恒男さん

「根こそぎ抜け」が災いのもと

農作業の常識を疑う青木さんは、雑草対策も常識破り。よく「草は根こそぎ抜かなきゃダメ。また生えてくるから」といわれるが、青木さんに言わせれば「そんなのウソ」。

最悪なのは、根こそぎ抜いた草を放置すること。根付きの草は、いわば定植前の苗と同じ。ひと雨降れば、すぐに根づいて元気に育ってしまう。

抜いた草を片付ければ問題ないと思いきや、それでもダメ。根を抜くことで掘り起こされたほかの草のタネが覚醒し、むき出しの土に勢いよく生えてくるからだ。片付けにも手間がかかり、結局また草取りにも追われて手間がかかる。そんなの「バカバカしくてやってられません」。

三角鍬の刃を突き立てず、横に滑らせるようにしてなるべく薄く削る。深く起こしてはダメ。地下に眠ったタネも起こし、かえって草を生やしてしまう

こんなふうに茎と根を切り離せればOK。もう草は復活できない

地表を一cm削って茎と根を分離

ではどうするか。

てっとり早い対策は、三角鍬での草削り。といっても「土の表面一cmをカンナで薄く削る感じ」でやる繊細な作業だ。狙うは、雑草の茎と根の境目。ここを切り離してやれば、草は二度と復活できない。地表一cm以下で眠っている草のタネを起こすこともない。あとは何もしなくても、草は生えないというわけだ。

だから青木さんは、作物を植える前、あるいは定植後なるべく早い時期に「あえて草がいっせいに生えるように管理する」。寒い時期はハウスを閉めきって早めに地温を上げたり、定植前のウネにたっぷり水をやっておいたり…。そして、ある程度草が生えそろった時点で地表一cmを草削り。これで雑草対策は終了。以降、「草は一本も生えません」。

現代農業二〇一二年七月号　ラクラク度急上昇　草刈り・草取り　削る道具を使いこなす　地表一cmの草削りで雑草との縁を切る

カルチ利用・除草剤なしで二〇haのエダマメに成功

柳 恵一 新潟県十日町市

無農薬のエダマメは無謀？

地域の仲間とエダマメをつくり始めて一〇年になる。無農薬という目標を掲げたが、そう甘いものではなかった。一年目は二haまったく発芽しなかった。畑のなかのタネを確認すると原因はタネバエ。現在、クルーザーFS30の少量散布で対応しているが、畑のなかに入れる農薬はこれだけである。

そのほか、どうしても解決の糸口が見えなかったのが除草である。当初は六haの畑に作付けしていたが、雇用を頼んで総勢一〇人で毎日草取りに明け暮れた。それでも作業が追いつかず、エダマメ畑なのか草畑なのかわからなくなる圃場も数多くあった。草はしぶとい。いくらとっても次から次に芽を出す準備をしており、メヒシバ、アカザ、オオイヌタデの勢いはとくにすごい。草に負けると収量は半減する。

ロータリ方式の除草機も使っていたが、ネックは初期除草できないことだった。ウネ間を削っていく機械だが、初期は小さな株の上に土がかぶってしまう。初期にできないと結局手でやらざるを得ない。株が大きくなってからも株元まで機械を寄せると根を切ってしまうので、エダマメにはそれほど効果が得られなかった。

人件費や生産性を考えると除草だけは先行き見通しがつかず、四年目を過ぎたあたりに、もうダメかと思うようになっていた。

筆者の圃場。エダマメが本葉3枚になった頃に最初にカルチを入れる（写真は㈱キュウホー提供、以下Qも）

広大なエダマメ畑に立つ筆者。昨年、組合員3名で、苗場高原生産組合を設立。農薬をほとんど使わずエダマメを20ha栽培。イトーヨーカドーなどへ契約販売

カルチと出会った

そんな頃、作物を傷めずに株間の除草もできるという除草機を仲間が見つけてきた。キュウホーという会社のものだ。困っていると手紙を出すと先方が実演しに来てくれることになった。

その機械は変わった形のレーキでウネ間や

株間を引っ掻いていくシンプルなもの。最初見たときは「こんなものでうまくいくのか」と信用できなかったが、実際に畑を走ってもらうと草がきれいにとれていく。すごいと思った。乗用管理機＋四条の株間除草機（ウルトラQ）をセットしたものを購入した。一七〇万円くらいだったが、人件費を考えれば安いと思った。

六haから二〇haに拡大できた

使い始めは慣れないので戸惑うことも多かったが、徐々に使い勝手もわかってきた。条件のよい圃場なら一日に一人で一haはこなせる。以前使っていたロータリ式の除草機でも一日せいぜい三反だったので、効率は格段によくなった。これならもっと作付け面積を増やせると、少しずつ拡大していき、現在は二〇ha。

硬い土や水分が多いところはレーキの前にこの機械「草カッター（キュウホー）」を取り付ける（Q）

私たちの実際のやり方

▼初期に三回きっちりやれば大丈夫

最初はエダマメの本葉が二、三葉になったときに行なう。二回目はそれから一週間〜一〇日くらいたち、草の顔が見え始めたころ。三回目はやはり一週間〜一〇日後。つねに草の発生状況に応じて入れる。初期にこの三回をしっかりできれば、その後は入らなくても、収獲に支障がでるほどの問題にはならない。

▼草が多いところは往復がけ

使い始めた当初は一列に一回かければ大丈夫だと思っていた。レーキで土を削っていくので見た目にはきれいに映る。ところが草が多い畑では完璧にいかない。二〜三日たって行ってみると、草がまた元気になっている。そこで往復のWがけをしてみると非常によい結果が出ることがわかった。

▼土質によってレーキを変える

田んぼ後の転換畑もあり、粘土質の重たい土で水はけが悪いところも多い。キュウホーのレーキ（ウルトラQ）は軟らかい針金のようなもので、株元まで入れて土を削れるところが利点だが、土が硬いとレーキが土に刺さらず、草を削ることはできない。また、水分が多いとレーキに土がくっついて思うように進めなくなる。

そこで上の写真のような、鉄の棒に刃がついていて土の中を切る草カッターという機具をレーキの前に取り付けた。これだと条件の悪い畑でも進むことができる。

▼晴れた午前中は効果が目に見える

効果を一番実感できるのは晴れた日の温度が上がってくる午前中。一度かけたところを二、三時間たってから見に行くと草がクタ〜ッと萎れている。除草剤でも数時間で目に見える効果は確認できないが、カルチだとそれが実感できる。

▼問題は梅雨時期

雨が多い梅雨時期は管理機すら入れない。草はどんどん育っていくので、この時期だけは作業が思うように進まない。今後は初期除草の強化を考えている。二台の機械で徹底的に行なおうと思っている。

現代農業二〇一〇年五月号　畑の草にいけるぞ！カルチ　除草剤なしで二〇haのエダマメに成功

出芽後すぐの除草に管理機装着のスパイラルローター

古野隆雄　福岡県桂川町

乾田直播の小さなイネを傷つけず正確に除草

私は二〇〇三年から乾田直播とアイガモ水稲同時作を結合したアイガモ乾田直播に挑戦しています。

種モミは直播後一週間前後で出芽しますが、困ったことに雑草も同時に出芽します。

乾田直播のイネに、6個のスパイラルローターで、5条同時に正確な除草

そのままにしておくとしっかり根を張り、湛水してアイガモを放しても防除できなくなる場合もあります。

乾田状態の除草期間はイネが出芽して湛水するまでの一～二週間。イネも雑草も発芽したばかりで極めて小さいのです。この小さなイネを傷めずに、小さな雑草だけ完璧に除去する。従来の管理機ではこの技術的ニーズに即応できませんでした。

そこで私は福岡の農機メーカー「オーレック」の協力により、二〇〇七年から、冬の小麦、初夏の乾田直播のイネで、乾田中耕除草機の改良開発試験を繰り返してきました。

そして昨年、筒状のらせん刃「スパイラルローター」を播種機の幅に合わせて正確に配置することで、出芽直後のイネの両側を五条同時に、株際まで「正確」に「効率的」に、中耕除草できるようになりました。株間の草は適当な培土で防ぎます。

従来の管理機の中耕爪と違いスパイラルローターは土をごく浅く削って隙間なく中耕除草します。土が均一に飛び、イネの苗が埋没してしまうようなトラブルもありません。

なんといってもちっぽけな管理機で五条同時に正確に中耕除草できる「省力性」は痛快です。

野菜はウネ上面、肩、株間を一度に

　この「初期中耕除草」の考え方は野菜でも大いに有効でした。毎年九月、私はイネの収穫が済んだ田んぼに、ダイコン、ニンジン、ゴボウ、ホウレンソウ、コマツナ等の秋冬野菜を播種します。この時期の田んぼは土壌水分が多く、スズメノテッポウ、ナズナ、シロザ等の雑草が待ち構えていたように芽を出します。放っておくと野菜はその中に埋没。私は発芽後三～四日ごとに三角鍬で慎重に削り、株間の草は手で取り、ある程度野菜が大きくなったら、条間に管理機をかけていました。

野菜の初期中耕除草をする筆者。4個のスパイラルローターで株元ギリギリまで除草。ウネ肩もレーキで同時に除草できる

　昨年秋に、オーレック社に野菜の初期中耕除草機を開発することを提案しました。

　上の写真のように、ウネの上面に六〇cm間隔に二条播種した野菜の両側を、四個のスパイラルローターで野菜の条のみ残し、ギリギリまで正確に中耕除草します。株間の草は適当な培土で枯らします。ウネ肩は機械につけたレーキで中耕除草します。つまりウネの三面を同時に立体的に中耕除草と培土ができるわけです。平ウネのムギ、ナタネ、ダイズやニンジンについては、イネ用の初期中耕除草機でラクに対応できます。

出芽したら即、中耕除草

「初期中耕除草」のポイントは作物が出芽したら即除草、です。

　一〇〇mのウネを三角鍬で二～三時間かかっていた仕事が、初期中耕除草機なら約一〇分で終了します。昨年の秋野菜では、この機械をダイコン一回、ホウレンソウとゴボウは二回、ニンジンは三回かけました。少し手取り除草もしました。

　成功するための条件は三つ。

①畑を乾きやすくする
②作物の種子は催芽して可能な限り短期間に出芽させる
③条間は等間隔に播種し、機械が使えるようにする

　有機農業のネックであった除草の省力化が見えてきた気がします。

　なお詳細は、私の新著『合鴨ドリーム』（農文協）をご覧ください。イネとアイガモと野菜の楽しい省力化のアイデア満載。「輪作」と「同時作」で水田フルフル活用です。

＊初期中耕除草機の問い合わせ先
（株）オーレック
ＴＥＬ〇九四三―三二―五〇〇二

現代農業二〇一一年五月号　管理機名人になる！
これぞ使いこなしのワザ　作物の出芽後すぐの除草に
スパイラルローターを使う

刈り払い機より速い、安全、気持ちいい！草刈りには大鎌もいいぞ

小川　光　福島県喜多方市

（写真はすべて赤松富仁撮影）

刈り払い機より速い!?

　私は草刈りに、刈り払い機（草刈り機）ではなく、大鎌を使っています。これは、ハウス周囲の草を刈るとき、らせん杭にぶつかったり、マイカ線を切ったり、針金がからみついたりといった事故を防ぐためですが、そのほかに、大嫌いな排気ガスを吸い込みたくない・石をはね飛ばして失明したくない・ガソリンやオイルを入れるのが面倒だし金もかかる・冬季の保管が悪いと、使うときに修理しないと使えない・音がうるさい・高い所のクズや枝落としがやりにくい、など、いろいろな理由があります。

　こうして大鎌を使ってきましたが、私は野球でいえば「右投げ左打ち」のため、普通の使い方ではどうしてもうまく刈れず、刃を外側に払うような刈り方を続けてきました。この方法でも、慣れれば力も入りますし、速さでは負けません。ある年、集会場いっぱいに生えたヒメジョオンを、刈り払い機の人と同時に刈り始めたら、終わったときには私が七割以上を刈っていました。

左利き用の大鎌、感激の使いやすさ

　昨年八月、村人足の帰りにぼんやりして大鎌を紛失してしまったため、新たなものを買おうと金物屋に行ったら、偶然にも左用大鎌（刃が反対向きについている）が倉庫にありました。刃を包んでいる新聞紙は何と「昭和六十一年」。桑田が巨人新入団選手として紹介されています。二一年間も倉庫に眠っていたのです！

さっそく使ってみると、これはすごい！地際からきれいに刈れるし、疲れない。それまで右利き用を使っていたときは、細かい作業、たとえばハウス際でらせん杭を避けながら刈るとか、土手に咲いているヤマユリを残して刈りたいときなどは神経が要ったし、地際から刈れずに切り株が高くなってしまいがちでしたが、そんなこともうありません。こんないいものがあるのに、みんなはなぜ刈り払い機を使っているのか理解に苦しむ……と思いました。

ハウスの際などは、断然、刈り払い機より大鎌のほうがやりやすい

早朝草刈り、選び刈りが得意

一般に刈り払い機が大鎌に代わって使われるようになった背景には、メヒシバのような比較的軟らかいイネ科の草を、日中、地表近くで刈り取るには、大鎌より適しているということがあると思います。草は日中しなっており、大鎌ではうまく刈れません。しかし、イネ科の草は生長点が地際にあり、葉だけ刈ってもすぐ再生してきます。大鎌なら逆に、刃先で根元をえぐり取ることもできます。

また、刈り払い機を使う場合は、草は種類によらず、すべて刈り取ることを前提にしています。

大鎌を使う場合、早朝に草刈りをすること

左打ち用の大鎌（左）と、右利き用の大鎌。右の鎌の形は、鉈のように、かん木などを叩き切るのに向いている

が必要となります。また、草の種類を見分けて、メヒシバのような有害雑草のみを刈り取り、悪い草を抑える役割を果たすほかの草は刈らないようにすれば、草の種類が改善され、短期間で草刈りが不要の草種に変わっていきます。

たとえば、ヨモギやヨメナ（野菊）を残すようにすると、宿根草なので根が土をしっかり押さえて土壌浸食をくい止め、天敵の住処となって害虫被害がなくなり、マルハナバチも野生して花粉を交配してくれます。伸びすぎたら踏み倒せばよく、鎌はいりません。

大鎌で、地球を守る

近年、町の鍛冶屋さんは激減し、鍬や鎌を作る人がいなくなりました。ホームセンターに行けば大量生産のステンレス鎌とともに、従来型の大鎌も出回っていますが、消費量が少なくコストが高くつく左用は販売していません。もちろん、刈り払い機の普及がその前提にあります。しかし機械も右利き用に作られているため、左打ちの人はやはり不便を強いられています。

刈り払い機が畦畔の植物相に影響を与え、根が浅いイネ科植物を増やす結果となり、畦畔崩落や、水田に侵入する厄介な草の増加を促していると言えないでしょうか。大鎌を使うことにより、自然の生態系を活用して豊かな農業を再生したいものです。もちろん、ガソリンの高騰から財布を守ることや、健康、そして地球温暖化防止にもつながりますし。

大鎌で刈る草は、基本的にはカヤなどイネ科の草。大きくなって日陰をつくるからだ。また、ツルで這う草（カナムグラやノブドウなど）も、作物にからみつくので、刈るか抜くかする。ちなみに私のハウスは、ウネ部分のみをトレンチャーで部分耕し、それ以外のところは不耕起。歴史の浅いハウスの通路には写真のように草が生える

現代農業二〇〇八年八月号　大鎌で草刈りガソリンゼロ　刈り払い機より速い！安全！気持ちいい！

パート2 草を刈る

右に傾けるのがポイント（44ページ）
（撮影　赤松富仁）

草刈りでカメムシ対策も（60ページ）
（撮影　倉持正実）

刈り払い機をらくらくメンテ（68ページ）
（撮影　倉持正実）

パート2では、草刈り作業を取り上げます。とくに、刈り払い機を使った作業を中心に、ラクで安全でしかも効果的な草刈りのやり方を収録しました。

刈り払い機の持ち方や作業のやり方・仕方のほか、機種選びのポイント、『現代農業』でおなじみのサトちゃん＆コタローくんによるメンテ術、草刈りに使う機具の案内など、刈り払い機の「い・ろ・は」がわかる情報が満載です。

登喜江さん流「根こそぎ刈り」
草や小石が自分に飛ばない

山野井登喜江さん　栃木県小山市　編集部

ヘッドを傾けるだけ

山野井登喜江さんの普段のアゼ草刈りは、ナイロンコードを使って土の表面も削り取るような「根こそぎ刈り」だ。根こそぎ刈りは「草の伸びが遅い」ので草刈りの回数を減らせるところが登喜江さんは気に入っているのだが、刈った草や小石が自分のほうに飛んでくるという欠点がある。顔にも当たるし、「水際のアゼをやると、水と一緒に泥がバシャバシャ飛んできて、ずぶ濡れになっちゃうの」。それが嫌で登喜江さん、自分のほうに飛ばない方法を考えた。

刈り払い機を体の右側にセットするまではふつうだが、刈るときは右手を少し下げ、左手をやや上げて、ヘッドを少し傾けてやるという。

比較したら、違いは一目瞭然！

実際にやってもらうと、なるほど、小石や草が自分のほうには飛ばずに、前へ前へ飛ぶ。ナイロンコードの回転は反時計回りだから、ヘッドを右側に少し傾けると、コードが体側から前へ回転するときしか草（地面）に当たらないからだ。

水平で刈った場合との違いがわかるように、白い前掛けにスプレー糊をベタベタ付け、それぞれのやり方で五mほど刈ってもらった。結果は、左ページの写真のとおり。一目瞭然！

傾けて刈ると、水平刈りに比べて地面との接地幅が狭くなるので、多少時間はかかるそうだが、丁寧にできるうえに、なによりゴミが自分に飛ばない。それがいちばんと、登喜江さんはこのやり方を一〇年以上続けている。

ナイロンコードで刈ったところ。「これは雑。いつもは草が見えないくらい根こそぎ刈る」。実際に使うときはコードをもっと短くする

（写真はすべて赤松富仁撮影）

草刈りをする山野井登喜江さん（62歳）。5.8haの田んぼでイネとムギをつくる。大型農機も自在に操る女性農業士

登喜江さん流「根こそぎ刈り」のコツ

ふつうの持ち方

ゴミが自分に飛ばない持ち方

傾けて刈ると、草や小石が前に飛ぶ

本人から見て右側が下がるように傾ける

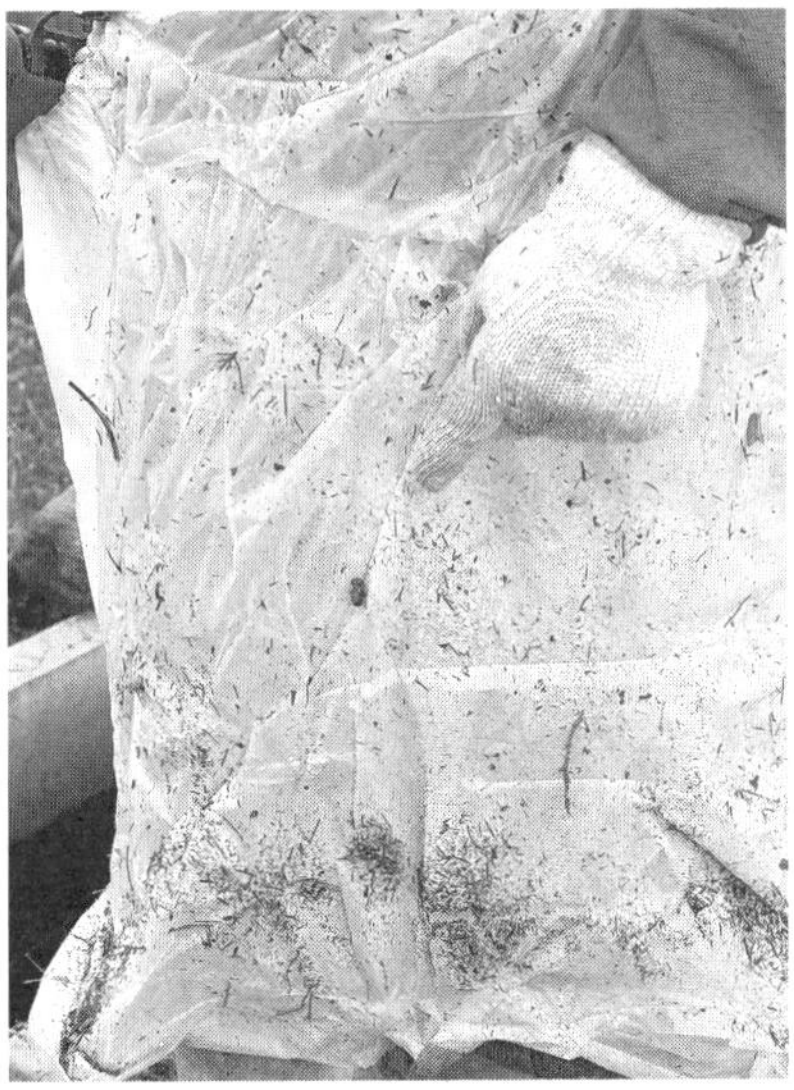

ゴミがビッシリ付いた。「ほら、小石も付いてる」

ぜんぜん付いてないでしょう！
体側に飛ぶ草を比べてみると…

糊を付けた前掛けには、まったくというほどゴミが付いていない

現代農業二〇一二年七月号　ラクラク度急上昇　草刈り・草取り　刈り払い機をラクに使う　登喜江さん流「根こそぎ刈り」　草や小石が自分に飛ばない刈り方

アゼ草は丸坊主より「五分刈り」にしなきゃ損

福島県北塩原村　サトちゃん（佐藤次幸さん）　編集部

サトちゃんが刈ったあと。地際から10㎝くらい草が残っている（写真はすべて赤松富仁撮影）

一〇〇mのアゼ草刈りは一〇分仕事

アゼ草刈りは「五分刈り」にしないと損。丸坊主は絶対ダメ。うちでは地面から最低五cm以上離して刈るし、中には一〇cmくらい茎が残ってるところもある。飛んでくる石に神経使いながら、わざわざ地際をねらって刈る必要はねえと思うのよ。高く刈っても草が伸びるスピードはほとんど変わらないし、地際で刈るよりよっぽどラクなんだから。

高刈りは、草の上のほうの柔らかいところを刈るから、作業効率がたまげるほどいい。抵抗がかからない分、力がいらないし、ふつうだったら刈っちゃいけない「右に戻すとき」でも、問題なく草が刈れる。行きも帰りも仕事すっから、作業効率はふつうの二倍になるってわけ。一〇〇mアゼが、一〇分もし

サトちゃんの草刈りのスタートは少し遅く、6月中旬、イネの最高分けつ期頃。オススメのチップソーは大きめの12インチ。回転速度をゆっくりにしても、遠心力でよく刈れるから

ないうちに刈り終わっちゃうよ。

作業を早く終わらせると、人間だけでなく機械もラク。燃料も半分で済むし、チップソーの減りも少ない。刈り払い機がたまげるほど長持ちするぞ。

分けつが終わったあと、節間が伸びたあとに刈る

もうひとつのコツは、雑草を三〇cm以上長く伸ばしてから刈ること。そうすると、地面に日が当たらなくなるから、下から出る小さい草の数が減るでしょ。刈ったあとはスカスカよ。

うちではアゼ草刈りは年にたいてい二回しかやんないよ。一回目は、イネの最高分けつ期頃（六月中旬）。カメムシが好きなイネ科雑草も、分けつが落ち着いた頃に叩いておくと、繁りにくい。二回目はイネの出穂の一〇日前くらい（七月下旬）。イネ科雑草の節間が伸びた頃（穂を出す前）だから、高めに刈ってももうイネ刈りの邪魔になるほどは伸びてこない。

うちの場合、アゼ草を長く伸ばしておくのは、牛のエサにしやすいからでもあるし、田植え後なら冷たい風からイネを守ってもらうってネライもある。イネと一緒にアゼ草も育ててるって感覚なのよ。自分の家に合わせて、刈り方もいろいろ工夫していけばおもしろいよ。

二〇一二年七月号　ラクラク度急上昇　草刈り・草取り　高刈りはいいことずくめ　アゼ草は丸坊主より「五分刈り」にしなきゃ損

サトちゃんの草刈りについては、DVD『イナ作作業名人になる（春作業編）』（農文協）もご覧下さい。

石が飛んでこない、傾斜地でもラクな刈り払い機の持ち方

大橋幸太郎さん　福岡県八女市　編集部

農家林家の大橋鉄雄さん、幸太郎さん親子は、山の下草刈りでも、畑やアゼの草刈りでも、スピード重視で二枚刃を愛用している（五〇ページ参照）。チップソーに比べて軽く、刈る面積も広い。ただし、小石を跳ね上げやすかったり、草をまき散らしたりと、そこが欠点といえば欠点。

そこで、大橋さんは刈り払い機を持つ位置をずらして、刃を少し傾けている（下の写真）。すると、小石も草も自分に向かって飛んでこなくなるのだという。

また、山や土手など、斜面のきつい場所での草刈りは、体力的にしんどく、なかなかはかどらない。これにも大橋さんならではの工夫があり、ポイントは「刈り払い機は手で持つのではなく、肩に吊るす」（左ページの写真）。負担を軽くしているわけである。

平地を刈る場合

※刃がよく見えるように撮影するため、飛散物防護カバーは外した
※二枚刃はチップソーと比べて危険度が高いので、上級者向け

グリップの端を持つ（グリップの中央は点線で囲んだ部分）

作業者から見て左が少し高くなるように刃を傾ける

傾斜地を刈る場合（刈り払い機は肩に吊るす）

いつも通りの持ち方だと、左手が前。刈り払い機は体の右側（斜面の上側）にくる。これだとエンジン部分を右手で持つことになり、負担が大きい

刈り払い機を持ち直し、刈り払い機が体の左側（斜面の下側）にくるようにする。エンジンの重さをベルトで支えられるので動かしやすい

現代農業二〇一二年七月号　ラクラク度急上昇　草刈り・草取り　刈り払い機をラクに使う　石が飛んでこない　傾斜地でもラクな刈り払い機の持ち方

大橋幸太郎さん。父親の鉄雄さんと一緒に茶と米と林業を行なう（撮影　赤松富仁）

二枚刃を体験したら、ほかの刃はもう使えん！

大橋鉄雄さん　福岡県八女市　編集部

二枚刃は作業性抜群

農家でありながら林家でもある大橋鉄雄さんの使う草刈り刃は、いわゆるよくあるチップソーではない。丸ではなく、四角い「二枚刃」。これを使いだしたら、チップソーなんて「せからしかー（面倒くさい）」だそうだ。

まず、二枚刃は草を刈る範囲が格段に広い（図1）。そして、チップソーよりはるかに軽いので、上下の運動も難なくできて、結果、長くて立派な草でも「バランバランに処理しながら、サクサク進んでいける」（図2）。ハチに出くわしても、上から押し付けるようにすれば、草もろとも退治できる。

そんなわけで、能率がぜんぜん違うのだ。大橋さんの息子の幸太郎さんは、地元の共同草刈りに駆り出されることもあるそうだが、そんなとき、ひとり二枚刃を持っていると、こなす仕事が「人の三倍早い」という。

「スパスパ切れる」が安全

たとえば、大橋さんが今日一日草刈りをしようとなったら、まず午前中に一度、二枚刃を裏返しにして付け替える。刃を更新するためだ。昼休みには、二枚刃そのものを別のに替えて、やはり午後も途中で一回ひっくり返す。都合一日二枚の刃を、表裏両面使うことにしている。

それから、使用済みの二枚刃は、ピッカピカに、そして鋭く研いで次に備えておくのも、大橋さんの流儀である。刃物は一度使うと切れ味が鈍ってしまう、逆にいうと、ちょっと研いでやるだけで、すぐにスパスパと切れるようになるのもまた刃物。「切れない二枚刃をブンまわすことほど、危ないことはない」と考える大橋さんなのである。

草刈りには二枚刃。刈り払い機を持っているのは、大橋さんの息子、幸太郎さん（二枚刃がよく見えるように撮影するため、飛散物防護カバーは外した）

図１　チップソーと二枚刃の草を刈る範囲の違い

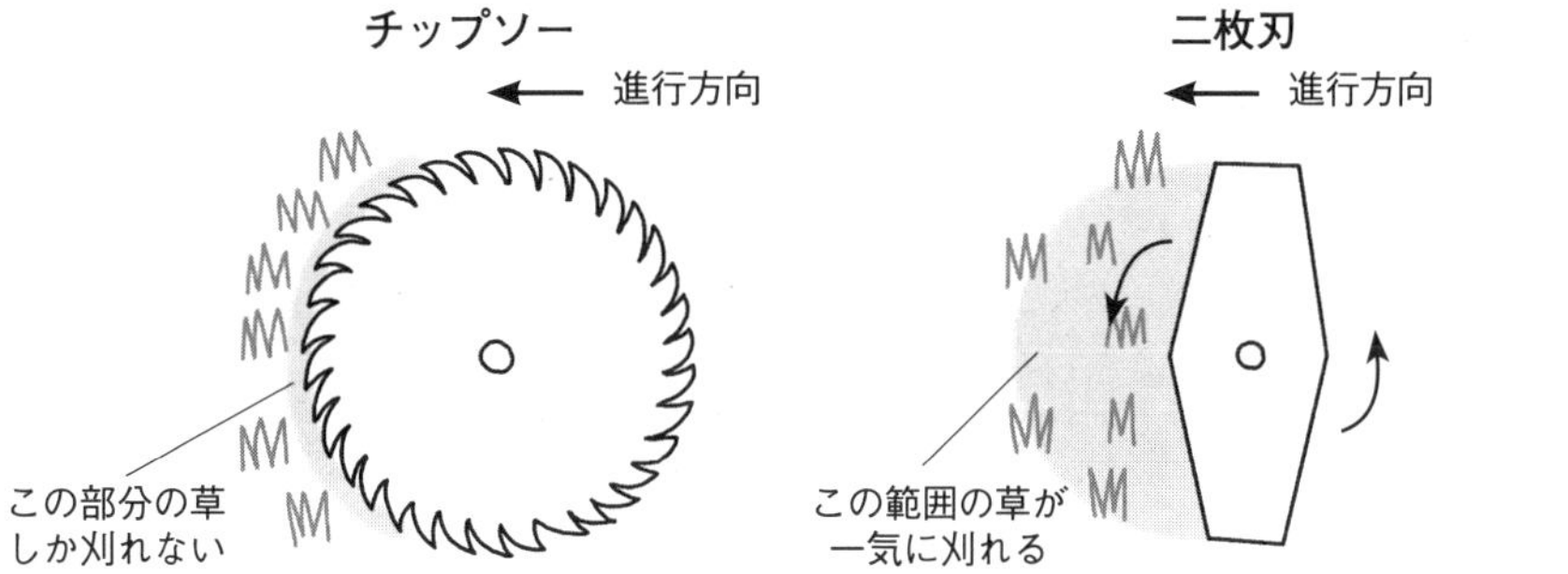

円の周囲でしか草を刈れない

円全体で草を刈ることができる（ある程度使ったあと、二枚刃をひっくり返して装着すると、新しい刃で切ることができる）

図２　チップソーと二枚刃の草を処理する能力の違い

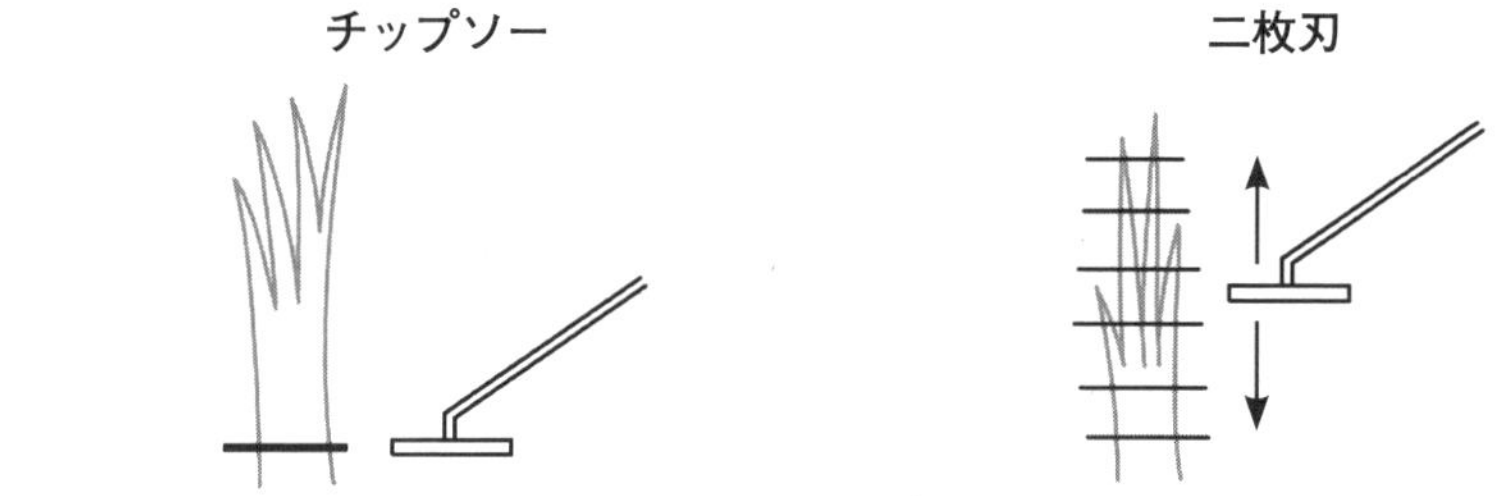

重いので上下に動かしづらく、地際部で草を刈ることになる。真上から草を押さえつけても、草がフニャっとするだけで切れはしない

軽いので上下に動かしやすく、草をバラバラに処理できる。真上から草を押さえつけても、粉々にできる

すり減った二枚刃なら、石を飛ばさない

ただ、二枚刃が市民権を得られない理由は、小石を跳ね上げやすい、その構造にある。刃が欠けてしまうことだってある。その小石なり、刃のかけらなりが自分に向かって飛んできた日には……、想像しただけでも痛そうな流血事故にも発展しかねない。

その点、大橋さんは、山仕事（下草刈り）だと高刈りするので、石問題はクリア。

では、田んぼのアゼや茶園や畑など、地際近くで草を刈りたい場合はどうしているのだろうか。やっぱりここでも二枚刃、ただ、今度は研いで研いですっかりちびてしまった二枚刃なのである。新品の隣に置いてみると一目瞭然で、角はすっかり摩耗してツルツル。これなら「石を拾って、ポーンッと弾き飛ばす心配もない」。それどころかむしろ、土をえぐってしつこい草の根を掘り起こすことも可能だという（次ページの写真）。

ひとまわりもふたまわりも小さくなった二枚刃を捨てずに活かす大橋さんは、やっぱり物持ちがいい。

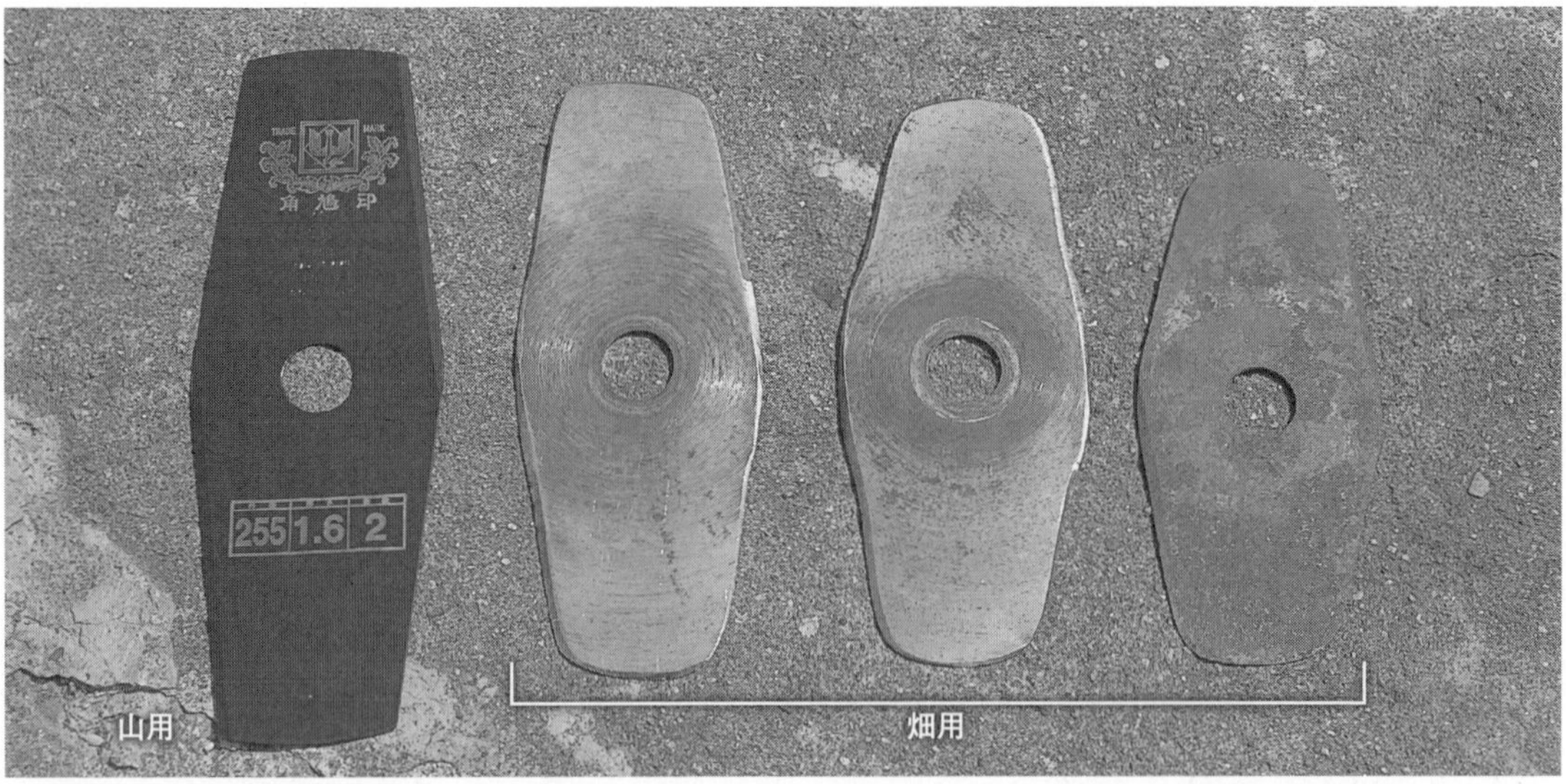

新品に近い状態（角がある）なら、山の下草刈りに使う。角があるおかげで、山の硬い草でも難なく切り刻める。何度も研いで角が摩耗してきたら、アゼや畑用にまわす。角がないので、石を弾き飛ばす心配がない。地際で草刈りできる

研ぐときはディスクグラインダーで

現代農業二〇一二年一月　農の仕事は刃が命　刈り払い機　二枚刃を体験したら、他の刃はもう使えん！

研ぎ終わった二枚刃（アゼや畑で使う用）。角が摩耗して切れ味が落ちた分、先端も研いで鋭く切れる個所を増やしておく

法面《のりめん》作業道をつくって草刈り作業をラクに

三谷誠次郎　鳥取県農業試験場

法面作業道の造成

畦畔管理作業の労働強度はほかの農作業に比べて大きく、とくに高低差の大きい法面では、作業の足場が斜面となることから滑落の危険性も高く、「畦畔管理は本田管理よりも辛い」という声を多く聞く。そこで、草刈り作業の足場を平坦面とすることで足腰への労働負担を減少させる「法面作業道の設置法」と、この作業道を設置した法面で効率的に作業できる「二人作業用の広幅レシプロ式草刈り機」を開発したので紹介する。

法面作業道の設置法

▼果樹園の作業道造成機を利用

水田法面への作業道造成は、急峻傾斜果樹園用に開発された狭幅作業道造成機（マメトラ四国機器製ＭＲＶ２ＶＨＳ歩行型管理機、逆転ロータリ、片側排土）をとくに改良することなく使ってできる（図１）。この歩行型管理機は、輪距（左右車輪の中心間距離）が二〇cmと狭く、ロータリ幅三〇cmの小型管理機で、走行速度が〇・七km／h未満の低速であることが特徴である。

▼作業道造成の手順

作業道の設置箇所や間隔は、現地農家がそれまで草刈り作業時に足場にしていた跡を目安に、設置間隔は二m程度で決定し、目串等により水平にマーキングする。造成機のロータリは片側排土とし、作業道の溝幅（足場）は作業道の延長方向を見て両足を揃えて立てる二五cmを目標として、前後進の往復作業を一～二回行ないながら足場を拡げる。一〇〇m当たりの作業時間は三〇分程度である。

掘削場所にこぶし大以上の石が埋没していたり、クズの太い根などがあると法面の掘削が不十分となり、滑落等の危険が生じるの

図1　作業道造成機による掘削の様子

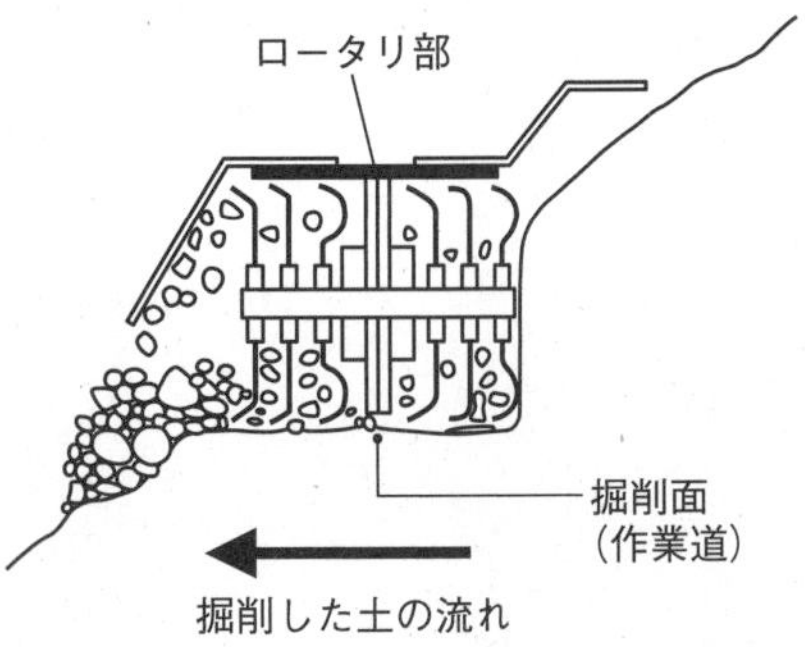

作業道造成機MRV2VHS（マメトラ四国機器：TEL089-973-2325）

図2　作業道により法面草刈り作業の労働が軽減される

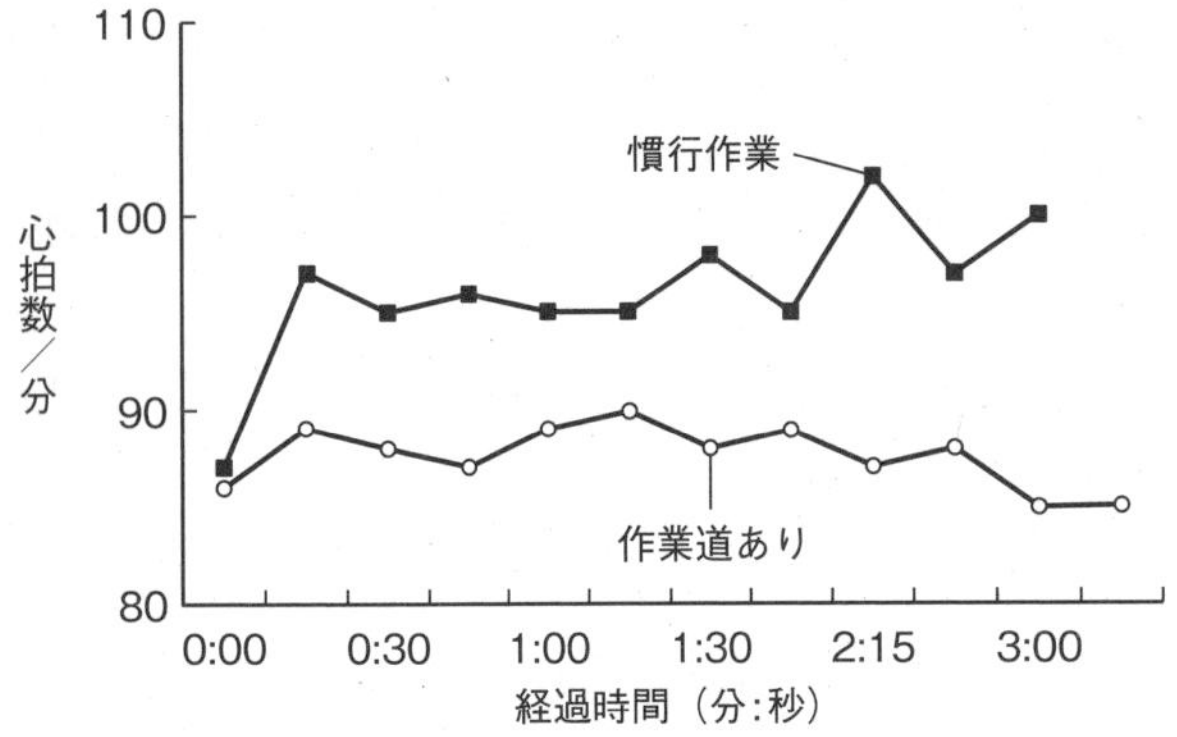

注）被験者B氏：53歳男、平常時心拍数74
使用刈り払い機：SRC260U（肩掛け式、両手ハンドル）＋チップソー（255mm）
法面傾斜：作業道有り38.9°、慣行作業37.5°

で、本機の中央にロープをくくりつけ、補助者が法面の上側から補助して安全を確保する。

なお、掘削が不十分となる個所では、無理をせず停止後退などして対処する。また、ツルハシ等でも除去できない大きな石がある場合は、無理をせずに前述の安全策をとって前進し、支障のない位置から作業を再開する。

▼踏み固め、締め固めで長もち

作業道の造成直後には、歩行面を踏み固めるとともに、スコップなどを用いて谷側の片部への排土を叩き締める。これにより、造成後五年程度は作業道として十分に機能する。

また、造成作業中に作業機がスリップするような湿った箇所には、機械作業後に、歩行面の締め固めのため消石灰を一m当たり〇・八〜一kg散布するとよい。

なお、法面の植生管理は、除草剤を散布したり焼却したりすると裸地化し崩落を助長するので、草刈り管理を基本とする。

作業道の設置により安定した足場が確保されると、草刈り作業中の心拍数の上昇が抑えられ、労働負担が軽減できる（図2）。さらに、法尻（法面の一番下）位置の作業道造成は、草刈り作業のみならず、本田管理作業の足場ともなり有効である。

能率は刈り払い機の三倍、二人で使う法面草刈り機

法面の草刈り作業のために開発した広幅レシプロ式（往復動式）草刈り機は、二人で作業することを基本とするソリ付きの可搬式草刈り機（刈り幅一二〇㎝）である（特願２００６-３２３６５１）。重さは一八kg弱で、作業者が一人でも持ち運ぶことが可能である。刈り刃の前方上位にブロア（兼フライホイール）からのエアーを送り出す多数の吹き出し口をもち、このエアーにより刈り草を後方へ倒し込むしくみとなっている。

作業中は、刈り刃の両端下に設けたソリにより、刈り高さを一定に保ちながら草刈り作業面を滑らせることができる。したがって、法面に設置した作業道を作業者が機械を支持しながら移動することで草を刈れる。

高さが八〇㎝程度になったチガヤ群落でも刈り取りが可能で、通常の膝下程度に伸びた草であれば作業者の歩行速度に合わせた作業ができる。作業道設置法面での作業能率は二五㎡／分と刈り払い機の約三倍であり、効率的な作業が実現できる（図３）。

ここで紹介した技術は、近畿中国四国農業研究センターが中核となり九つの関係機関で実施された先端技術を活用した農林水産研究高度化事業（平成十七～十九年）「中山間地域の畦畔法面の省力的植生管理システムの開発」の成果の一部である。

法面作業道の設置については、四国農試（現・近畿中国四国農業研究センター）の技術を応用させていただいた。また、二人作業用の広幅レシプロ式草刈り機は、株式会社ニッカリとの共同研究によるものである。

広幅レシプロ式草刈り機は、現在、実用化に向けて茶摘み機メーカーと検討中であり、市販化については未定である。当面は、法面作業道を設置することにより、現行の刈り払い機等による草刈り作業の軽労化に努めていただきたい。

現代農業二〇一〇年七月号　法面作業道を造って草刈り作業をラクに

広幅レシプロ式草刈り機による作業

広幅レシプロ式草刈り機（㈱ニッカリ）2サイクルガソリンエンジン（2.49kW）、有効刈り幅117㎝、適応草高50㎝程度まで（最大80㎝）

図3　草刈り機の時間当たり作業量

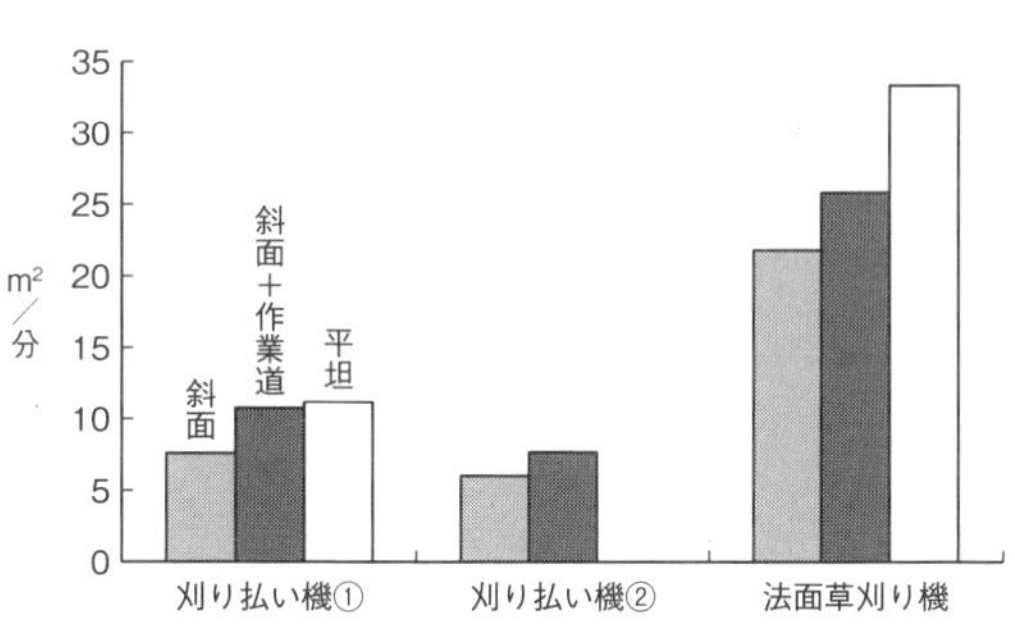

注）斜面は約40度、刈り払い機①②はオペレータが異なる。法面草刈り機：広幅レシプロ式草刈り機

タイミング、回数、機械の持ち方……草刈りにも極意がある

青木恒男　三重県松阪市

草刈りの人件費はバカにならない

　今回のテーマは、「草刈り」です。夏の稲作シーズン中、刈っても刈っても伸びてくる雑草との戦いは、嫌な仕事の筆頭です。例によって昔のことを言えば、四〇年ほど前までは今ほど無駄な草刈りはしていなかったはずなのです。鍬でしっかり付けたアゼにはほとんど草は生えませんでしたし、そこにはアゼマメが植えられていました。また家で飼っているヤギやウサギのエサとして年中刈り取っていましたから、雑草は伸びる暇がなかったのです。堤防に生えるススキやカヤなども貴重な牛のエサでしたから、勝手に刈り払うなどもってのほかでした。

　ところが今や草刈りは稲作にとって無駄な間接作業でしかなく、それでもやらないわけにはいきません。私が草刈りをするアゼなどの総延長距離は七〇〇〇m近くあり、所要時間は丸五日といったところです。これをひと夏に四回も繰り返すとすると、必要時間は一六〇時間。この人件費はバカになりません。時給一五〇〇円として考えて機械費や燃料費も入れれば三〇万円近い経費ですから、何とか半減はさせたいものです。

農道は春先一回刈りで大型雑草を退治

　私が草刈りをする場所は、大きく分けると農道・アゼ・堤防です。これらの場所の草を刈るタイミングは、それぞれ違います。

　まず田んぼの春作業は、農道の草刈りから始めます。トラクタや軽トラなどが頻繁に通って踏み固められる農道は、基本的にはノシバ、タンポポ、クローバーといった多年生の小さな雑草に覆われて安定します。しかし春の一時だけスイバやカラスノエンドウなどの大型雑草が花を咲かせる時期があります。これらがタネを落としてしまうと来年から猛烈に茂ってたいへんになるので、農機に踏み倒されて刈りにくくなる前のまだ小さいうちに、年に一回だけ草刈りします。

アゼは年間三回だけ。上面は一直線に刈り倒す

　農道の次は、アゼの草刈りです。手順は、まずアゼの上面の草を向こう端までその場に刈り倒し、帰りにアゼ塗りしていない斜面の草を刈り上げて倒した草に被せて引き返してくる、という往復作業になります。

　上面の草を刈るときは、草刈り機は振らずに体の前に構えたまま一直線に歩きます。よ

く切れる刈り刃を使っていれば、それだけで草はパタパタと左方向に倒れていきます（左の写真）。

草刈り作業の中で一番時間を取られるのはこのアゼ草刈りですから、極力回数を減らすようにします。私がアゼを刈るのは、代かき直前、中期追肥時、出穂開花期の三回と決めています。それぞれの回の目的は、アゼから侵入する草を防ぐ、動散を背負って歩きやすくする、風通しと日当たりをよくするためです。ただし草が伸びていない場所はパスします。

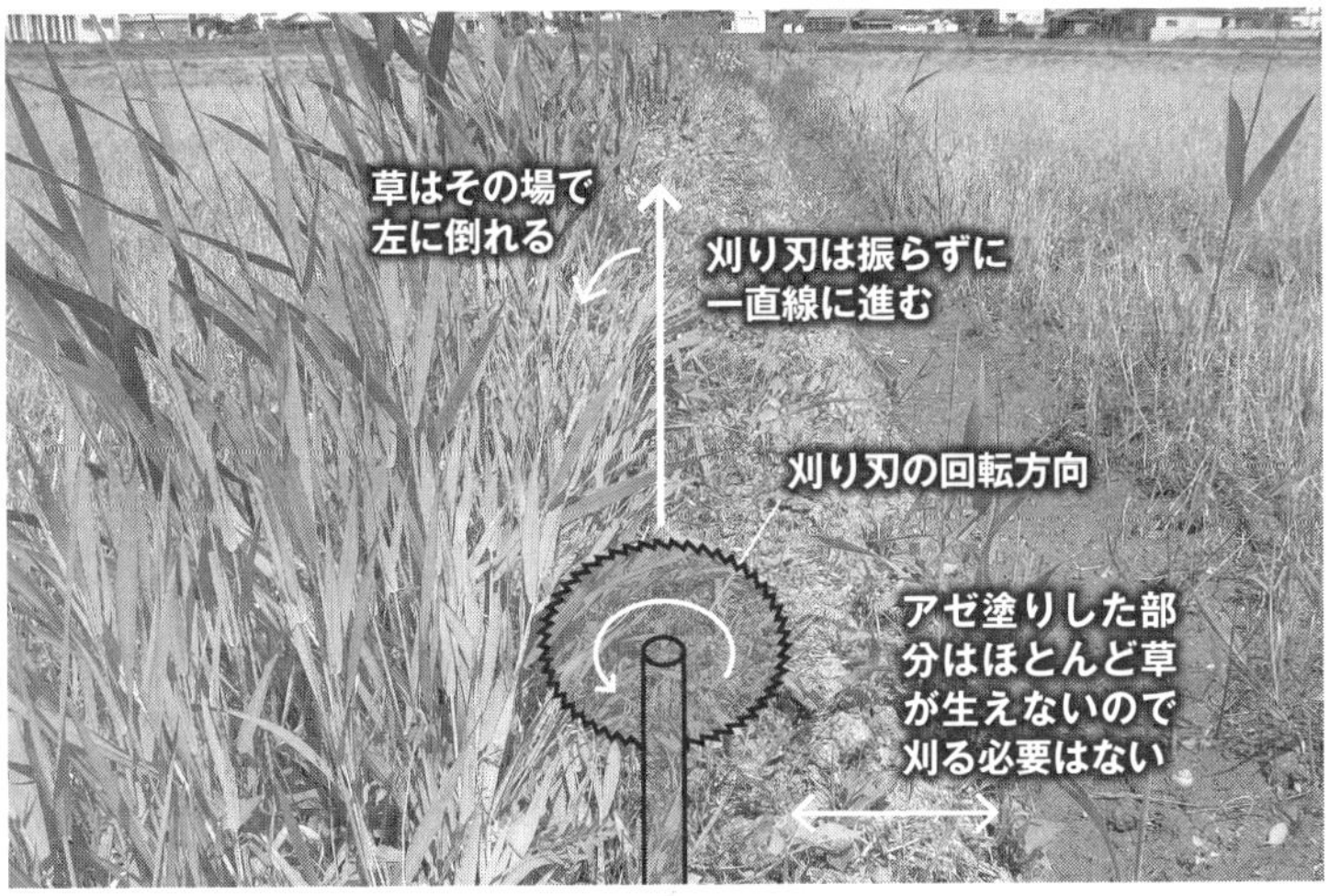
草はその場で
左に倒れる
刈り刃は振らずに
一直線に進む
刈り刃の回転方向
アゼ塗りした部
分はほとんど草
が生えないので
刈る必要はない
まず上面を刈る（写真は上面を刈ったあと）

斜面の草を刈り上げて
戻ってくる
進行方向
上面が終わったら斜面を刈る（写真は斜面を刈ったあと）

葉色板代わりにチガヤを残す

目の敵にされるアゼの雑草も、味方にすればそれなりの仕事もしてくれます。

たとえばチガヤの株（次ページの写真）は、現場に設置した「カラースケール」として有効です。成熟したイネ科雑草の葉色は比較的安定しており、ステージごとに葉色を変えるイネの生育を測る指標にできるのです。

チガヤの葉色は四～五で、肥料が効いている状態のイネの葉色とほぼ同じです。それ以外にもカズノコソウ三～四、ススキ四～五、アシ六～七などいろいろな指標があるので、見通しのよい場所に刈り残しておくと便利です。

またジシバリやチドメグサなど地面をびっしりと覆う多年生雑草は、根や匍匐《ほふく》茎が丈夫で、背丈は一〇cmほどにしか伸びず田んぼにも侵入しないのでアゼを保護する「カバープランツ」として役に立ちます。アゼは地面を削るような深い草刈りをせず、これらの植物の生長を邪魔する大型雑草だけを浅く刈るように心掛けるべきでしょう。

開花期前後は堤防を刈らず カメムシを引き付けておく

厄介なのは、堤防や山すそなど広い斜面の草です。油断していると背を越すようなススキ、セイタカアワダチソウやイバラ、ヤナギ

チガヤ。葉色4〜5のカラースケールとして使える

などの灌木《かんぼく》、クズ、フジなどのツル草に覆われてしまいます。まず刈る手順を説明します（図1）。

①水路際から斜面の上方向へ、生えている草の草丈分の刈り幅で刈り上げる要領で足場を作る。

②斜面を、①で刈った草の上に刈り倒す方向で戻ってくる。

③堤頂部を刈りながら②の始めの方向に戻る。

④再び斜面に降り、②で刈った草の上に刈り倒す方向で戻ってくる。

⑤堤頂部の残りを刈る。

最近カメムシによる被害が増えているようですが、その移動ルートは河川の堤防です。イネの生育中は田んぼに面した堤防にカメムシが住み着かないように草刈りをしますが、開花期が近付いた時点からは、逆に茂っている雑草は刈らないようにして住処を作ってやります。

草刈り機は使いやすくセッティング。腕力でなく腰の回転で振る

左ページの写真は、現在わが家で使用している草刈り機二台です。上は二ストローク二一ccのおばあちゃん用、下は四ストローク三一ccの私用で、それぞれに使用目的もセッティングも違います。

狭いアゼの草刈りや畑のウネ間の除草など凸凹した場所を自在に刈るには、小回りが利き小型で軽い機種。広い場所を長時間刈るときや背を越すようなススキ、セイタカアワダチソウと格闘するときなどには、トルクと重量のある四ストの大型機がいいと思います。

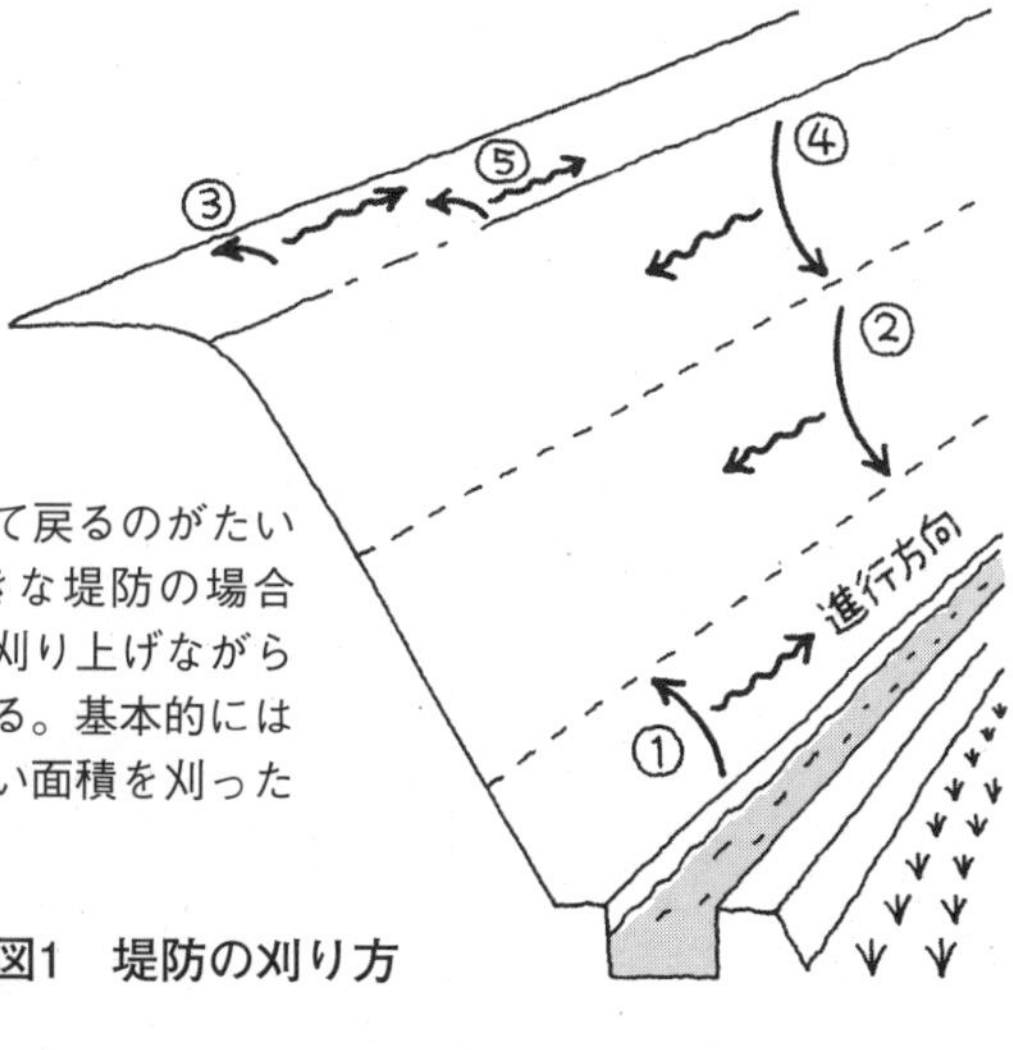

③で堤頂部まで登って戻るのがたいへんなくらいの大きな堤防の場合は、斜面を少しだけ刈り上げながら④の開始位置まで戻る。基本的には刈り下ろす方向で広い面積を刈ったほうがラク

図1　堤防の刈り方

コストパフォーマンスの面でふたつの機種を比べると、四ストは重量も値段も二ストの二倍以上になりますが、燃料費は逆に三分の一程度で経済的、音も振動もはるかに小さいので快適です。

ただし草刈り機は、買ったそのまま使うのでなく、自分が使いやすいようにセッティングすることがものすごく大事です。一日一万

回も振っていると、疲れ方はまったく違ってきます（図2）。

自在に振り回す二ストの小型機は、重心のすぐ後ろに肩掛けハーネスをセットして腰は固定しません。そして持ち手の間隔を四五cm程度に狭め、刃先を前後左右に軽く動かせるようにしています。

いっぽう四ストの大型機の場合は、少し荒っぽい仕事にも使うので両肩と腰ベルトで均等に重量を支える三点式ハーネスで体に固定します。そしてハンドルの取り付け位置をエンジン側に近づけてシャフトが長くなるようにし、ハンドルの角度を手前に傾けて高いアゼや堤防の斜面など自分の足場よりも低い位置を刈るのがラクな設定にしてあります。

また持ち手の幅は肩幅より少し広い程度に狭め、左腕は脇に付けて動かさず、腰の回転と右手の補助だけで重いエンジンの反動を利用してリズムよく振れるようにします。ちゃんとセッティングして腰の回転で刈れれば、軽い機械を腕力だけで振り回すよりもよっぽどラクです。

刃を振る角度にもコツがあります（図3）。短い草をその場に刈り広げる場合は、刃を地面と平行に振ります。しかし刈った草を一方向に集める場合には、右ハンドルを一〇cmくらい持ち上げて草を刈り刃の上に乗せて運ぶように振ります。また長いツル草や倒伏した草は、普通に振ると刃の上に被さったり巻き付いたりして厄介です。このような場合には、刈り刃を地面から六〇度くらいの角度まで立てて振り、水平に近い状態に伸びている草にもしっかり刃を当てていきます。

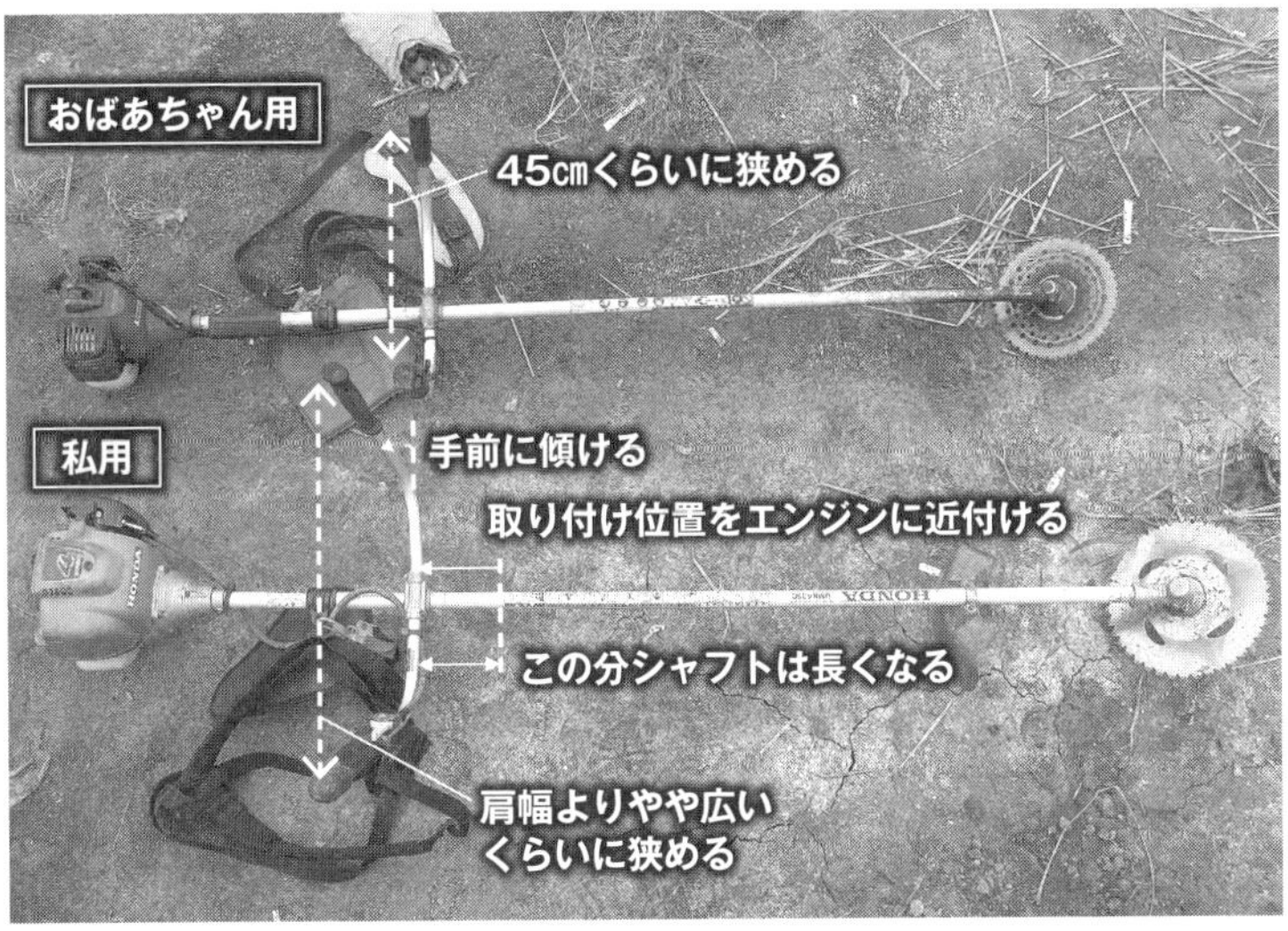

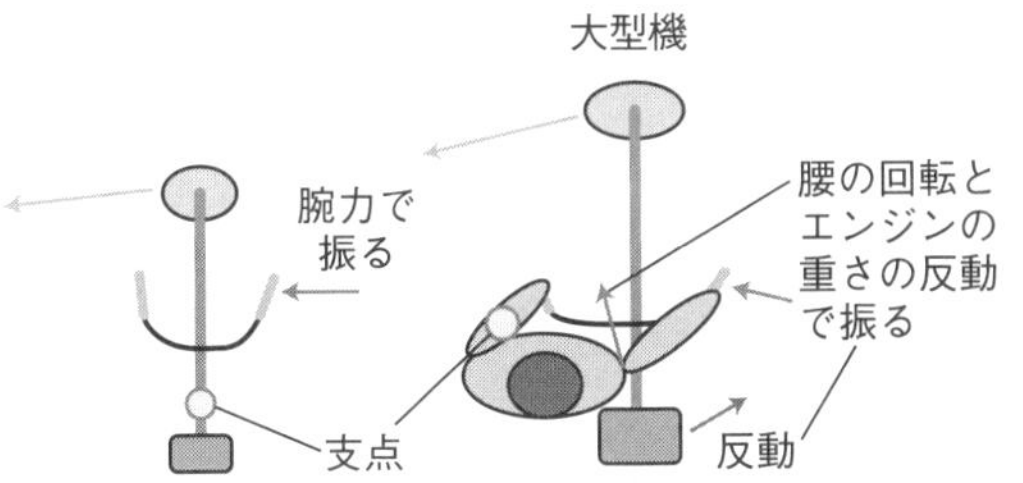

図2　セッティングと振り方

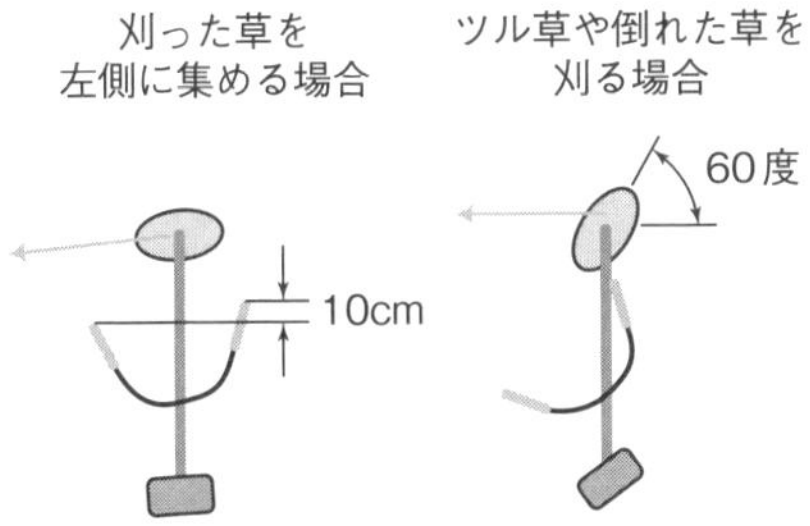

図3　場合による使い分け

現代農業二〇一〇年八月号　常識を疑えば稲作はまだまだ儲かる(6)　草刈りにも極意がある

「二回草刈り」だけで全量一等米 防除なんていらん！

中道唯幸さん　滋賀県野洲市　編集部

二回草刈り、驚きの効果

「カメムシ対策は、草刈りだけ。あれ絶対値打ちあるわ。ビックリするくらい目に見えて減ったもん。防除なんて、ホンマにいらんと思うよ」

そう力説するのは、おなじみ滋賀の中道唯幸さん。水田面積三八町、うち一二町の有機栽培田んぼはもちろんのこと、ほかの特別栽培や慣行栽培の田んぼでも、カメムシ防除はいっさい行なっていない。にもかかわらず、ほぼ毎年全量一等米を達成。その秘訣が、「草刈り」なのだ。

ただし、やみくもに草を刈ればいいわけじゃない。中道さんが参考にしているのは、滋賀県農業技術振興センターが提唱している出穂三週間前と出穂期の「二回草刈り」。六年前、『現代農業』でこの二回草刈りを知って即実践したところ、「もうテキメンに効果があった」。

それまでの中道さんのお米は、結構二等が多かった。お米の検査官に「有機の米です」と言うと、「そうやろなー、カメムシ多いもんなー」と簡単に納得されるくらい、斑点米やシラタが目立ったからだ。

だから余計に、草刈りのやり方を変えるだけでカメムシの被害が激減したことには驚いた。

「田植えの順番」でなく「出穂時期」を基準にする

しかも「別に草刈りの回数を増やすとかいうわけじゃないよ。今までもやってた草刈りのタイミングを、ちょっと変えるだけでええんやから」。

事実中道さんは、以前と比べて草刈りの回数は変えていない。じつはタイミングも、田んぼ全体で見ればそれほど大きく変わったわけではないという。しかし草刈りする田んぼの優先順位を決める考え方が、大きく変わった。

二回草刈りを知るまで、中道さんは作業の都合優先で、「田植えの順番」だけを基準に草刈りする田んぼの順番を決めていた。だから田植えの都合によっては早生のコシヒカリよりも晩生のヒノヒカリの田んぼの草刈りが早くなることもあったし、一回目と二回目の草刈りの間が一カ月くらいあいても気にしていなかった。

でも今は、イネの品種と植え付け時期を考慮したうえで「出穂時期」を基準に草刈りする田んぼの優先順位を決めるようになった。このことが、カメムシ被害を減らす大きなポイントなのである。

イネの出穂前後に畦畔雑草の穂を出させない

そもそもカメムシは、イネが特別好きで田んぼを狙って入ってくるわけじゃない。カメムシが好きなのは、出たばかりのイネ科植物の穂。種類は別にこだわらないし、イネよりはむしろノビエやメヒシバなどの雑草の穂のほうが好きらしい。

つまりカメムシは、まずは畦畔の雑草に取り付き、次々と出穂するイネ科植物の穂を渡り歩くなかで田んぼに近づく。そこにちょうど出穂を迎えるイネがあると、田んぼにも飛び込んでくるというわけだ。

イネの出穂時期に畦畔雑草が穂をつけないように草を刈る

（撮影　倉持正実）

だから肝心なのは、斑点米被害の危険が大きくなるイネの出穂期前後に畦畔のイネ科雑草に穂をつけず、田んぼに近づいてこないようにすることである。

二回草刈りのネライは、まさにそれ。「イネの出穂前後六週間にわたって畦畔の雑草に穂を出させないようにする」ことなのだ。

じつはたいていのイネ科植物は、夏は草刈り後約三週間で出穂が始まる。だからイネの出穂を基準に考え、その三週間前と出穂期の二回草を刈るようにすれば、出穂期前後の畦畔イネ科雑草に穂がない期間を最大限長くすることができる。結果としてカメムシ被害の出る心配が、もっとも少なくなるというわけ。

逆に作業の都合優先で田植えの順番だけを基準にしていた以前の草刈りでは、草刈りのタイミングが遅れてすでに穂をつけた畦畔雑草を刈ってカメムシを田んぼに追い込んでしまっていた可能性もある。

また、「俺はイネの出穂前には草刈りしないから大丈夫だ」と思っている人でも、油断は禁物。草刈りのタイミングが早くてイネの出穂期に雑草の穂が出てしまうようでは、結局カメムシを呼び込んでいることになるからだ。

現場では少し早めの草刈りが無難

とはいえ三八町も田んぼがあると、実際にはバッチリタイミングよく草刈りするのはたいへんなこと。そこで中道さんは、二回草刈りの理論をもとに多少アレンジを加えて作業を進めている。

まず草刈りのタイミング。二回草刈り理論

では「出穂三週間前と出穂期」が基準だが、中道さんは「出穂約一カ月前とその二～三週間後」と約一週間ずつ早め、かつやや余裕を持たせて草刈りするようにしている。

現場の作業は、どうしても天気や段取りなどの都合でズレてくる。万が一出穂期に草刈りするつもりで遅れてしまったら、畦畔に穂のついた草がはびこっているのに刈り取ることもできない最悪の事態になってしまう。だから少し早めに余裕をもって作業しておいたほうが、イネの出穂期前後に畦畔雑草に穂をつけてしまう心配は少なくなるという考えだ。

また有機等の認証に関係ない一部の田んぼでは、一回目の草刈りの一～二週間後に除草剤を使うことで、草刈りにかかる労力を減らしている。

すべての田んぼを人力で草刈りしていると、どうしてもタイミングが遅れるところが出てくるからカメムシ被害が出てしまう。だったらカメムシ防除も兼ねるつもりで除草剤も活用し、出穂期前後の畦畔雑草の穂をなくしておいたほうがいい。それに一回草刈りしたあとの除草剤は、「草の長さも揃ってるし、散布機のノズルも低い位置で振れるから除草剤の効果も高くなる」から、少ない量でもバッチリ草が抑えられる。

最小の労力で大きな効果。やったほうが絶対ええ！

もちろん一番いいのは、畦畔雑草が穂をつける暇がないくらい、こまめに草刈りすることだろう。でも何十町もつくっていたら、到底そんなことはできるわけがない。それどころか作業優先で草を刈っていた以前のやり方では、「僕のところでカメムシ温存させてたかもしれないよね」。

出穂日を基準に考えた二回草刈りを心がけることで、最小の労力でカメムシ被害を防ぎ、近所の田んぼに迷惑をかける心配もなくなったのだ。

逆に変なタイミングで草刈りする人の田んぼや、ボーボー草が生えた土手に隣り合っている田んぼも中にはある。それでも中道さんは、自分がタイミングにちゃんと気をつけて二回草刈りすれば、カメムシ避けの効果は確実にあると感じている。「やらないよりは、やったほうが絶対ええよ。みんなやるべきやと思うわ」。

現代農業二〇〇九年八月号「二回草刈り」だけで全量一等米、防除なんていらん

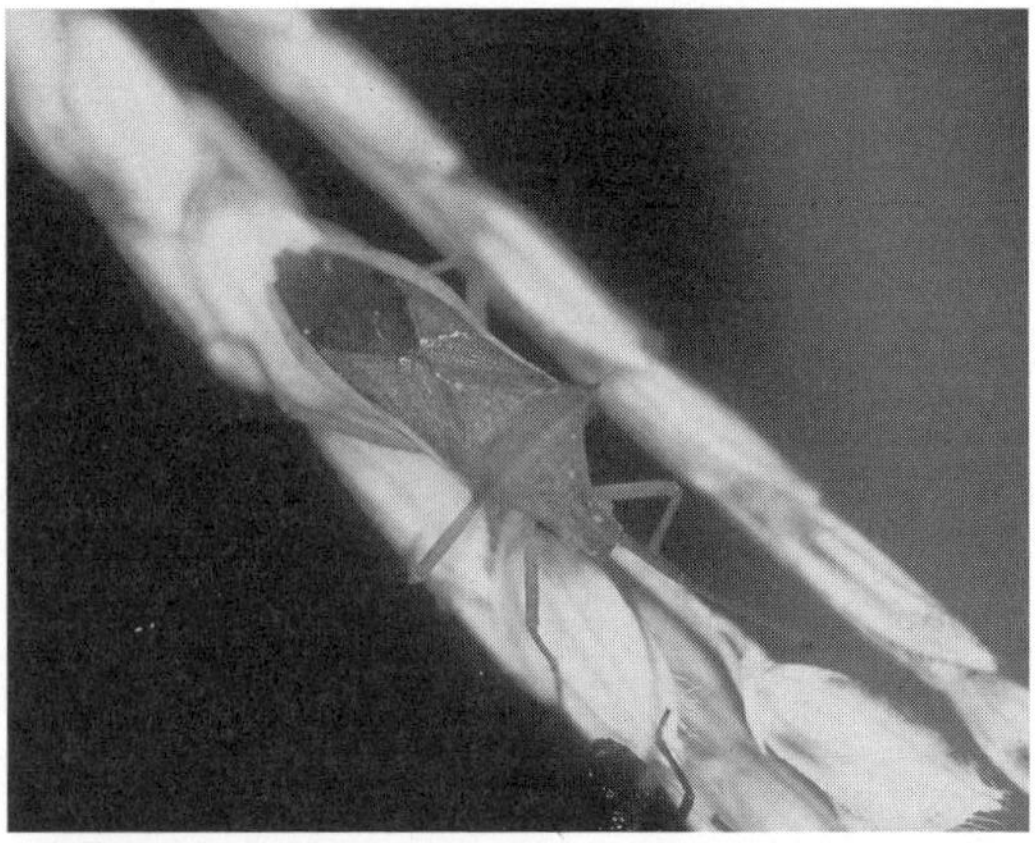

大型種のホソハリカメムシ。滋賀県で問題になるカメムシは、ほかにクモヘリカメムシ・トゲシラホシカメムシなど（H）

小型種のアカスジカスミカメ（平井一男撮影。Hも）

草刈りのタイミングによるカメムシの移動の仕方（早生のコシヒカリの場合）

「田植えの順番」だけを基準に草刈りすると…

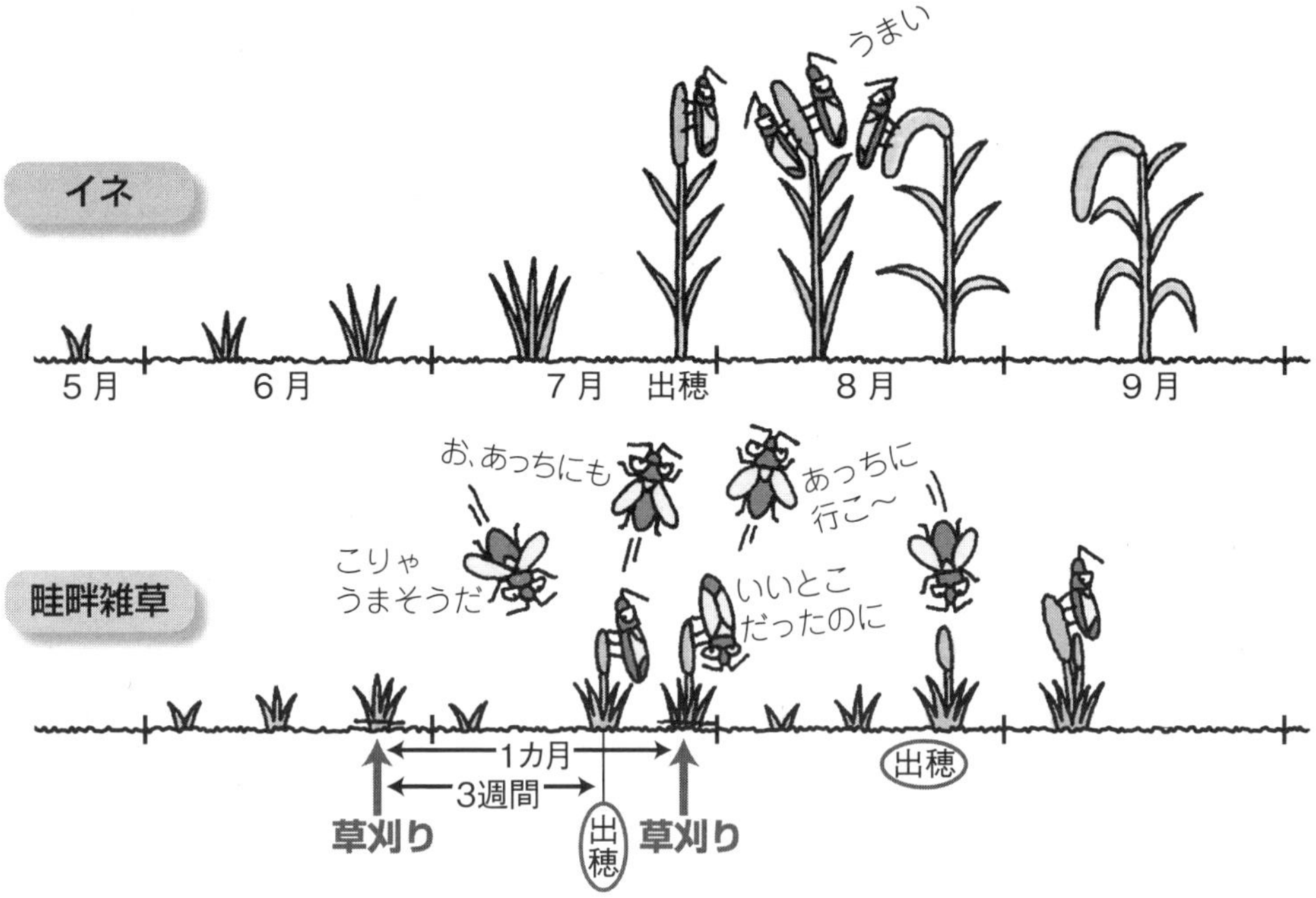

イネの出穂前に雑草が出穂、カメムシを田んぼに呼んでしまううえ、2 回目の草刈りで田んぼに追いこんでしまう。かといって 2 回目の草刈りをやらないとしても、アゼにいるカメムシはどんどん田んぼの中に入っていくので被害は避けられない

中道さんの「出穂約１カ月前とその２～３週間後」の２回草刈り

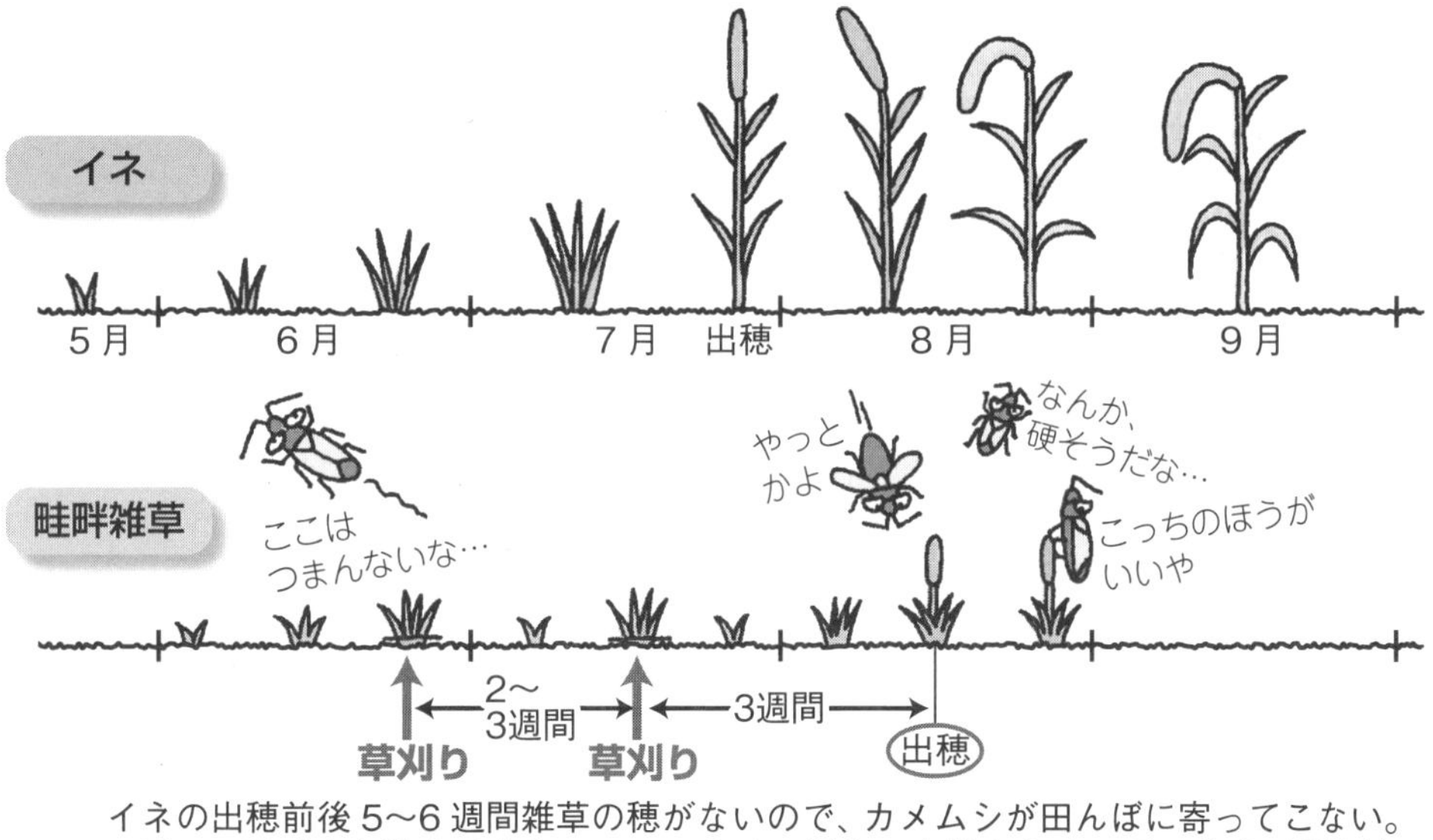

イネの出穂前後 5~6 週間雑草の穂がないので、カメムシが田んぼに寄ってこない。8 月 20 日ごろ出穂する晩生のヒノヒカリの場合、中道さんは 8 月にもう1回草刈り、もしくは除草剤を散布して、雑草が穂をつけないようにしている

今どきの刈り払い機　ここがスゴイ
安全な機種を選ぶ目安

皆川啓子　生研センター

安全な刈り払い機の目安

刈り払い機は、一般の方からプロの方まで幅広いユーザーのいるもっとも一般的な農業機械である。しかしながら、体のすぐ脇で高速回転している刈り刃があることを忘れてはいけない。使用方法の誤りや準備不足により、重大な事故につながることもある。事故を避けるためには、刈り払い機を購入する際に安全性の高いものを選ぶことも選択肢のうちの一つである。

安全な刈り払い機を選択する目安として安全鑑定がある。安全鑑定とは、農業機械を「安全鑑定基準及び解説」に基づいてチェックし、基準に適合する一定水準以上の安全性を有するかどうかを判定するもので、製造業者または輸入代理店等からの依頼によって生研センターが実施している。鑑定の結果は、依頼者に通知されるとともに、農林水産省に報告され、基準適合機には「安全鑑定証票」（下の写真）を貼付することができる。安全鑑定に適合した機械は生研センターのホームページ（以下、ＨＰ）上に掲載されている。なお、安全鑑定における刈り払い機の名称は「動力刈取機（刈払型）」となっているのでご注意願いたい。

近年、刈り払い機に関する安全鑑定基準が一部改正され、より安全性を重視したものとなった。基準内容の一部を紹介するので、購入の際に参考にしていただけると幸いである。

ハンドルから片手を離すと動力を遮断

刈り払い機が安全鑑定に適合するための条件の一つに、「ハンドルから片手を離すこと

この部分が「農林水産省」や「生研機構」などとなっている証票も、実施時期が違うだけで同じもの

安全鑑定証票（生研センター HPより）
http://www.naro.affrc.go.jp/brain/iam/test/tstamn/index.html

で、エンジンから刈り刃への動力を遮断することができること」が挙げられている。従来は、長年固定式のスロットルレバーが主流であり、転倒やキックバックの際にも刈り刃の回転数が落ちることなく回り続けるため、刈り刃による負傷事故につながる可能性が高かった。

左が安全鑑定適合スロットルの一例。手を離すと動力が遮断されるハンドル、右は従来型の固定式スロットルレバー

そんな中、平成二十二年四月三十日に農業機械製造業者により構成される（社）日本農業機械工業会刈払機部会は、使用者の安全な作業環境を提案する取り組みは企業の社会的責任であるとの認識から、翌二十三年九月末をもって固定式スロットルレバーの生産を中止することを部会員ほか関連二二社と合意したと発表した。

安全鑑定に適合する方式に切り替わった刈り払い機を使用してもらうことで負傷事故に遭う可能性を低減させようという取り組みが、製造業者の側からも始まっている。

㈟キックバック：刈り払い機の刃の右上方が硬い物に接触した反動で作業者にはね返される現象

飛散物防護カバーの実用性がアップ

刈り払い機による負傷事故には、刈り刃に直接接触することによる事故のほかに、地面に転がっている石礫等に刈り刃が接触して生じる飛散物によるものもある。飛散物から使用者を守るために刈り払い機に付いているのが飛散物防護カバーであるが、草が絡まる、作業能率が悪くなるという理由から、使用者の約半数が適正位置からずらしたり外したりして使用していることが使用実態調査（生研センター、平成十五年）により判明した。

これまでの安全鑑定基準では、飛散物防護カバーの形状や大きさは刈り刃の大きさを基準に決められていたが、飛散物に関する研究（生研センター、平成十八年）、安全鑑定推進委員会での了承を経て、平成二十二年度から、作業する人間の防護すべき範囲を決め、その範囲を防護できるものであれば形状や大きさは自由に設定できるというものに改正した。この改正により、作業者の防護される範囲が広くなり、なおかつ作業性の悪さを解消することが可能であること等から、飛散物による負傷事故の防止につながるものと期待している。新基準に適合する飛散物防護カバーを備えた刈り払い機も生研センターＨＰに掲載されている。

各社から低振動型が登場

刈り払い機を使用することで懸念される安全上の問題は、負傷事故だけではない。長時間ハンドル振動に曝されることで、寒い時期に指先だけが血行不良となり白くなるレイノー現象（白ろう病）等の手腕振動障害がある。刈り払い機においても平成二十一年七月に、厚生労働省から振動障害予防対策指針が示されている。この指針では、「周波数補正振動加速度実行値の三軸合成値（以下、三軸合成値）」が二・五m／S²以上の場合は測定値を、同未満の場合はその旨を表記することが求められている。

この三軸合成値と使用時間から算出される日振動曝露量によって振動障害予防対策が必要かどうかが判断される。市販のUハンドル式刈り払い機（二一～二六㎖クラス）四四台を対象に三軸合成値測定を行なった結果（生研センター、平成十六、十九年）、測定値は概ね二・五～五・〇m／S²であり、一日八時間使用するとした場合、振動障害予防対策が必要な範囲にあった。

そこで生研センターでは、振動の節と呼ばれる（振動がもっとも小さくなる）部分が刈り払い機のハンドルグリップの位置になるような改造により、三軸合成値が二・五m／S²よりも小さくなる低振動型刈り払い機をメーカー（丸山製作所）と共同で開発した（①）。

現在、低振動を売りにしている刈り払い機は各社から販売されている。三軸合成値は各社HPや取扱説明書等で公開されているので購入の際に参考にしてみてはいかがだろうか。なお、三軸合成値は定期的に確認をする必要があり、確認方法がない場合は一日二時間以内の使用に留めることを厚生労働省では求めている。

改正された安全鑑定基準に準拠した大型の飛散物防護カバー（ホンダの4ストローク刈り払い機）

参照ホームページ
①生研センター・メーカー共同開発の低振動型刈り払い機
http://www.naro.affrc.go.jp/project/results/laboratory/brain/2006/common06-51.html
②農作業安全情報センター
http://www.naro.affrc.go.jp/org/brain/anzenweb

さらに安全・快適な刈り払い機も

このほか最近では、スロットルレバーから手を離すとアイドリング状態で刈り刃にブレーキのかかる構造のものや、キックバックや転倒時の衝撃を本体に取り付けた加速度センサーで感知し自動的にエンジンを停止させるものなど、安全鑑定基準を上まわる水準の安全装置を装備したものも登場している。また、エンジン回転速度をマイコンで適切な値に制御し燃料消費を抑えるものやバッテリー駆動のもの等、安全性や快適性、環境に配慮したさまざまな刈り払い機が市販されている。

刈り払い作業は作業能率を重要視しがちだが、安全な刈り払い機の選定、適切な装備（服装、防護メガネの装着）、作業現場の安全確保、適度な休憩等にも留意し安全第一で行なっていただきたい。ここで、紹介しきれなかった安全対策については、農作業安全情報センター（②）内でも紹介しているので、参考にしていただきたい。

現代農業二〇一二年七月号　ラクラク度急上昇　草刈り・草取り　刈り払い機をラクに使う　今どきの刈り払い機　ここがスゴイ　安全な機種を選ぶ目安

振動が減ってラク　低振動型刈り払い機

中野　丹　生研センター

刈り払い機は、ハンドル振動によって手や指の血行障害、いわゆる手腕系の振動障害が発生するなどの問題があるため、利用者や医療関係者から振動の低減が望まれていました。生物系特定産業技術研究支援センター（生研センター）では、次世代農業機械等緊急開発事業において、株式会社丸山製作所とともに「低振動型刈払機」を開発し、三月から市販を開始しています。

開発機は、ハンドル防振機構とトリガー式スロットルを特徴としています。ハンドル防振機構は、振動の振幅が極小となる点（振動の節）を移動させることでグリップ部の振動低減をはかったものです。一方、トリガー式のスロットルは、レバーを握っている間はエンジンが定格回転付近で回転し、スロットルレバーから手を離すとアイドリング状態に戻り、エンジンから刈刃への動力が断たれるしくみです。これにより安全性の向上を図りました。

図にハンドル防振機構の概要を示します。

低振動型刈り払い機の防振機構の概要

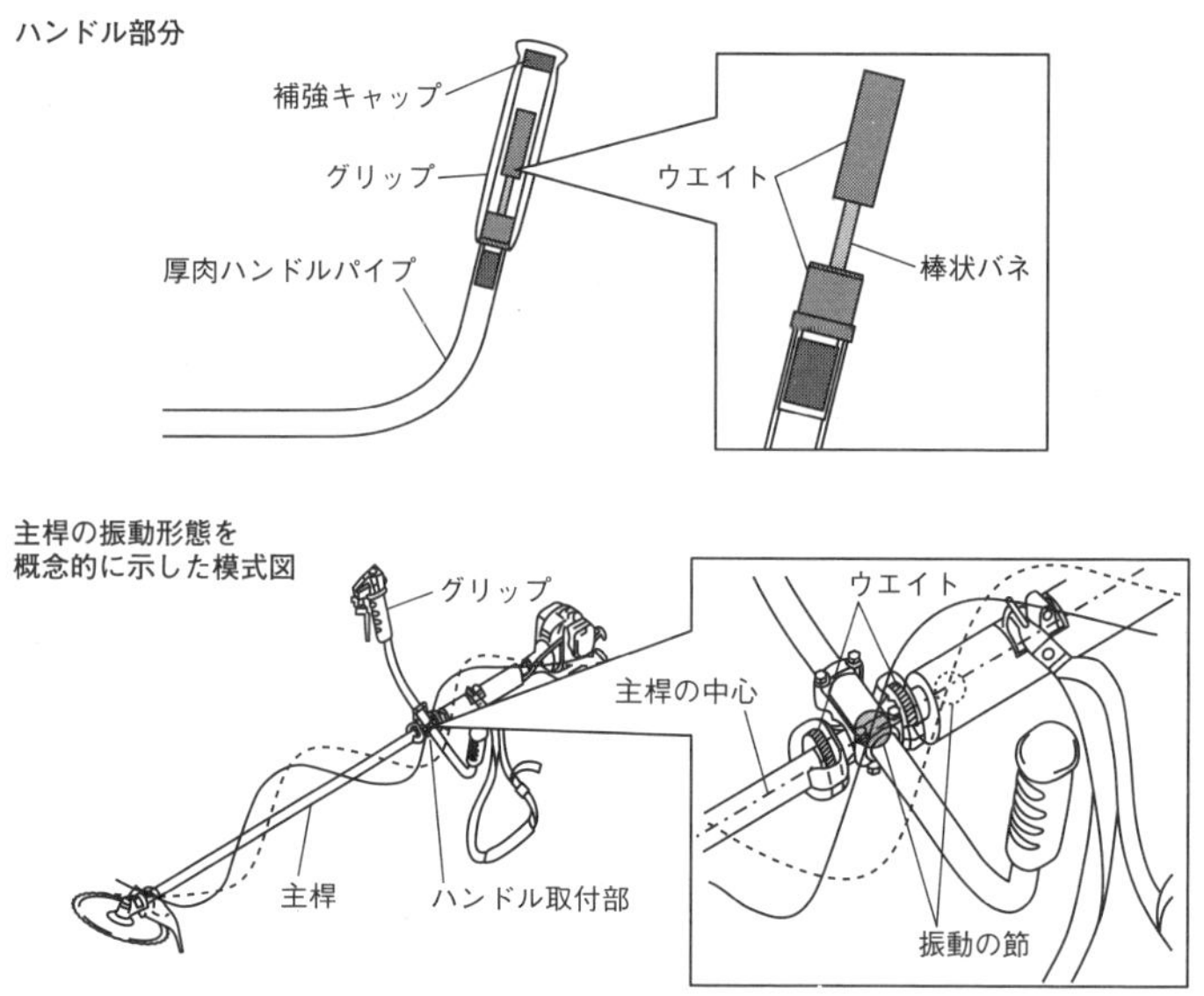

振動の節（振幅が極小となる点）を移動（破線部から実線部へ）させることで振動が減る

開発機のハンドル振動は、EU（欧州連合）で定めている一日当たり八時間使用しても振動障害が生じない振動暴露対策値をクリアしており、市販の四四型式の刈り払い機のなかでもっとも振動を小さくすることができました。

また、振動の感覚を評価するため、振動感覚閾値《いきち》というものを測定しました。振動感覚閾値とは、人が感じることができる振動の一番小さい値で、指などが振動にさらされると感覚が鈍くなること、つまり振動が大きい機械のほうが振動感覚閾値も大きくなることを利用して振動の人体への影響を評価するものです。測定結果から、開発機は感覚的にも振動の影響が小さいことがわかりました。

開発機は、作業後に手にしびれが残ることがあると感じる方にはぜひ使ってみて、その快適性を実感していただきたい刈り払い機です。

現代農業二〇〇九年八月号　草刈りをラクにする機械・器具振動が減ってラク　低振動型刈払機

掃除・目立て・ハンドル調整で刈り払い機の悩み解決

今井虎太郎　神奈川県伊勢原市

右からサトちゃん（佐藤次幸さん）、筆者、妻の睦
（写真はすべて倉持正実撮影）

アゼ草刈りは、毎年たいへんな作業です。わが家の刈り払い機は二台。一つは自分用、もう一つは妻が使っています。一人で草刈りするのはあまりにたいへんなので妻にも分担してもらおうと思い、二台揃えました。

新品の刈り払い機は、切れ味がよくて振動もないのであまり疲れません。でもワンシーズン使うと切れ味が悪くなり、力仕事になってきます。再びラクに刈るには、刈り刃を新品に取り換えるしかないと思っていました。刃は買っても数千円ですが、毎年になると嫌な出費ですし、使用済みのゴミが増えるだけです。

でもサトちゃんに教えてもらった刈り払い機のメンテのおかげで、これまでの悩みが解決しました。これは本当にみなさんにもすぐに試してもらいたいと思うくらい、草刈りがラクになります。

回転軸掃除、グリス充填でスーッと回る

みなさんは、刈り払い機の刈り刃の回転軸を掃除したことがありますか？　じつは私は、教えてもらうまで一回もやったことがありませんでした。

やり方はすごく簡単です。刈り刃を固定しているネジを外し、刃押さえ金具や刃受け具を外したら、中に絡まっているゴミや草を針金等で取り除くだけ。

このとき注意しなければいけないのは、ネジを回す向きです。刈り刃を固定しているネジは逆さネジで、時計回りに回すと外れます。普通のネジの要領で反時計回りに回しても外れません。無理矢理回すと、ねじ切ってしまいます。

回転軸の掃除を終えたら、軸にグリスを充填します。ギアケースについた小さなボルトがグリス注油口になっているので、外してグリスを注入します。刈り払い機専用のグリスがあるので、それを使います。

回転軸の掃除とグリスの充填が終わったら、刈り刃を取り付けて手で軽く回してみてください。スーッと抵抗がなく回るようになります。

回転軸の掃除

刃押さえ金具、刈り刃、刃受け具を外して回転軸の周りを掃除。ゴミがごっそり詰まっていた

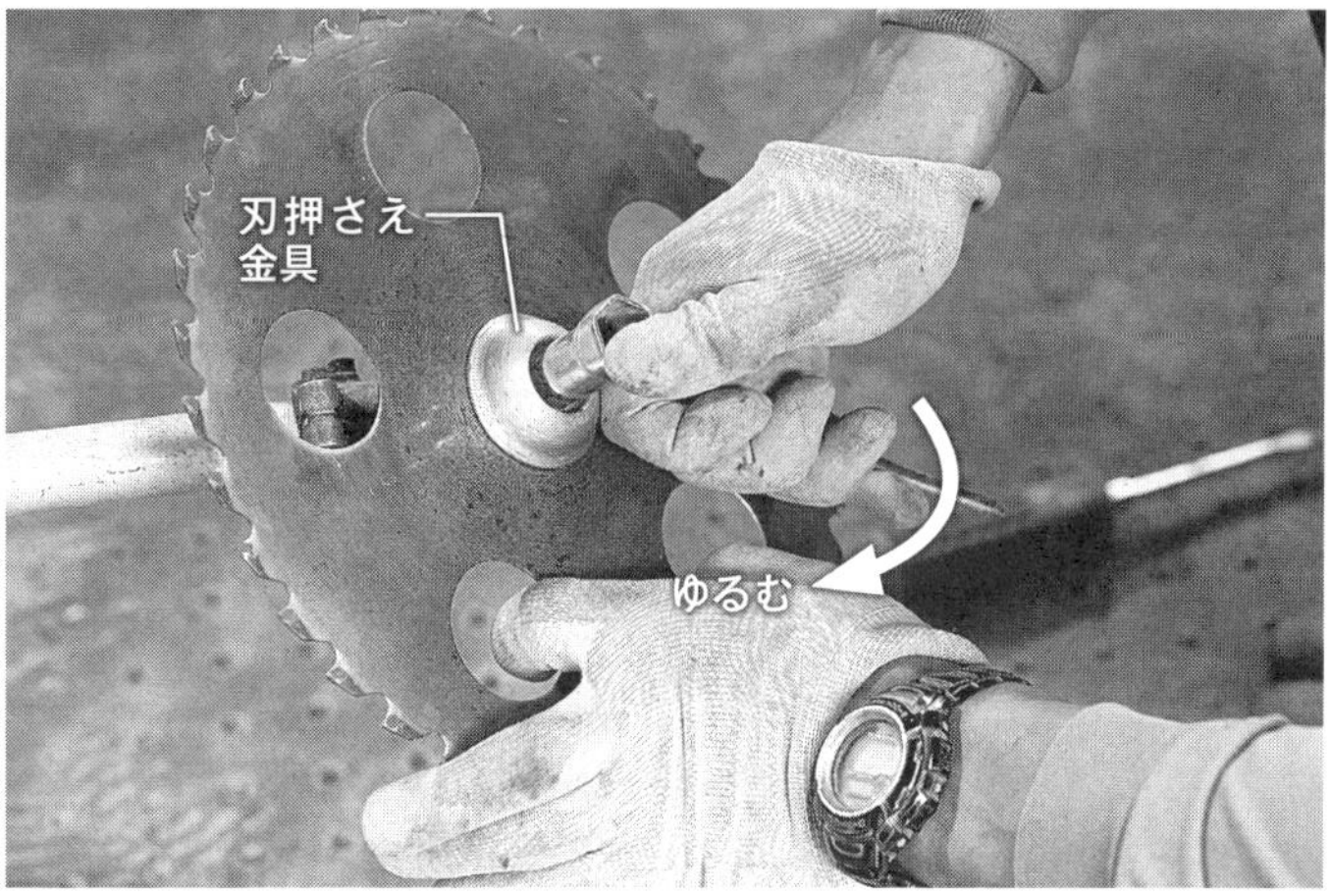

刈り刃の取り付けネジは逆さネジ。時計回り方向でゆるむ

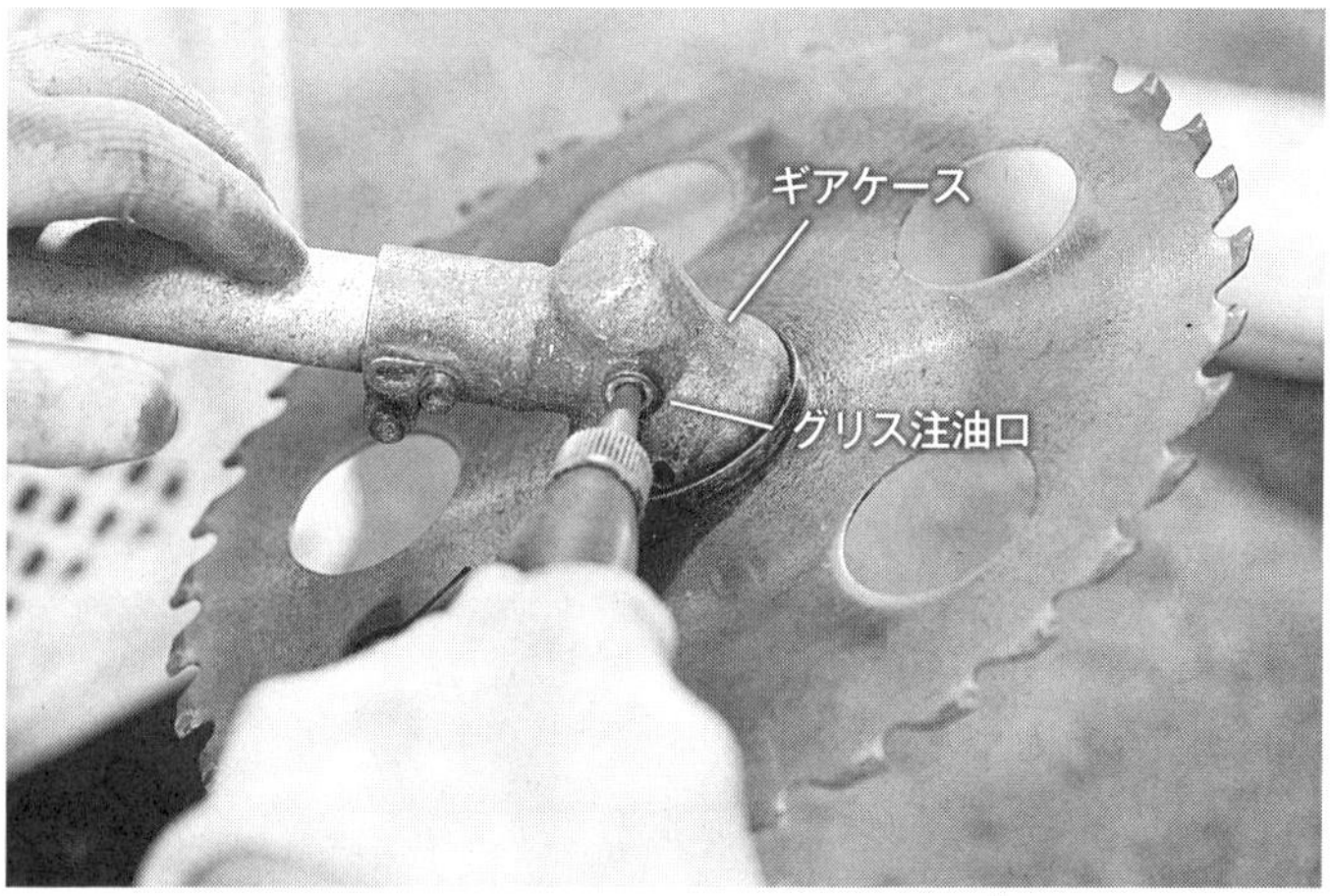

ギアケースにあるグリス注油口のボルトを外してグリスを充填

簡単目立てでチップソーの切れ味復活

刈り刃のチップソーは、使えば使うほど切れ味が悪くなります。でもサトちゃんに研ぎ方を教わって目立てしてみたら、捨てる予定だった古いチップソーまで切れ味が蘇りました。

まず刈り払い機をコンテナなどに載せ、自分の体の中心に刈り刃がくる位置に座ります。チップソーのチップには、逃げ面とすくい面があります。それぞれに対してグラインダーの砥石を垂直に当てて砥ぐのがコツです。研ぎすぎるとチップがすぐに減ってしまうので、当てる時間は本当にちょっとずつ。慣れるまでは少し時間がかかりますが、グラインダーのスイッチをＯＦＦにした状態で研ぐ作業をイメージしながら何度か練習すると、うまくできるようになります。また目にチップの破片が飛んでくると危ないので、必ず眼鏡をかけてやります。

刈り払い機の振動が大きい場合は、チップが飛んでしまっているのが原因だそうです。こうなったら無理せず刈り刃を交換します。

「草刈りの用途に合わせて刈り刃を換えると長持ちするし、作業者も疲れない」といって、サトちゃんはチップソーの刃を二枚プレ

チップソーの目立て

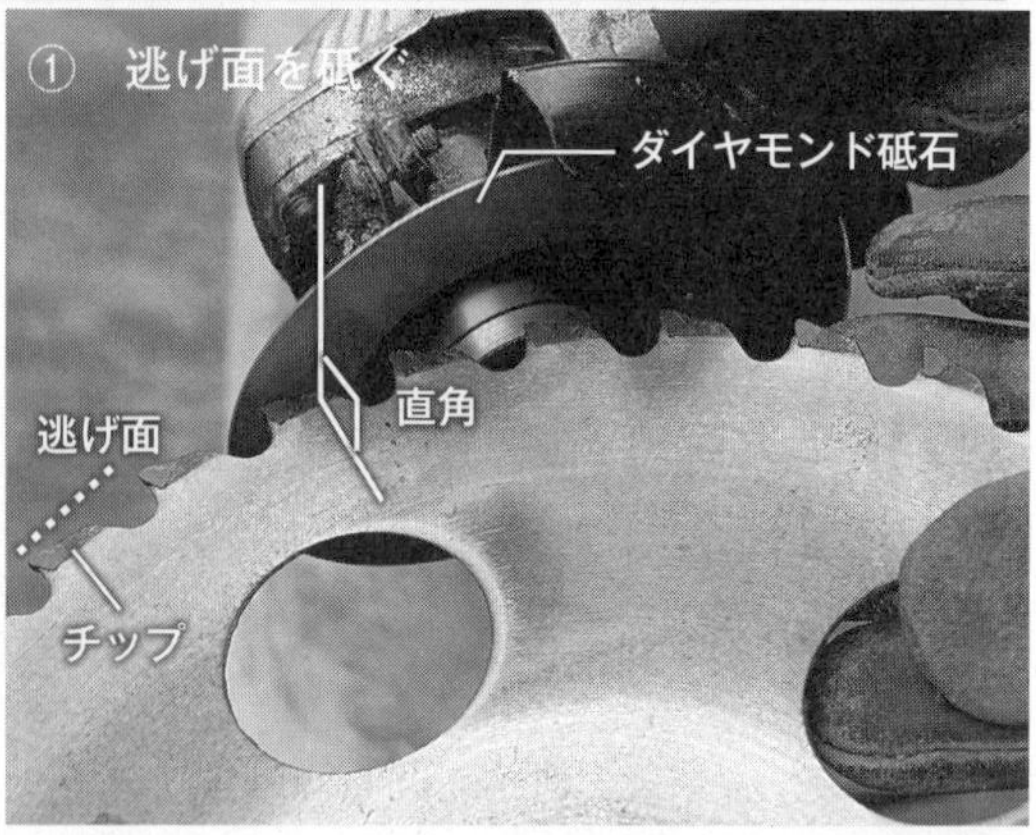

ダイヤモンド砥石をつけたグラインダーを使用。刈り刃の円盤に対して砥石を垂直に立て、チップの逃げ面に1秒ほど当てる。同じ要領で逃げ面を一周研ぐ

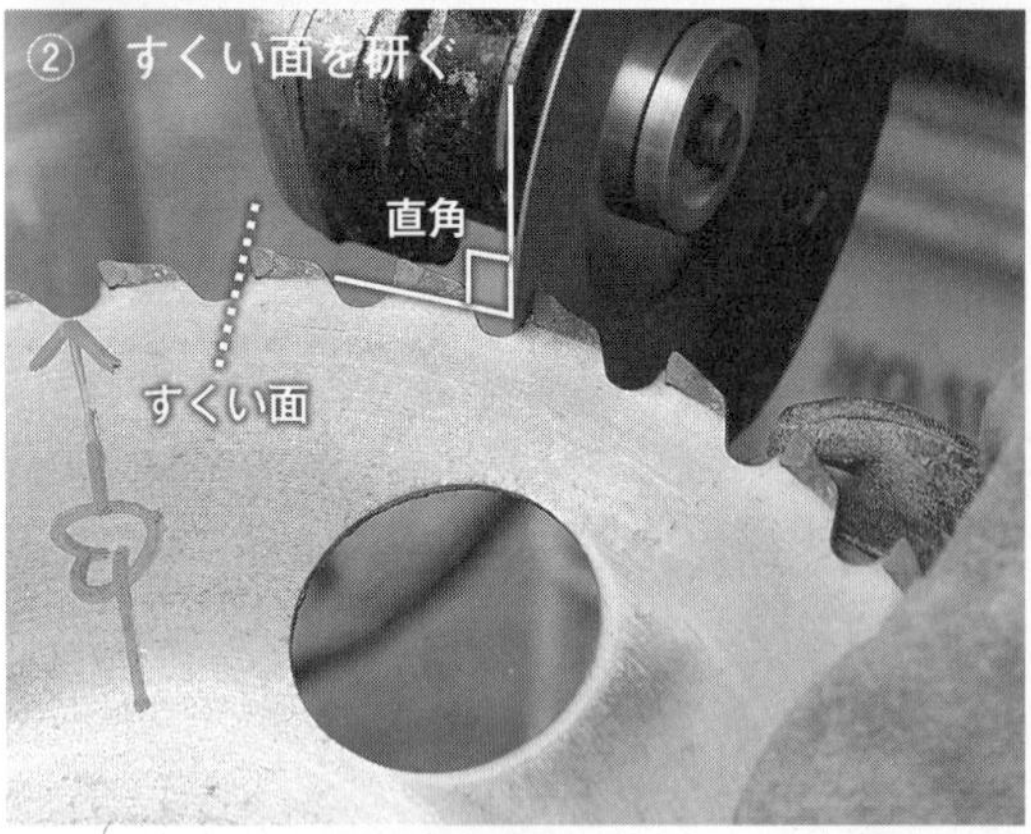

次にすくい面。砥石を垂直に立て、すくい面にまっすぐ1秒ほど当てる。削り過ぎないように注意

目立て前のチップ。先端が丸く擦り減っている

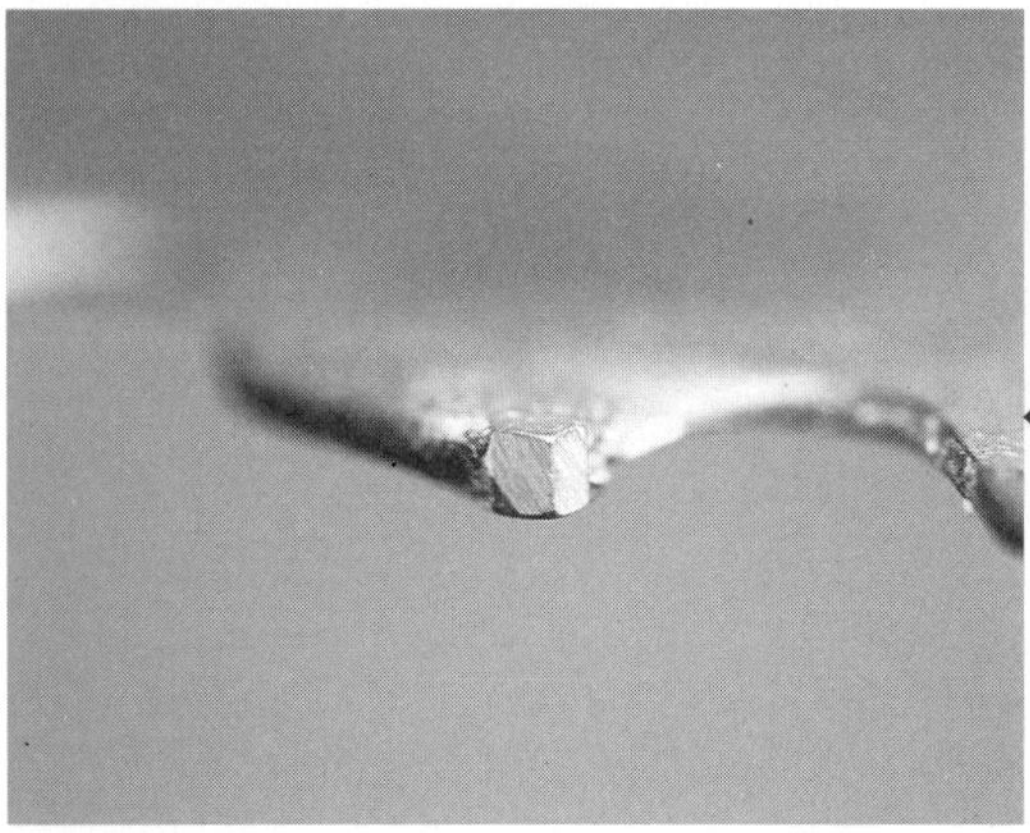

目立て後。尖りが復活して、指で触ると軽くひっかかる感じ

ハンドルの調整。中心のボルトを4カ所ゆるめるとハンドルの位置が動かせる。持ったときに右脇がしまり、左腕は軽く伸ばした感じになるよう、左のハンドルは刈り刃側に、右は体側に傾けて再び固定する

ゼントしてくれました。ひとつは石が多いアゼ用。石やコンクリートなど硬いものに当ててしまっても、チップが外れにくいタイプです。もうひとつは妻用。刃が薄くてチップの数が多いタイプで、エンジンをあまり吹かさなくても軽く草が刈れるそうです。ホームセンターやインターネットで探すといろいろなタイプの刃が売っているので、選んで使ってみるのも楽しそうです。

使い終わったら燃料は空に

刈り払い機は、使い終わったら燃料を空にする。これが基本だそうです。古い燃料が残っていると、カスや水分が溜まって次に使うときにエンジンがかかりにくくなってしまいます。

また二サイクルエンジンの場合、混合油のオイルとガソリンの割合が常に一定になるよう、あらかじめ正しい割合で混ぜた混合油専用のオイル缶を用意するそうです。

ハンドル位置は体格に合わせる

サトちゃんは、刈り払い機を使いだしたら一時間でも二時間でも休まずに作業するそうです。そのためには、目立てして切れ味をよくしておくことも大切ですが、自分の体格に合った位置にハンドルやベルトをセッティングすることも大事だそうです。

長時間草刈りをすると左の脇腹が疲れてきます。これは「刈り払い機を右から左に振るときに左腕が邪魔になって、無理に腰をひねるからだ」と教わりました。刈り払い機のハンドル位置を調整すれば、無理に腰をひねらなくても刈れるようになります。

左右のハンドルが独立して動かせる刈り払い機は、左のハンドルを奥に傾け、右のハンドルを手前に引いて固定します。こうすると右腕の脇が締まり、左腕は邪魔にならずに振れます。左右のハンドルが独立していない場合は、両方を手前に引いてハンドルを体に近い位置にセット。両脇を締めて振れるようにします。

以上、刈り払い機のメンテをすれば、アクセルを落としても草がスパスパ刈れ、長時間でもラクにできるようになります。

現代農業二〇一二年七月号　ラクラク度急上昇　草刈り・草取り　刈り払い機をラクに使う　掃除・目立て・ハンドル調整で刈り払い機の悩み解決

サトちゃんからの「もう一言」

研ぎ過ぎは禁物、高刈りでもっと長持ち

コタローくんみたいに「チップソーは研げない」って思ってる人は多いかもしれないけど、そんなことねーの。目立てすればビックリするほど切れ味よくなるから。捨てるつもりだった刃も宝物に変わるよ。

ただし、研ぎ過ぎは禁物。チップの寿命が短くなって、かえって損するから。基本は「新品同様より8割仕上げ」。尖らせようとして削り過ぎちゃダメ。あと回数も、頻繁にやればいいってもんじゃない。年間で4～5回、アゼ草刈り時期の初めに一度目立てしてから使う感じで十分だな。

草の刈り方によっても、刃の寿命はぜんぜん違ってくるよ。せっかく目立てして切れ味がよくなったからって、硬い地際ばかり刈ってたら、すぐに切れ味は落ちてくる。でも5㎝高めに刈れば、草はやわらかいからラクに刈れる。刃は長持ちで体にやさしい、燃費も作業効率もたまげるほどよくなるよ。

（撮影　赤松富仁）

DVD『サトちゃんの　農機で得するメンテ術　全2巻』（農文協）もぜひご覧ください。

マフラーをコンロで焼いて新品並みの馬力復活

杉山邦雄さん　岡山県久米南町　　　　編集部

杉山邦雄さん。写真の刈り払い機は奥さんの愛用品（丸山製）。使い始めてから5年ほど経つが、まだまだ使える

混合油を燃料に使う一般的な刈り払い機（二ストローク）は、長く使っていると、アクセルをふかしても馬力が出なくなり刃の回転が鈍ってしまう。エンジンもかかりにくくなる。これはマフラー（消音器）の内部にススがこびり付いて詰まるのが原因らしい。

杉山邦雄さんは、この詰まったマフラーを火にかけて掃除する。こびり付いたススを燃やし、剥がすことで新品に近いパワーを維持している。

マフラーカバーを外したところ。この刈り払い機は、カバーもマフラーもネジ2本で固定されていて簡単に取り外せる

コンロで焼く

外したマフラーをガスコンロで焼く。1～2分で、鼻をつくニオイの白っぽい煙がマフラーの穴から出てくる。さらに2～3分焼き続けると煙に火が付く。5分ほど経って火が弱まったらコンロを止める

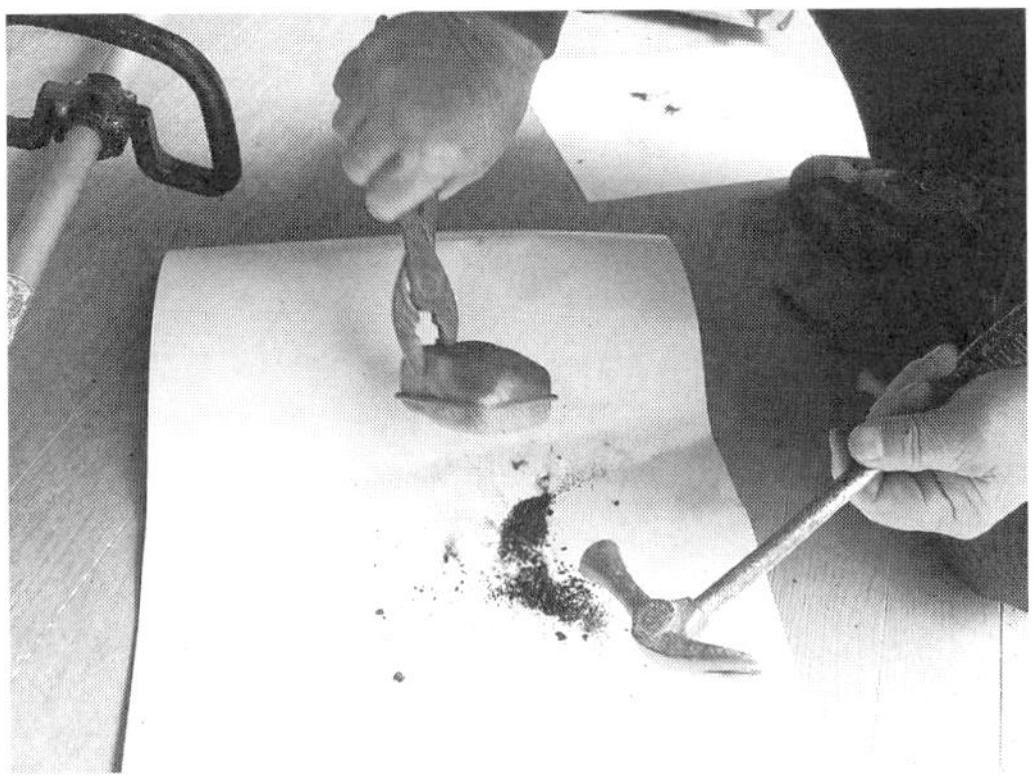

マフラーが熱々のうちにハンマーで叩いて、その衝撃で内部のススを剥がす。マフラーを振ったときのカサカサ音がなくなるまで叩いてススを出す

マフラーを外した跡の本体側接合部のススもドライバーなどで取る

現代農業二〇一二年七月　マフラーをメンテ。コンロで焼いて新品並みの馬力復活

焼いた後　　焼く前

右は、ガスコンロで焼く前にドライバーでマフラーの穴からかき出したスス。これだけでも効果はあるが、すぐにまた詰まってしまう。左は、焼いたあとに出てきたスス。塊が大きくて量も多い

疲れない刈り払い機に改良

益子武夫さん　栃木県那須塩原市　編集部

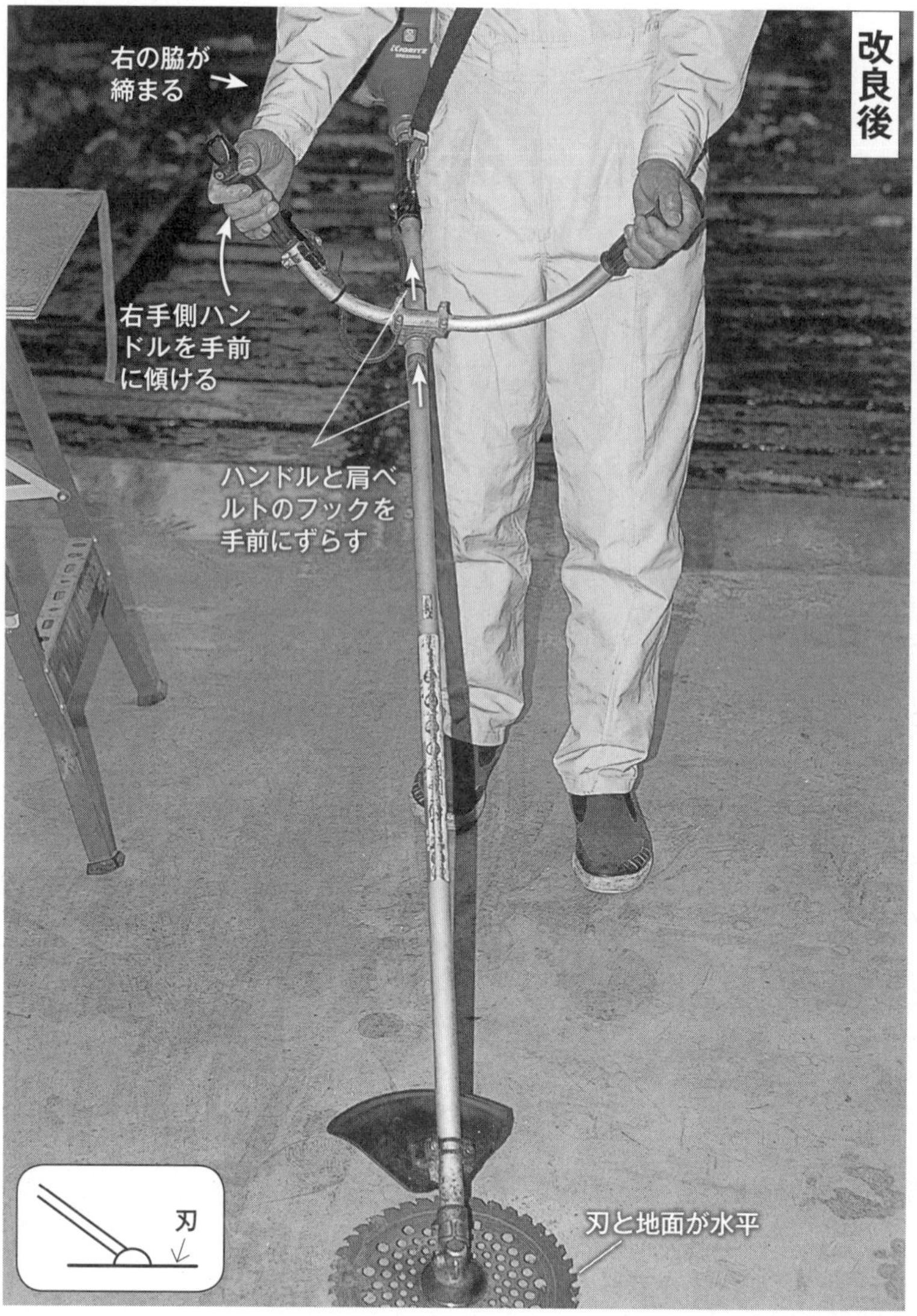

（写真はすべて田中康弘撮影）

操体法を指導している益子武夫さんが愛用しているのが、左右非対称ハンドルの刈り払い機。体が疲れないように自分で改良したものだ。肩や膝が悪い自分の患者さんたちに貸してあげたところ、「これならラク」と喜ばれ、これまで患者さんの刈り払い機を一〇台は改良してきた。

ポイントは、刃が自分の正面になるようにハンドルを持ったときに、脇が締まり、刃と地面が水平になるようにすること。そのために片方（右手側）のハンドルを切って短くし、角度を手前に傾け、位置も体に合わせてずらす。脇が締まると腕を振り回さずにすむし、刃が地面と平行になることで無理な姿勢をとらなくてもよくなり、疲れない。

刈るときは竹ぼうきで掃く要領で。手首を動かす程度の小幅で動かすのが疲れないコツとのこと（特許申請済）。

現代農業二〇一二年七月　ラクラク度急上昇　草刈り・草取り　刈り払い機をラクに使う　疲れない刈り払い機に改良

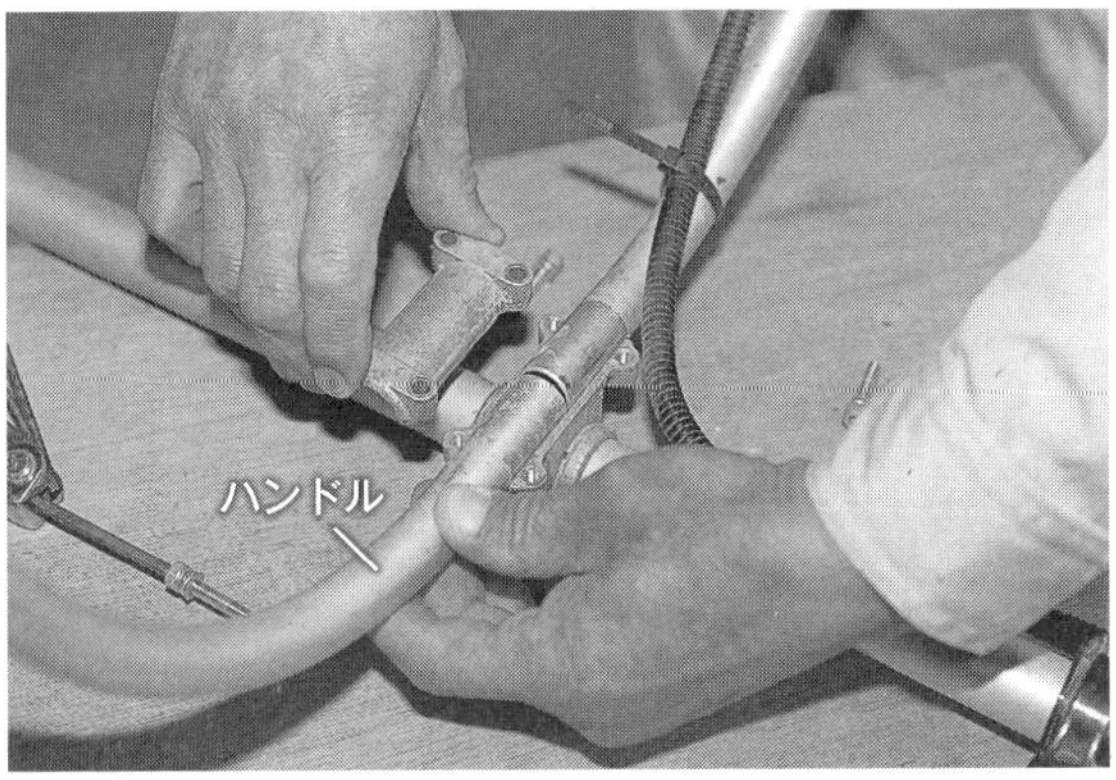

まず、ハンドルを固定している金具のネジを外す

右脇が締まるところでハンドルに油性ペンで印をつけて切断

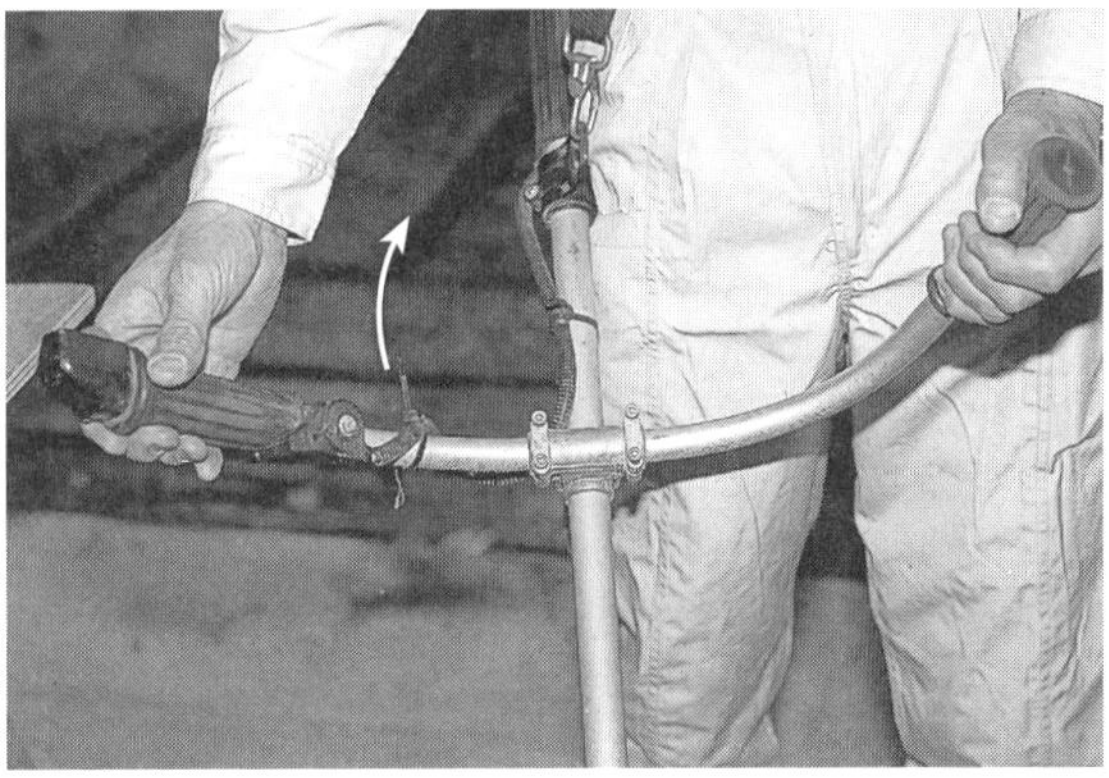

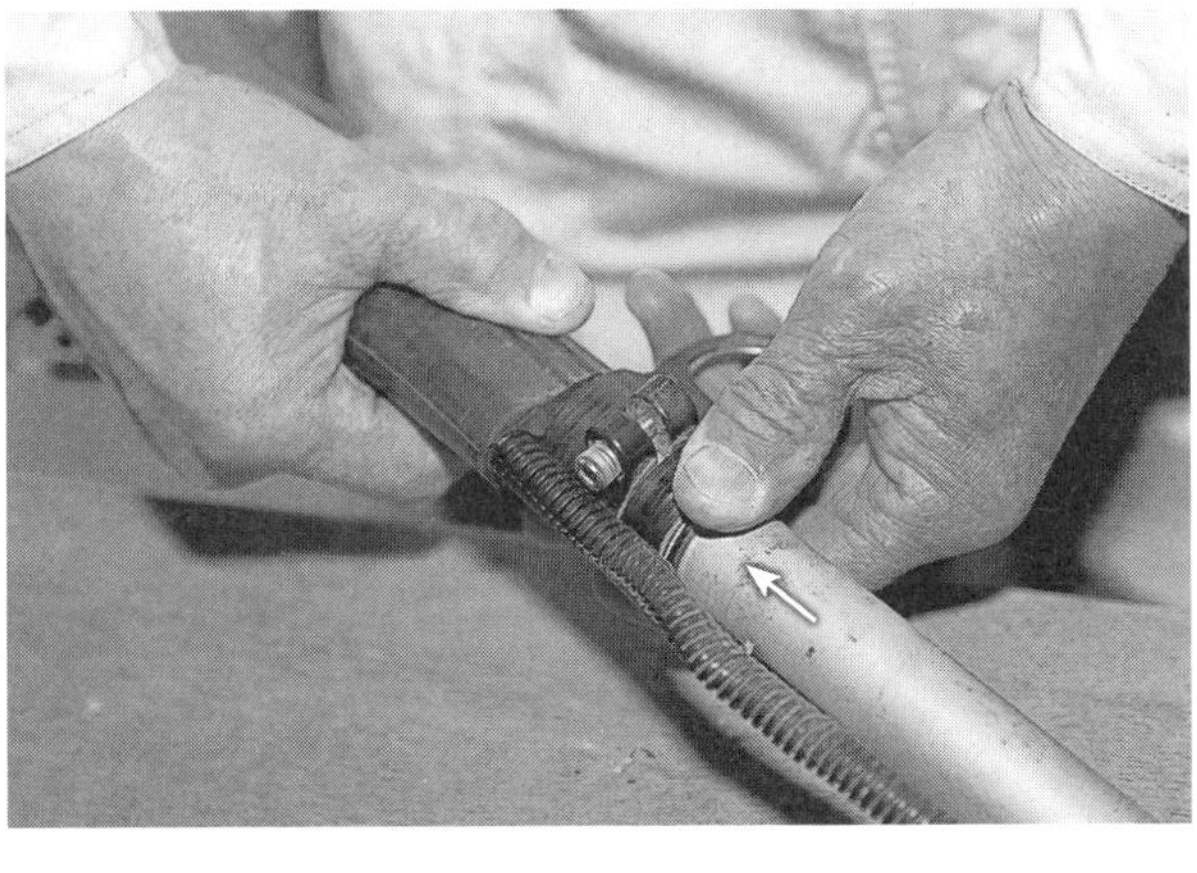

刃が地面と水平になるように、ハンドルと肩ベルトのフックをエンジン側にずらして完成
※ハンドルの中をアクセルワイヤーが通るタイプだと改良しにくい

切れ味最強!?　古いチップソーが笹刃に変身

森野英樹　そらまめ農場（兵庫県多可町）

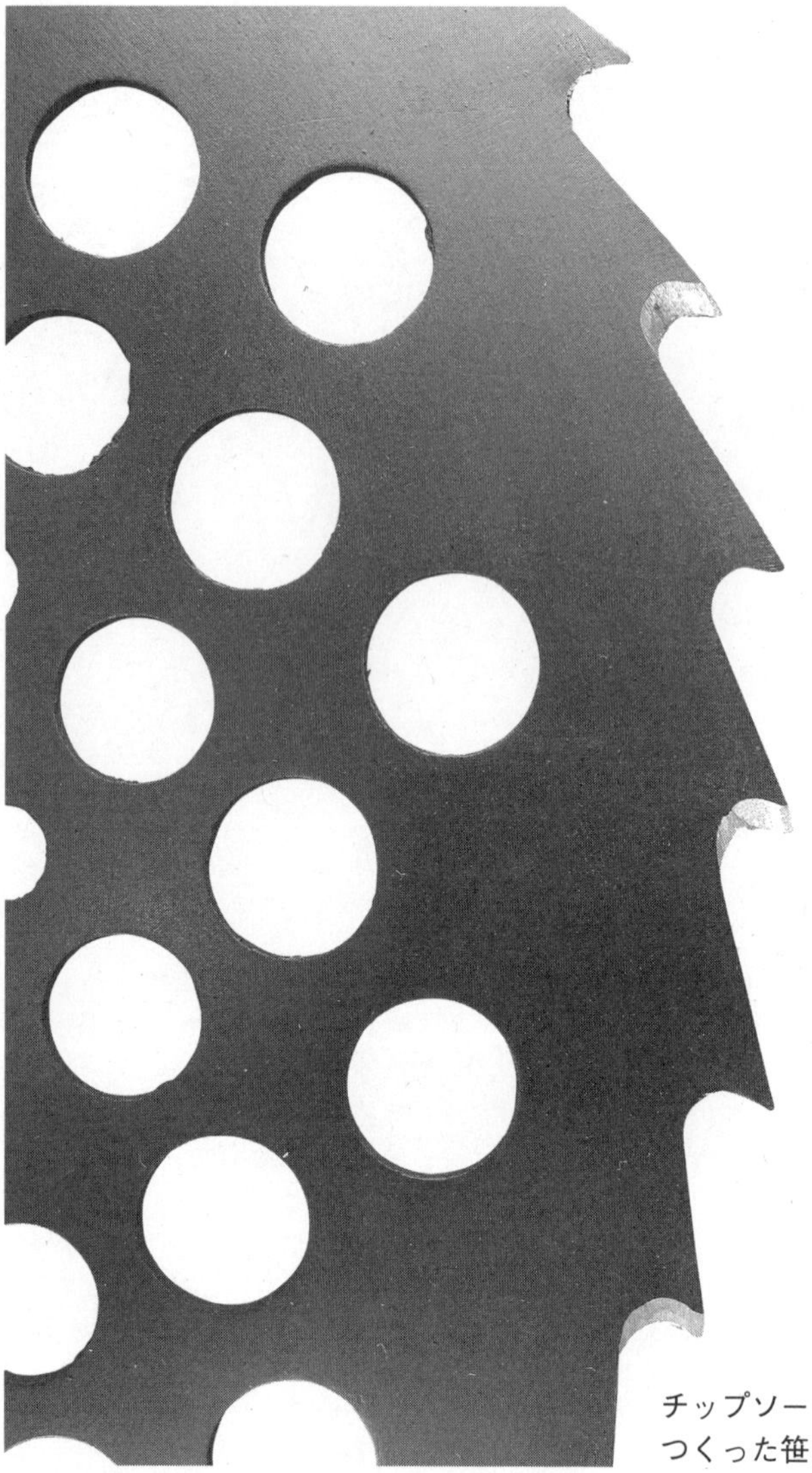

チップソーを研磨してつくった笹刃

チップソーはチップが飛べばただの鉄くず

草刈りは嫌いだ。とくに暑い時期にエンジンを吹かして刈り払い機を振り回すのはたまらない。うるさいし排気ガスは臭いし、汗もどっと噴き出す。そう考えただけで、草刈りに向かう気力が萎える。

その草刈り用の刈り刃だが、私は刈り刃を研ぐ機械を二〇年以上前に購入し、八枚刃を何度も何度も再目立て（研磨）して使ってきた。たいていの農家には、切れなくなった八枚刃が重ねて置いてあり、それらをもらい受けて形を整え、再目立てして使ってきた。正直にいうと、八枚刃は一度も買ったことがない。

その後、チップソーが世に出て価格が下がり、チップソー全盛時代になった。チップソーはよく切れる。しかも刃先は耐久性があり、研磨もできて便利だ。しかし刃先のチップがいくつか飛んでしまったら鉄くずと化してしまう。便利だがもったいない代物だ。

驚きの切れ味「笹刃」

細い幹ならこの通り

　皆さんは「笹刃」という刈り刃をご存じだろうか。この笹刃、チップはついていないがチップソーよりも遥かによく切れる。山林作業従事者によく使われていて、直径五cm程度の小径木などもスパッと切ることができる。だから草などはサッと撫でるだけで切れる。よく切れるから刈り刃に草が巻き付きにくいし、エンジンの回転数も落とせて、機械が長持ちする。燃料費も節約できる。刈り払い機を振り回す必要もないから疲れも少ない。刃先の摩耗はチップソーよりはるかに早いのだが、よく切れるので一反の田んぼのアゼ草ならこれ一枚で十分だ。

　この笹刃の再目立ては、太めの棒ヤスリで行なうのが一般的だが、ディスクグラインダーで削っただけでも、十分切れる刃になる。これなら簡単だ。そこでチップの飛んだチップソーの刈り刃をもらってきて、笹刃に再生することにした（やり方は次ページ）。

切れ味が落ちたらすぐ交換

　慣れれば笹刃の作製作業は一枚一五分くらい、再目立ては五分ほどだ。なお切断および研磨作業時には、安全めがねと革手袋を着用しよう。作製から使用まですべて自己責任であることはいうまでもない。

　草刈りには、研磨した笹刃を何枚か持って行き、切れ味が少し落ちかけたらすぐに取り替えて使うとよい。草刈りが嫌いでも笹刃の切れ味は存分に楽しめる。また、刃先の摩耗が少ないと再目立ても容易だ。

　再目立ては、刃の付け根の同心円をやや小さくし研磨する。刃の長さが同じになるように注意して研磨すれば、ブレはほとんど出ない。

農民はクリエイター

　今はチップソーも一枚五〇〇円程度で購入できるようになったので、「そこまでしなくてもいい」という気持ちもわからぬでもない。でもこれは農家の独立と、独創力や技術力の向上のよい機会と捉えてはどうだろう。農民は単に消費する者ではない。クリエイターであり生活者なのだから。

　かくして私はチップソーも笹刃も買う必要がなくなった。チップソー愛用家の皆さん、どうもありがとう。どんどん使ってください。お世話になります。そして近所の農家の方々が、どうかこの記事を読みませんように。

笹刃のつくり方

笹刃の形を描く

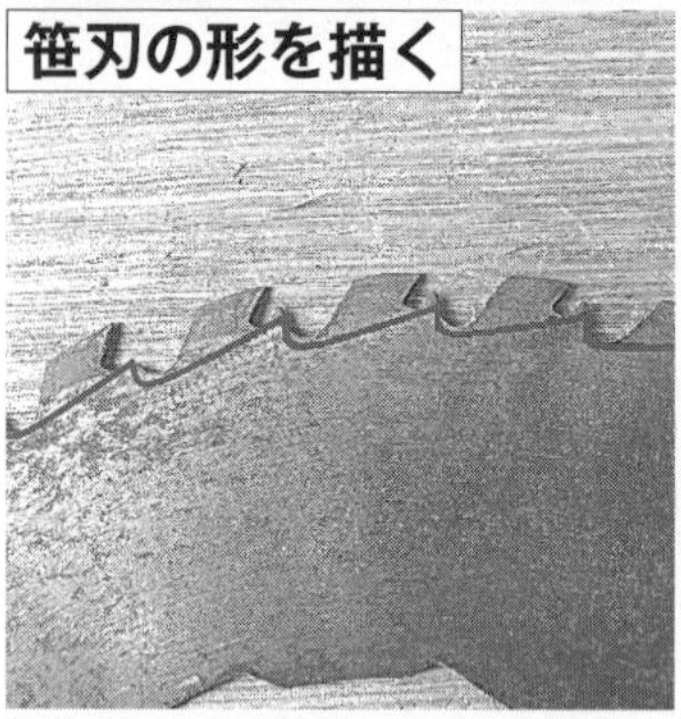

チップソーの最も深いところをうまく利用して笹刃のラインを油性ペンで描く

笹刃の付け根のラインを通るように同心円を描く。刈り刃を刈り払い機に取り付けた状態で、ペンを固定して刈り刃のほうを手で回しながら線を描くと正確な円が描ける

チップをはずす

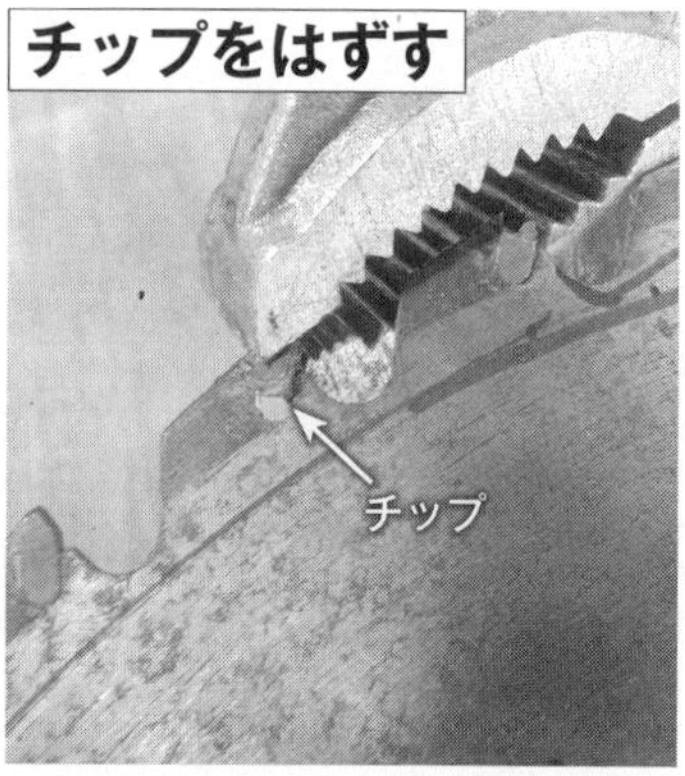

ペンチやバイスプライヤーなどで残っているチップをはずす。はずれない時はグラインダーでチップの回りを少し削ると取れやすくなる

形出し

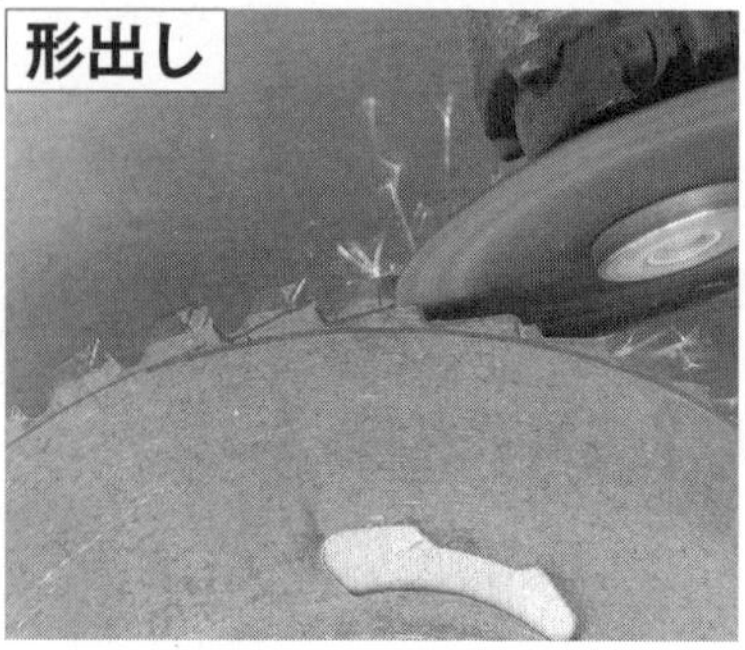

ディスクグラインダーに取り付けた薄手の切断砥石で、刃の先端から円のラインに向かって切り込み、笹刃の形を作っていく。こうすると狂いが少なくブレが出にくい。再目立てのときも同様に

刃つけ

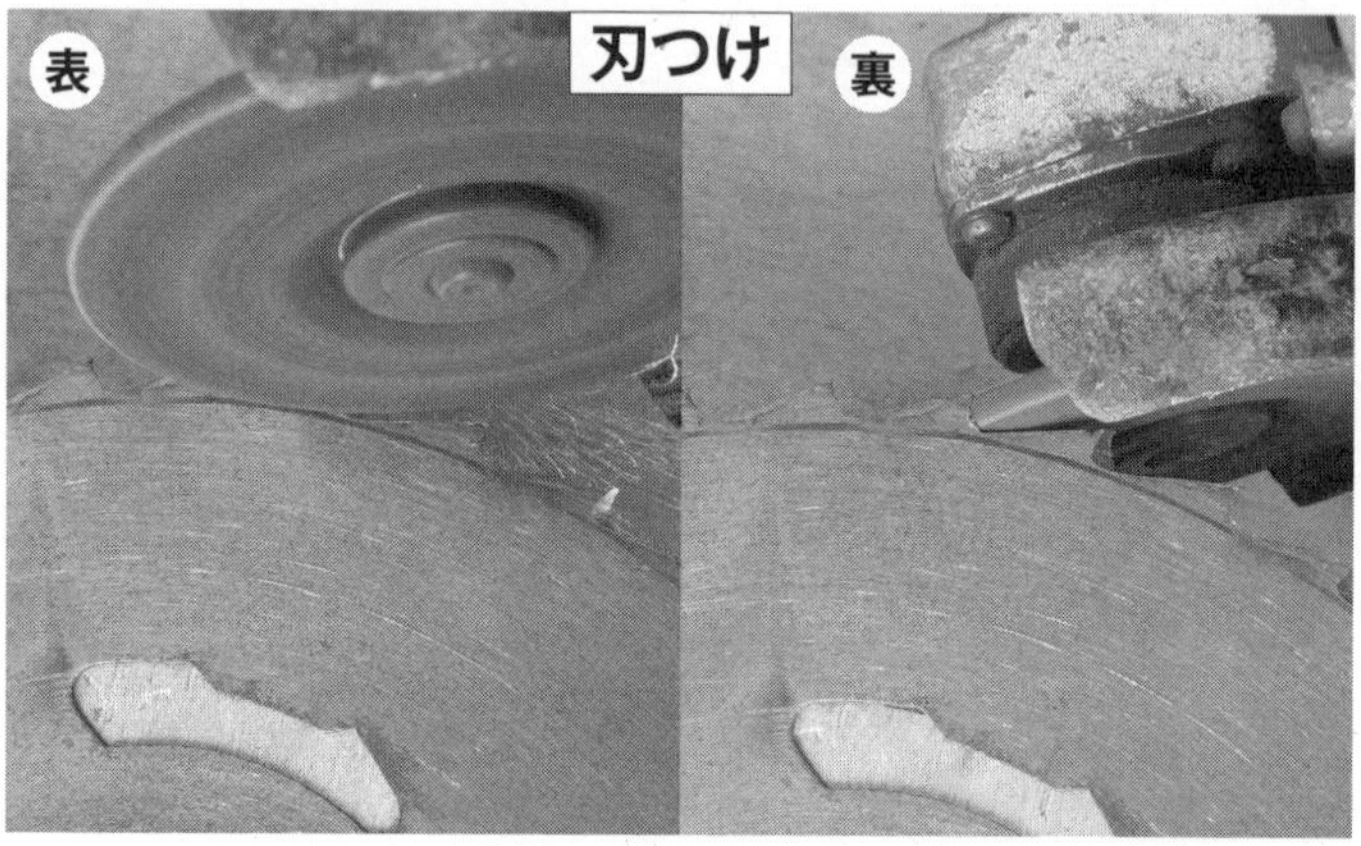

ディスクグラインダーに取り付けた厚手の研磨砥石（外周部分の角は丸く削っておく）を軽く当て、表に刃つけ、隣の刃には裏に刃つけ……というふうに表裏交互に刃をつけていく

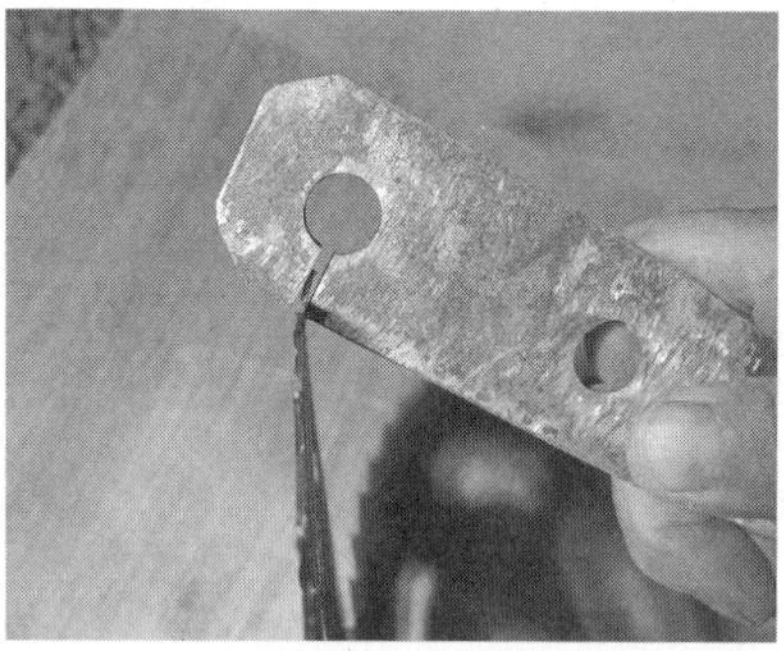

刃をそれぞれ外側（刃をつけた面と反対側）に軽く曲げ、刈り刃の厚み程度の「あさり」を付ける。あさりがなくてもクマザサやススキ、オオアレチノギク程度なら簡単に刈り払える。棒ヤスリで軽く仕上げるとなおよく切れる

田のアゼ草刈り程度なら、刃つけはすべて同じ側でもいい。この場合は刃をつけた面を下向きに刈り払い機に取り付けると、刃先が石などに当たりにくく刃が長持ちする

現代農業二〇一二年一月　農の仕事は刃が命　刈り払い機　切れ味最強!?　古いチップソーが笹刃に変身

そらまめ農場ＨＰ　http://soramamefarm.com

新型チップソー開発秘話 切れる草刈り刃は どこが違うのか

岩間勝利　岩手県花巻市

岩間式ミラクルパワーブレード。一般に刈り払い機は毎分6000～9000回転程度で使われるが、この刈り刃なら3000～5000回転で十分に草を刈れる

チップソーは「切れない」!?

チップソーとの出会いは、いつだったか忘れるほど前ですから三〇年以上にはなると思いますが、初めて使ったときの印象だけははっきり覚えています。ひとことで言って「切れない」。切れ味が落ちないのがチップソーかと思いきや、最初から切れないのがチップソーだと思い込んでしまいました。

以来、もっぱら使用するのは、巴八枚刃。しかしこれも、新品でも一五～二〇分使うと切れなくなってしまいます。私は、研磨のたびに考えました。切れ味を長持ちさせるにはどんな形状がいいのか、と。試行錯誤の結果、たどりついた結論は、巴八枚刃の薄くて鋭い一二㎜ほど飛び出た刃を削って、厚くて（鋼板の厚さのまま）小さい（三㎜）刃にすることでした。実際、そうすることで、切れ味が一・五～二時間も持続するようになったのです。

問題は回転抵抗が大きすぎること

私は、これはチップソーにも活かせるはずだと思いました。問題は回転抵抗だと気がついたからです。

円盤状の草刈り刃において、回転抵抗がまったくなければ、すなわち草が引っかからなければ、もちろん草は切れません。切れ味を高めるには、なくてはならないこの回転抵抗を、面ではなくなるべく小さい「点」に近い形にすればいいのです。

ところがチップソーは、厚いチップが付いているのに刃全体も大きい。そして軽量化のためにあけてあるたくさんの穴。これらが回転抵抗を大きくしているのです。

回転抵抗が大きいと草の巻き付きが発生します。なぜ草が巻き付くのかといえば、それは大きな刃が草に当たる抵抗で急激に回転数が落ちるからです。それを防ぐには、エンジン回転を目一杯上げて作業するしかない。そのために切れないと感じるわけです。したがって、チップソーの切れ味が鈍い問題は、

巴八枚刃の切れ味を長持ちさせる加工のしかた

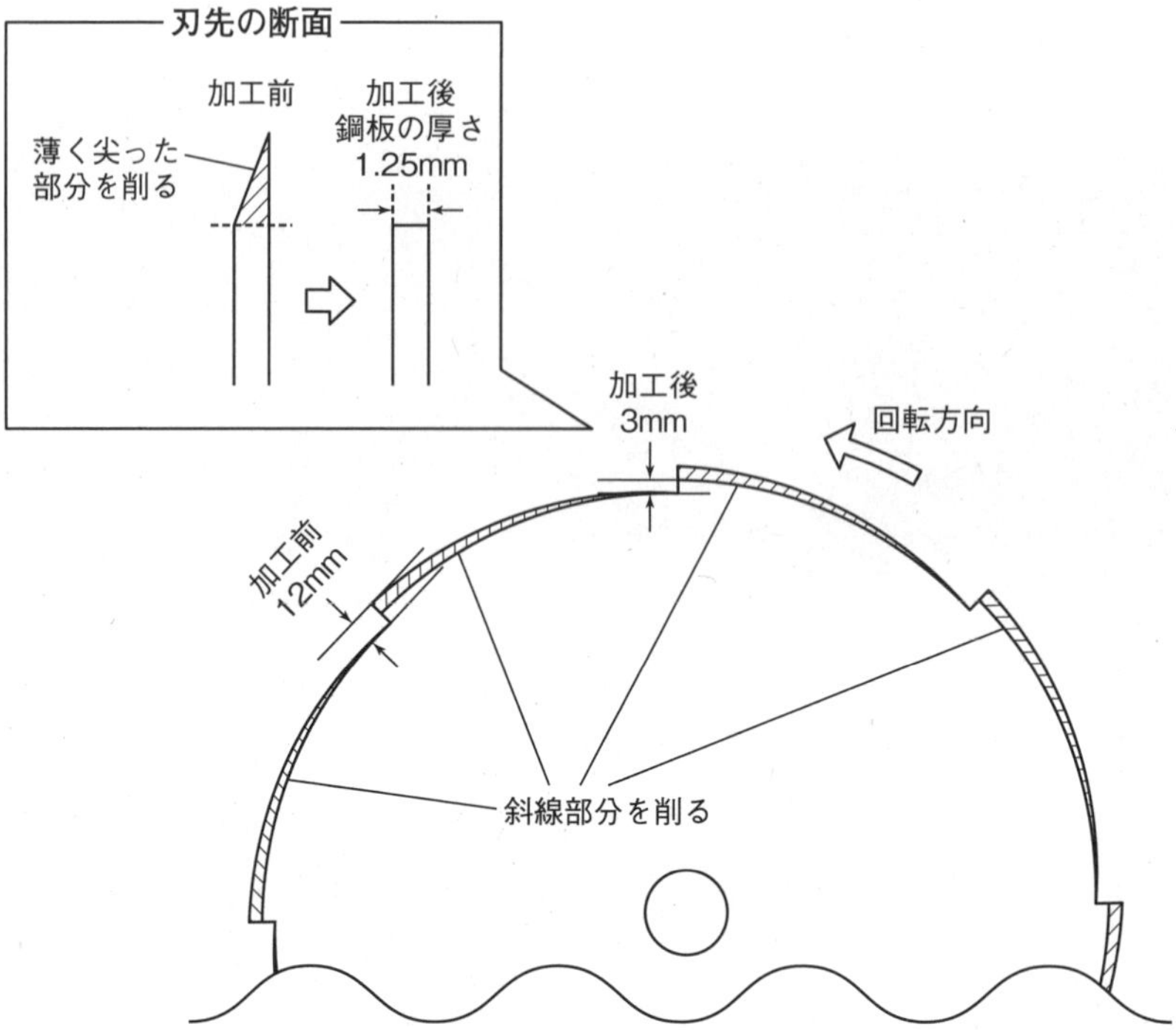

回転抵抗を減らすこと、つまり刃を小さくすることで解決するのです。
鋭いギザギザの刃が大きいほうが、いかにも切れそうに見えますよね。でも、実際は反対なんです。おもしろいと思いませんか。

自分でやるしかない

とはいえ、この時点では、自分でチップソーを作ろうなどとはまったく考えていませんでした。しかしJAを退職して、草刈りをする時間が何倍にも増えると、研磨しなくても切れ味が長持ちする刃がほしいなと切実に思うようになりました。切れるチップソーのアイデアを思いついてから一〇年以上たっていましたが、私が考えたような草刈り刃は未だにどこにも見当たりません。これは作るしかないでしょう。

インターネットで調べてチップソーメーカーを探し、メールを送ってみました。それが㈱日光製作所でした。なぜ、この会社に決めたかというと、各メーカーが軽量化のため鋼板に穴をあけているなかで、日光製作所はあけていなかったこと。そして社長の福本氏は、世界で最初にチップソーを作った方、いわばチップソーの生みの親だったからです。

とはいえ、面識もない私に果たして返事がもらえるだろうか？　文面も悩みました。たいした内容ではなかったのですが、お酒を飲みながら三晩考えました（笑）。

翌朝、なんと福本社長本人から返信メール！　うれしかったですね～。その後、直接会って話を聞いていただいたのですが、予想どおり、福本社長に私のアイデアを理解していただくのに長い時間は必要ありませんでした。トントン拍子に試作も進んで、「岩間式ミラクルパワーブレード」発売となったのです。

低速回転で切れる！　燃料代半減

この草刈り刃の特長は、回転抵抗を小さくしたことで、低速回転での作業が可能になり、エンジン音と振動が小さくなることです。当然、燃費が非常によくなります。従来のチップソーと比較して二〇～五〇％程度、燃料代が削減できると思います。

削減幅が二〇～五〇％と大きいのは刈り払い機の使い方によるところが大きいからです。どうしても今までの習慣が抜けなくて、必要以上にエンジン回転を上げて使っている方が多いようです。

この刈り刃の性能を引き出すには、①視覚により草および圃場の状況を把握。②聴覚によりエンジン音および刈り取り音に注意。③触覚により手および体全体で振動を感じる。以上によりエンジンの回転数、刈り刃の角度、刈り刃を動かす速度等を適正にして作業することが可能になると思います。そうすれば、より低燃費で、チップソーの寿命も長くなります。

市販の草刈り刃のなかでもっともエコと自負する岩間式ミラクルパワーブレードを、さらにエコに使っていただけたらと思っています。

＊岩間式ミラクルパワーブレードは、おおむね一枚二〇〇〇円前後。農協・農機具店・造園用品店・金物店等で販売されている。

現代農業二〇一二年七月号　ラクラク度急上昇　草刈り・草取り　刈り払い機をラクに使う　新型チップソー開発秘話　切れる草刈り刃はどこが違うのか

岩間式ミラクルパワーグレード

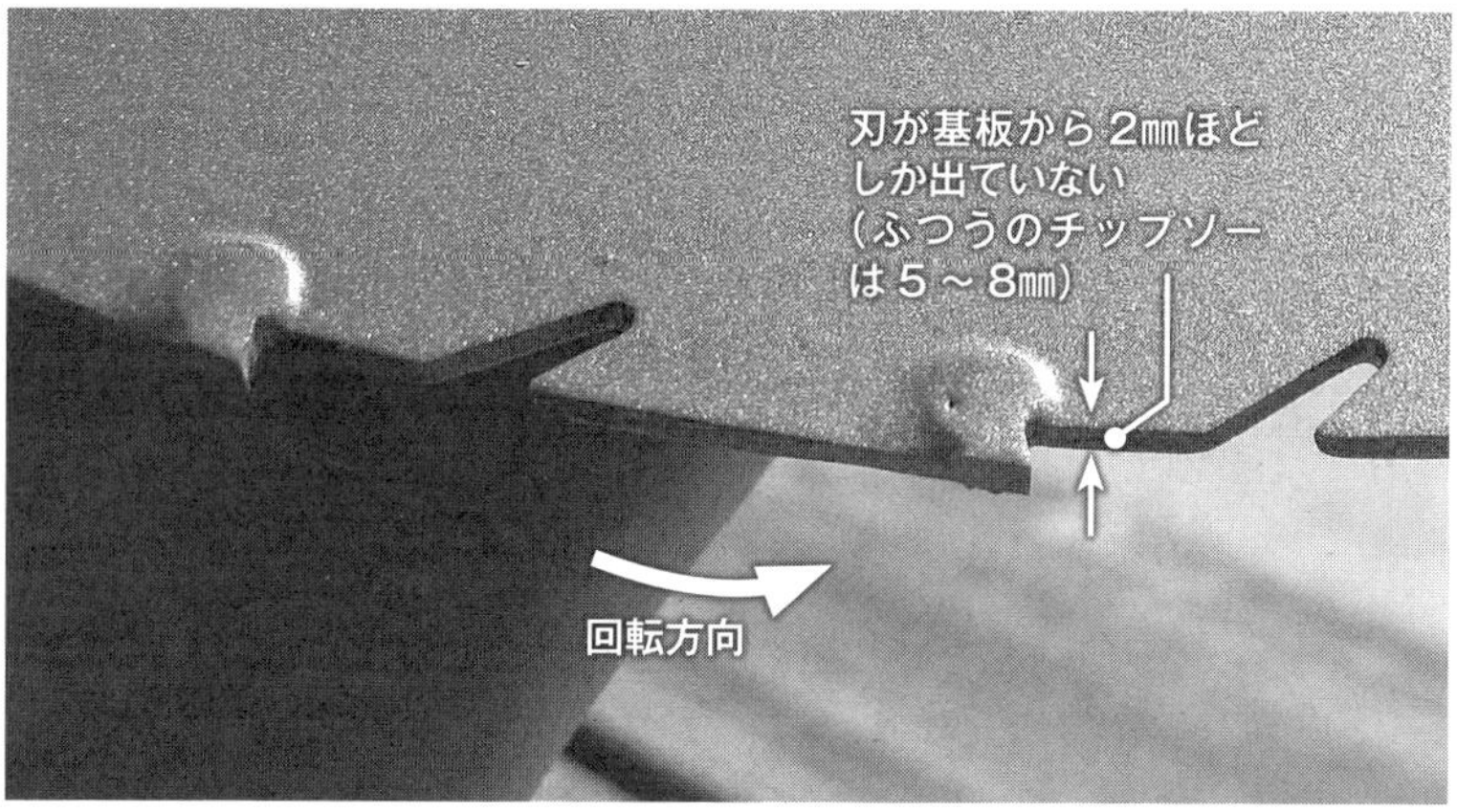
刃が基板から２㎜ほどしか出ていない（ふつうのチップソーは５～８㎜）
回転方向

一般のチップソー（下）と比べると刃が小さい

一般的なチップソー

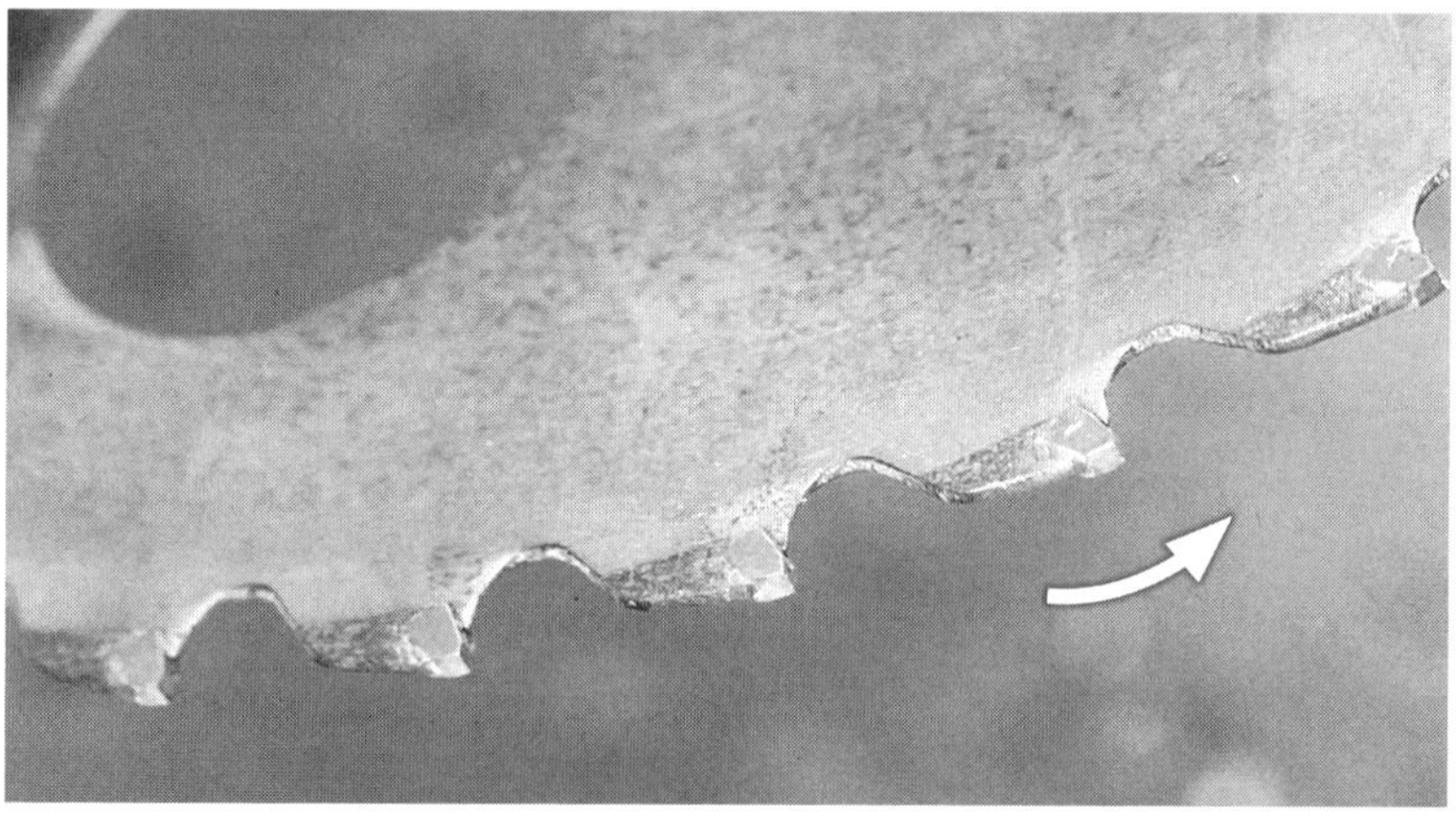

（撮影　倉持正実）

現代農業に登場した

便利な刈り払い機・刈り刃

角度調節機能付き刈り払い機

「への字稲作」でおなじみ、岡山市の赤木歳通さんが使うのは、刈り刃の角度調節機能が付いた刈り払い機。草を刈る地面の傾斜に合わせて、刈り刃の角度を変えられる。草をうまく刈るには、刃と地面が平行になっていたほうがいいが、刃の角度を変えられれば、とくに斜面を刈るようなときに無理な体勢をとらずにすむ。

また、肩掛けベルトは、両肩と脇腹で支持するタイプを使う。標準で付属している片方の肩だけに掛けるものより疲れが少ないとのこと。

（まとめ　編集部）

現代農業 2006 年 5 月号

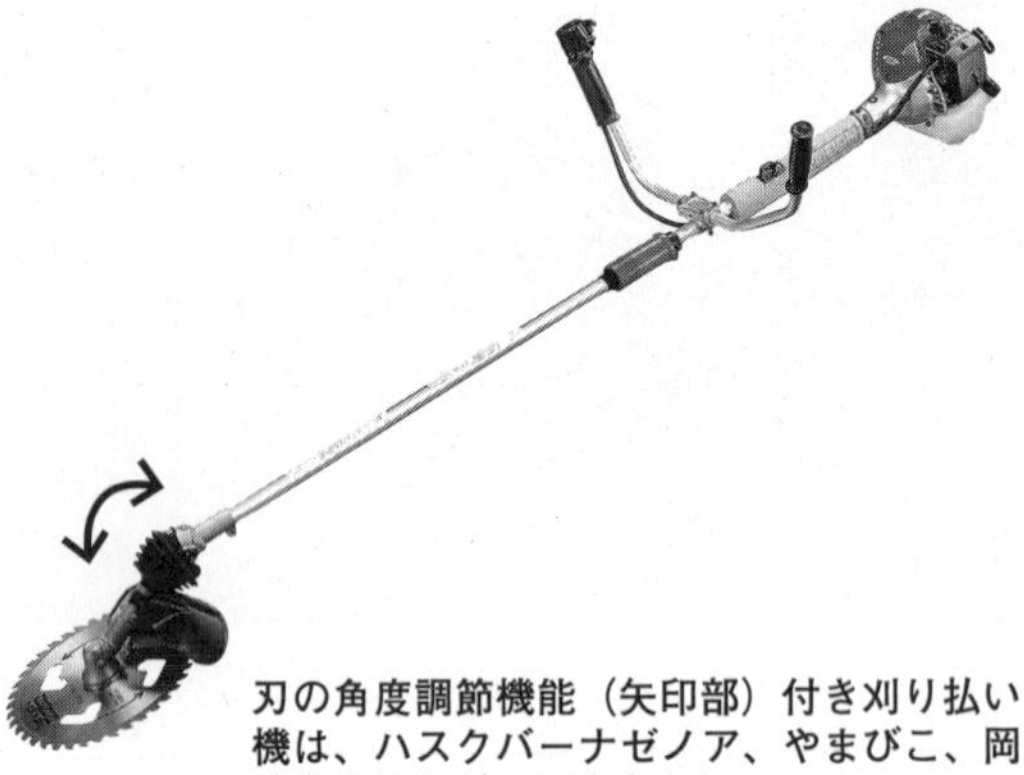

刃の角度調節機能（矢印部）付き刈り払い機は、ハスクバーナゼノア、やまびこ、岡山農栄社などから販売されている。

充電式刈り払い機

重い、高価、作業時間が短い、力が弱いなど、従来のバッテリー式刈り払い機の問題点を解決しました。エンジン式の 23 ～ 25cc と同等の能力で、バッテリー１つ当たりの使用時間はエンジン式の燃料タンク約１杯分（30 ～ 60 分）で取り替えが簡単。しかも充電の電気代は約８円と経済的。危険物のガソリンを使わないので安心でもあります。

㈱アイデック　TEL 0790-42-6688

現代農業 2007 年 8 月号

左右非対称
ハンドル式刈り払い機

24、28、74 ページの記事にハンドルの形状・位置を左右非対称にすることで作業がしやすくなるという記述があるが、市販品でも初めからハンドルの形を左右で変えたものが登場している。

（まとめ　編集部）

現代農業 2012 年 7 月号

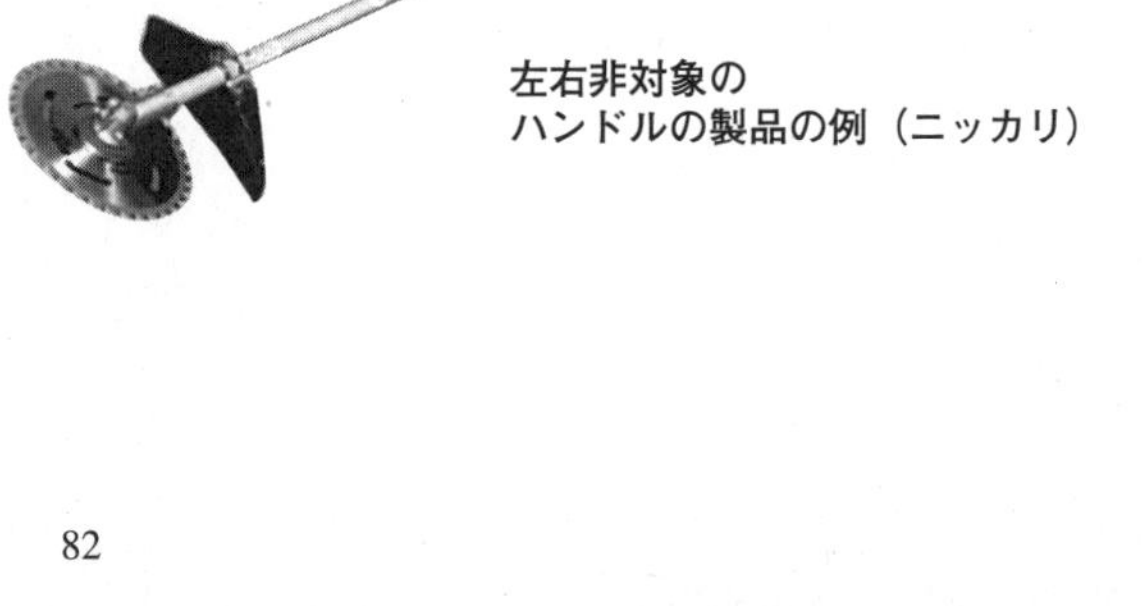

左右非対象の
ハンドルの製品の例（ニッカリ）

※機械・器具の最新情報は、メーカーにお問い合わせ下さい。

高性能ナイロンコード刈り払い機「チャンピオンローター」

板羽産業
三重県度会郡大紀町阿曽 1276
info@itabasangyo.com

従来の製品では、ナイロンコードを本体から引き出したところが摩擦によって疲労しやすく、作業中に切れることがありました。また、巻きためておくコードを巻くのが面倒、コードの残量がわかりにくいことも不満に思っていました。

その点、このチャンピオンローターには次のような特徴があり、利用者から評価いただいています。①ステンレス製からみ付き防止具によって草がからまない。②疲労吸収具の役割をする鉄玉によってコードが切れにくい。③この鉄玉がおもりとなって回転に重みが加わるので、硬い草でもよく刈れる。④ローターの円盤が 10cmと小さいのでエンジンにかかる負担が少ない（従来品は 13cm前後）。⑤ローターを刈り払い機に取り付けたままナイロンコードを簡単に巻ける（最大 6m、従来品の 2 倍以上）。⑥コードの残量がよくわかる。

販売も始めました。不在にすることも多いので、ご連絡はハガキか電子メールでお願いします。

現代農業 2008 年 8 月号

硬い草も刈れて安心なハイブリッド刃

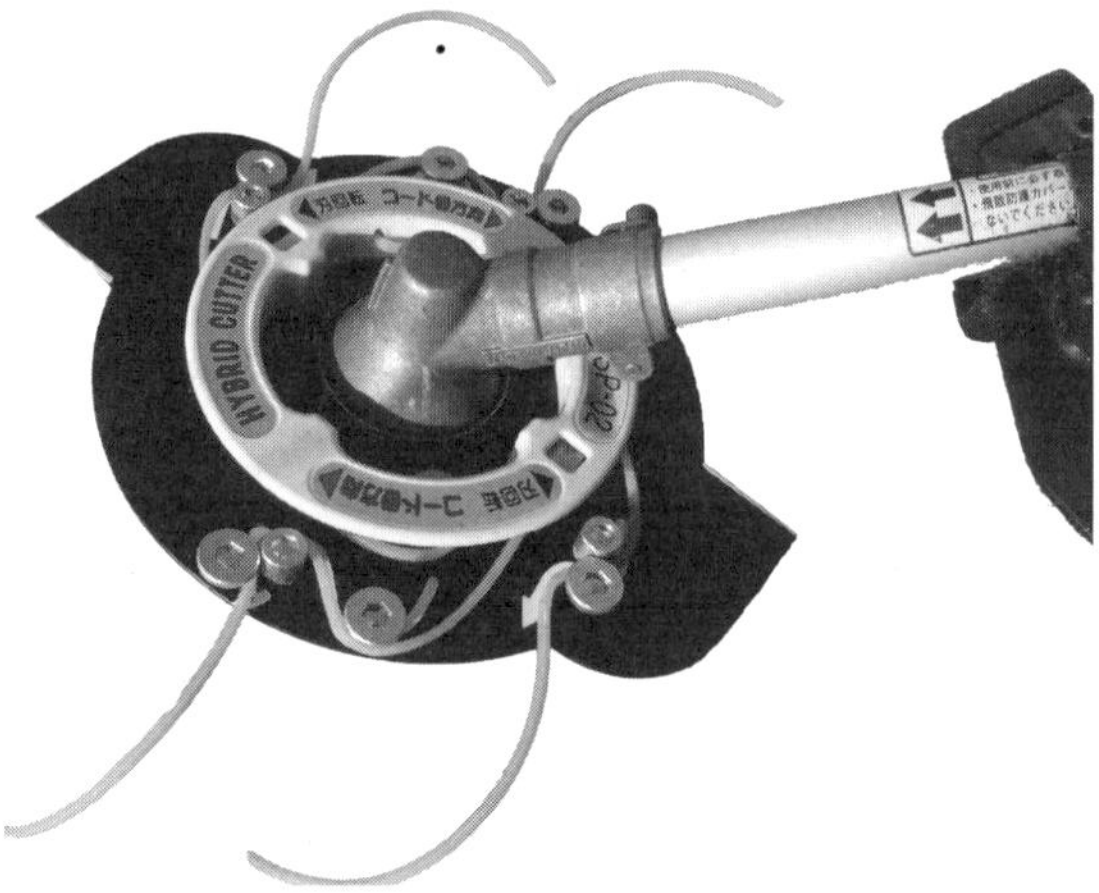

ハイブリッド草刈り刃「BENKEI SP-02」。価格は、インターネット上（Amazon）での 1 枚売りは 4980 円（税・送料込み）。弁慶ワークス（株）TEL0466-48-6660

金属刃とナイロンコードを組み合わせたハイブリッド草刈り刃。金属刃が付いていると思って少し早めに刈り払い機を振れば太い草や硬い草が刈れ、ナイロンコード刃が付いていると思ってゆっくりと振れば、ナイロンコード刃のきれいな仕上がりの草刈り作業ができるとのこと。

何が潜んでいるか怪しいヤブや、傷つけてはいけない物の際、衝突すると刃が壊れてしまう硬いものの際などでは、ナイロンコード優先で刈れるので安全。また、安価なナイロンのロングコードが使え、リールに 4～5m ほど巻き込めるので経済的とのこと。金属刃は、グラインダーなどで研ぎ直せる。

なお、適合ナイロンコードは直径 3mm以下。刃の取り付け部分、刈り払い機ヘッドの直径は 70mm以下であることが必要だ。

（まとめ　編集部）

現代農業 2011 年 5 月号

現代農業に登場した
刈り払い機のアタッチメント

草の巻き付きを防ぎながら寄せる　Wカバー

Wカバーの構造

草をブロックしながら寄せる

刈り払い機用Wカバーは、柔軟で割れにくいポリプロピレン製の外部赤カバーと内部碗型カバーの２つのカバーを刈り払い機先端に付けて使用するアタッチメントです。

刈った草が刈り払い機ヘッドに巻き付く前に、外部赤カバー左壁面でブロック。その草を、刈り払い機を右から左へ振る動作とともに左側へ寄せることができます。外部赤カバーと刈り刃の隙間から侵入した草も、刈り刃の上にセットしてギアケース部を覆い隠す内部碗型カバーによってはじかれ、二重に巻き付きを防ぎます。また、外部赤カバー右側面は、中に侵入した草が容易に排出できるよう大きく切り込んだ開口形状となっています。つる草等が多い場所の草刈りや法面の刈り上げに最適です。

外部赤カバーはボルト４本締め、内部碗型カバーは刈り刃の上に装着するだけの簡単取り付けです。刈り払い機の竿径は直径 24 ～ 26mm 対応で、先端可変式のものなど一部装着できない刈り払い機もあります。メーカー希望小売価格は 2625 円です。

㈱ツムラ　TEL 0794-82-0771

現代農業 2011 年 5 月号

※機械・器具の最新情報は、メーカーにお問い合わせ下さい。

刈り払い機に取り付ける「草取名人」

除草盤が回転しているところ。幹すれすれまで入れられる
（撮影　赤松富仁）

回転していない状態

リンゴのわい化栽培でやっかいな作業が台木から出たヒコバエの除去。この処理が簡単にでき、しかも幹を傷めない画期的な除草盤「草取名人」が開発された。

この除草盤は、刈り払い機の刃に付け替えて使う。ふつうのチップソーの刈り刃だと、ジグザグした小刃が幹に触れると中をえぐるように傷つけてしまうが、この除草盤には刃が付いていないので幹に触れても跳ね返ってくるような感じになる。盤には四つの切り込みがあり、この切り込みに入る細い枝（ヒコバエなど）だけが、スパスパ切れるしくみになっている。

この除草盤はリンゴのヒコバエ対策だけでなく、田んぼのアゼシート付近の除草や、野菜畑のウネ間・株間の除草にも使える。杭や支柱も傷めない。

㈲ユニオン　TEL 0268-35-1504
現代農業 2010 年 8 月号

小石が飛ばない、コンクリート際まで刈れる　ラッカル

刃を傾けて使うときも、刃が地面につかないので安全。草の巻きつき防止「パラリ」も付属

裏側はゆるやかな突起があり、刃を地面につけたままラクに草刈りできる

ラッカルは刈り払い機の刃の下に装着するカバーで、８つの突起（ガイド）が特徴です。一般に、刈り払い機の刈り刃が小石や空き缶を引っ掛けると、地面と刃の間に食い込み弾かれるように飛んでしまいます。ですがラッカルを装着していると、刃が小石等を引っ掛けてもガイドが逃がしてくれるので地面に食い込まず、飛びません。

コンクリート際もラクに刈れます。刃よりもガイドが先にコンクリートに触れるので、チップソーがコンクリートに当たってチップが飛ぶ心配がありません。価格：6000円（税込み）。

環境技研　TEL 0845-26-0080
現代農業 2012 年 7 月号

現代農業に登場した

草刈りをラクにする道具

2点吊りベルトと「土手歩き」

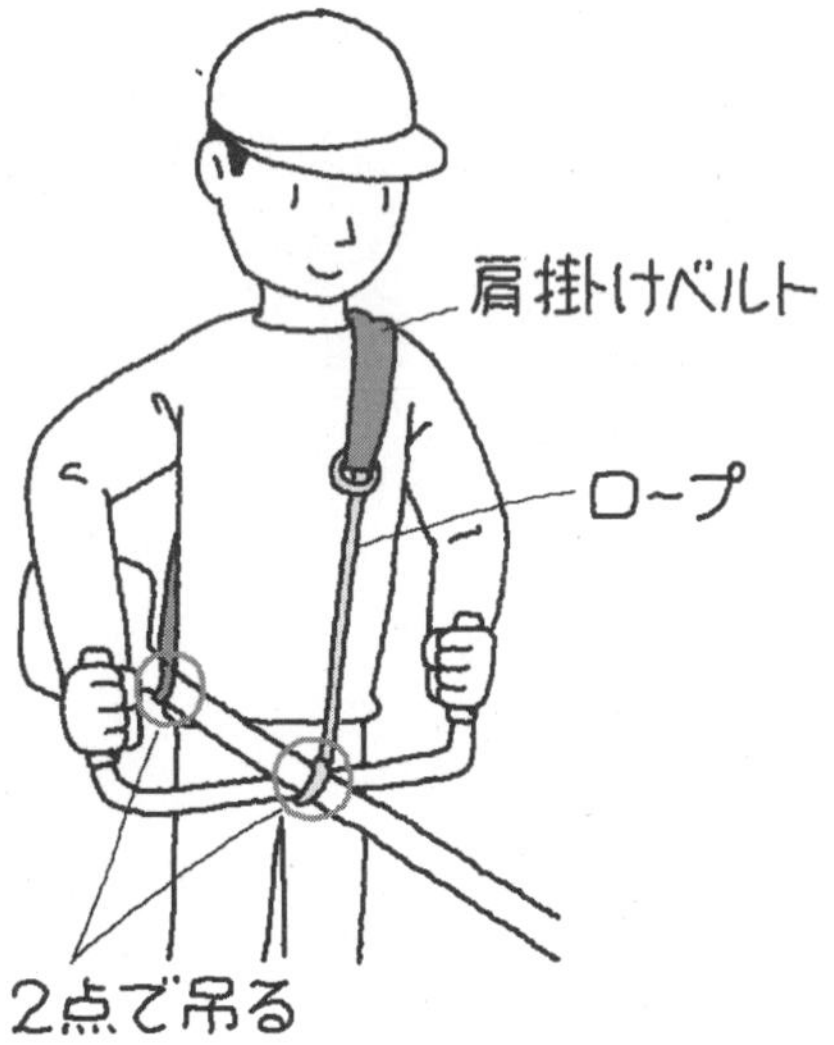

ベルトの先に約1mのロープの一端を結び、もう一方の端をハンドルと竿（シャフト）が交差する位置に縛る。こうすると2点吊りになり、軽く肩を動かすだけで、竿を180度自由に動かせる。

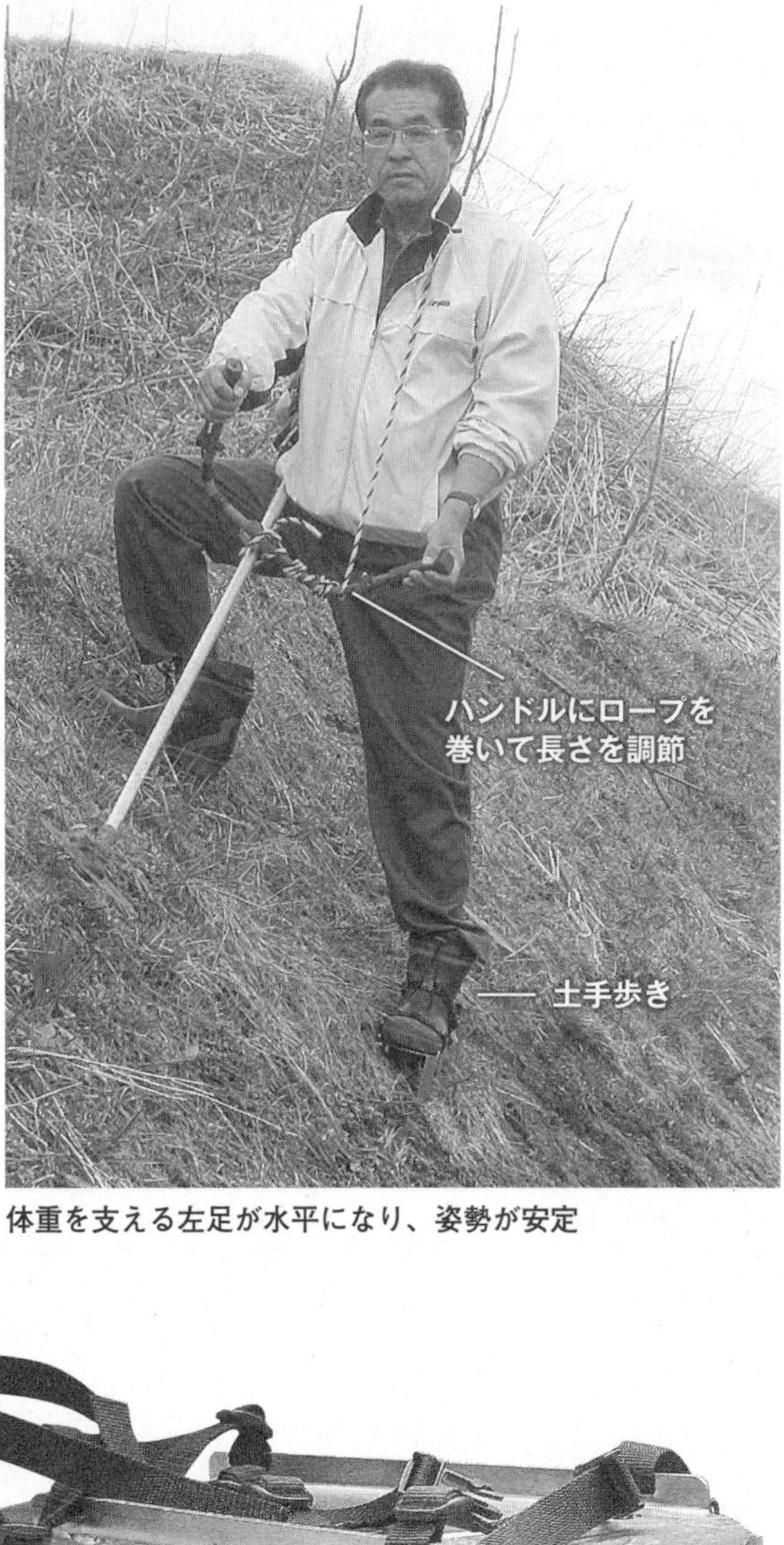

体重を支える左足が水平になり、姿勢が安定

「土手歩き」。平地で刈っているときと同じように斜面でも刈り進むことができる。滑り止めのスパイクが約10㎝と長いため、ススキなど大型の草を刈った上でも地面まで刺さり、滑らない。価格は片足のみで9800円、左右1組で1万4800円。

出村邦彦　TEL0246-68-7011
http://kusakarikennkyuujyo.jimdo.com/
現代農業 2012 年 7 月号

※機械・器具の最新情報は、メーカーにお問い合わせ下さい。

作業性抜群の"地ズリ刈り"で疲労軽減　ジズライザー

写真は、従来のジズライザー（直径 10㎝）より小型（同 8㎝）で耐久性を高めたジズライザープロ（価格は同じ）

従来の草刈りは、刈り払い機を持ち上げながら作業するので腰や肩に負担がかかります。しかし、ジズライザーを刈り刃の下に取り付けると、刈り払い機を地面につけて草刈りできるので、疲労が軽減されます。形はドーム型なので、地面に引っ掛からずラクに短く草刈りできます。また、丈夫な樹脂を使用しており、金属製安定板に比べ約５倍長持ちします。希望小売価格は 1300 円。

北村製作所　TEL 059-256-5511
現代農業 2012 年 7 月号

機械の重さを支える一本棒　楽草くん

一本の棒の形をした補助道具で、刈り払い機の竿に取りつけて本体の重さを支えます。

使用時は楽草くんの先端を地面に軽く突き刺し、そこを支点に刈り払い機を左右に振ります。刈る範囲やスピードはやや落ちますが、本体重量が肩にかからず疲労が軽減されるので、結果的に能率があがります。しかもハンドルの振動があまり手に伝わらず、手も通常より疲れません。

ゴロ石が多い場所でも、楽草くんの補助があると地面に対し刃を水平に移動することが容易にでき、刃こぼれを防ぎます。価格は 7500 円（税抜き）

㈱わかた　TEL 0261-75-3161
現代農業 2012 年 7 月号

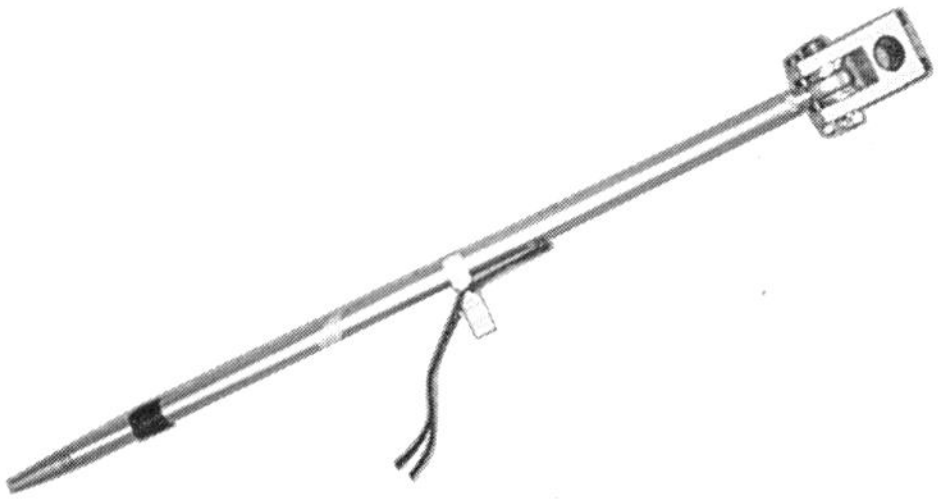

刈り払い機を台車にのせた手押し草刈り機

影山芳文　愛媛県宇和島市

アゼ法面《のりめん》の下まで届く

手押し草刈り機には市販のものがたくさんあります。現に私も、七〜八年前に一〇万円くらい出して買ったものを使ってきました。しかし田の法面（一〜二m）になると、竿の長さが短くて、アゼの上から下まで届きません。そのほかに見つけた別の製品も、角度が立ちすぎていて、作業者の足元から草刈り刃までの長さが短いものだったりで、自分が求めるようなものではありませんでした。

そこで一昨年から自分で作り始めたものの、当初はハンドル部分がうまく作れず苦労しました。一時は投げ出しそうになりましたが、市販品を参考に昨年ようやく完成。一輪の台車に刈り払い機を載せた形で、刃はナイロンカッターです。実際にアゼ草刈りに使っていると、道路を通行中の人から声をかけられたり、近所の農家の人からも珍しがられたりしました。その後も、不具合を調整したり部品を改造したりを積み重ねて現在に至っています。

草刈りが楽しくなる

この手押し草刈り機の長所は次のとおり。

①一輪車型なので動かしやすい。
②作業者から刃までの距離が長く、アゼの上から法面を刈れる。
③狭いところでも自在に刈れる（樹木のまわり、畑のウネ間など）。
④刃が体から遠く、地面と平行なので、飛散物が少ない、体に当たりにくい。
⑤市販の刈り払い機がそのまま載る。
⑥ボルトとナットで組み立てられる（溶接の技術は不要）。
⑦予想外の切れ味（まっすぐ立っている三〇cmくらいの草がいちばん刈りやすい。地面を這う草は刈りづらい）。
⑧振動がタイヤで吸収されるので、手がしびれない。
⑨材料費は約五〇〇〇円と安い。
⑩ラクに刈れるので草刈りが楽しい。

なお、この手押し草刈り機の刃には、チップソーやプラスチックのブレードソーは適していません。とくにチップソーは、刈り払い機を右から左に振るように使うことでよく切れるからです。ナイロンカッターを使うために作業効率は落ちますが、そのぶん体はラクです。

また、一輪車がやや重いのが欠点ですが、アルミの材料を使ったり溶接で作ったりすれば軽量化が可能です。

現代農業二〇一一年五月号　刈り払い機をもっと使いやすく　アゼ草刈りラクラク　自作手押し式草刈り機

パート3 田んぼの草を取る

乗用のチェーン除草機（128ページ）（撮影　倉持正実）

竹ぼうき除草器（104ページ）

エアー除草機（110ページ）

除草剤に頼らない水田除草は、『現代農業』で長年追究してきたテーマです。

そのなかで、手づくりのチェーン除草機（器）を使った除草は、全国的に一大ブームを巻き起こしました。今ではチェーンをはじめ、ワイヤーや竹ぼうきなど、身近な材料でつくったオリジナルの除草機が続々登場、さらなる改良も進められています。

パート3では、そんなアイデアいっぱいの除草機の使い方やつくり方を大公開。研究機関での試験結果なども交えながら、より効果的な水田除草技術を探る内容としました。

手づくり除草器 鉄棒にタイヤチェーンをそのまま つけた

猪熊文夫　栃木県岩舟町

すだれ形とのれん形の折衷で

除草剤を使わずに手除草するのは、並々ならぬ気力と労力を要します。一昨年までは、田んぼに草が生える六月〜七月いっぱい、家族とともに朝四時から夜七時まで、這いつくばるように田んぼにいました。こちらの田が終わればあちらの田、とそれぞれの田を計三回も手除草しなければなりませんでした。

昨年の『現代農業』に、すだれ形やのれん形のチェーン除草器が載っていました。そこで閃いたのが、車の雪道用タイヤチェーンをそのまま利用してはどうか、ということでした。タイヤチェーンはハシゴ状になっており、タイヤの当たる面は太い鎖、それらをつなぐ部分は細い鎖になっています。これを引けば、すだれ形とのれん形の折衷みたいな形になりそうです。さっそく直径三cm長さ四mの鉄棒に数カ所くくりつけ、荷車のように引っ張ってみました。

手取り除草から解放された!

田植え後、五日目に一回目のチェーン除草をしました。草の姿が見えないうちにチェーンを引くのがコツだと思います。イネが半分隠れるほどの深水にしたので、水の浮力が手伝ってくれて、骨折らずに引っ張ることができました。

二回目は、一回目の除草から一〇日くらいあいてしまったので、少し草が生えてしまい、細かい草がフワーッと水面に浮かび上がってきました。理想的には五日に一回、一カ月に六回チェーン除草を行なえば、草問題はすべて解決すると思います。

ひとつの田（表面がデコボコで、チェーンを引いてもへこんだ部分の草が残ってしまった）のみ手除草に入りましたが、ほかのすべての田（一町七反）ではイネの生育を阻害するほどの草は生えず、手除草なしで稔りの秋を迎えることができました。

麦踏みと同じでイネが強くなる!?

チェーン除草は、生きものと共生し、自然環境を破壊することなく米を生産できます。経済的に負担が非常に少ないのも大きな利点です。時間的にも反当たり一五分もあれば十分なので、草が完全に生えてしまっての手除草で何度も苦労するよりはるかに作業性がいいといえます。

チェーンを引いてイネを倒していくのは常識はずれのようですが、生えてきたムギの芽を踏む麦踏みと同じで、イネを強くする効果もありそうです。チェーンで倒すそばからイネは起きあがり、二〜三日もたつと手で引き抜けないほど根が強く張っていました。

大規模農家の場合は、中古の田植え機を改造してチェーンを装着すれば、適応できるでしょう。

長さ4mの鉄棒にタイヤチェーンをそのままつけた。「重さは約15kgあるけど、田んぼで引くと意外に軽いですよ」（撮影　赤松富仁）

草の心配がないなら条抜きもできる

今までは草が生えることを嫌って普通に六〇株植えしていましたが、チェーン除草を念頭に置くならば、もう少し粗く植えてもいいのかもしれない……。そう思って、昨年は五条植え田植え機の中一本を抜き、四条に一条を休みとして風通しをよくしました。結果、イネの生育もよく、株も太ってガッチリしました。

今年は、五条の中抜きでマーカーをのばし、二条植えて一条休むという方法も試験してみるつもりです。太陽と光と水により微生物と生態系のバランスを豊かにし、自然を味方につけたイネつくりをしたいと思います。そうすることで、誰もが農薬も化学肥料も使わず、安全でおいしい米が生産できるようになると確信しています。

現代農業二〇一〇年五月号　チェーン除草機　どんどん進化中　タイヤチェーンをそのままつけた

滑車でらくにアゼから引っぱるチェーン除草器

安江高亮　長野県立科町

滑車とロープを使えば田を歩かなくてもいい

私は平成二十年秋から米づくりに取り組みはじめ、初年度はまったくの慣行農法で除草剤と農薬も使いましたが、昨年からは草取りがたいへんでも無農薬・無化学肥料でやろうと決めました。そこで先輩から教えていただいたチェーン除草に挑戦したというわけです。

除草作業は最初、器具を固定したロープを肩にかけて田の中を引きました。しかし、植え付け直後の重粘土の田に足を取られたいへんで、そのうえ足跡がたくさん残ってしまいました。

何かよい方法はないものかと思案した結果、田の両側に滑車のかかったアンカーを設置すれば、アゼに居ながら除草器を引けるのではないかと考えたのです。元々が土木技術者ですから、仕事で使っていた技術が生きました。

傷んだ足場パイプをもらってきて地面に打ちつけ、横パイプをクランプで固定してアンカーとします。これを田の両側に設置し、径一〇cm以上の滑車をそれぞれのアンカーに一つずつかけます。除草器からつながる引き綱（田の長辺七〇mの一・五倍の長さ）を滑車に通してできあがりです。

四～五倍の速度で除草ができる

ロープを引いてみると見事に除草器は田を滑るように進みますが、片方に寄ってしまいました。器具の両端と引き綱を結ぶロープが

滑車につないだチェーン除草器。長さ2mのパイプに約25cmのチェーンを40本ほど付けた

滑車とロープを使った除草作業

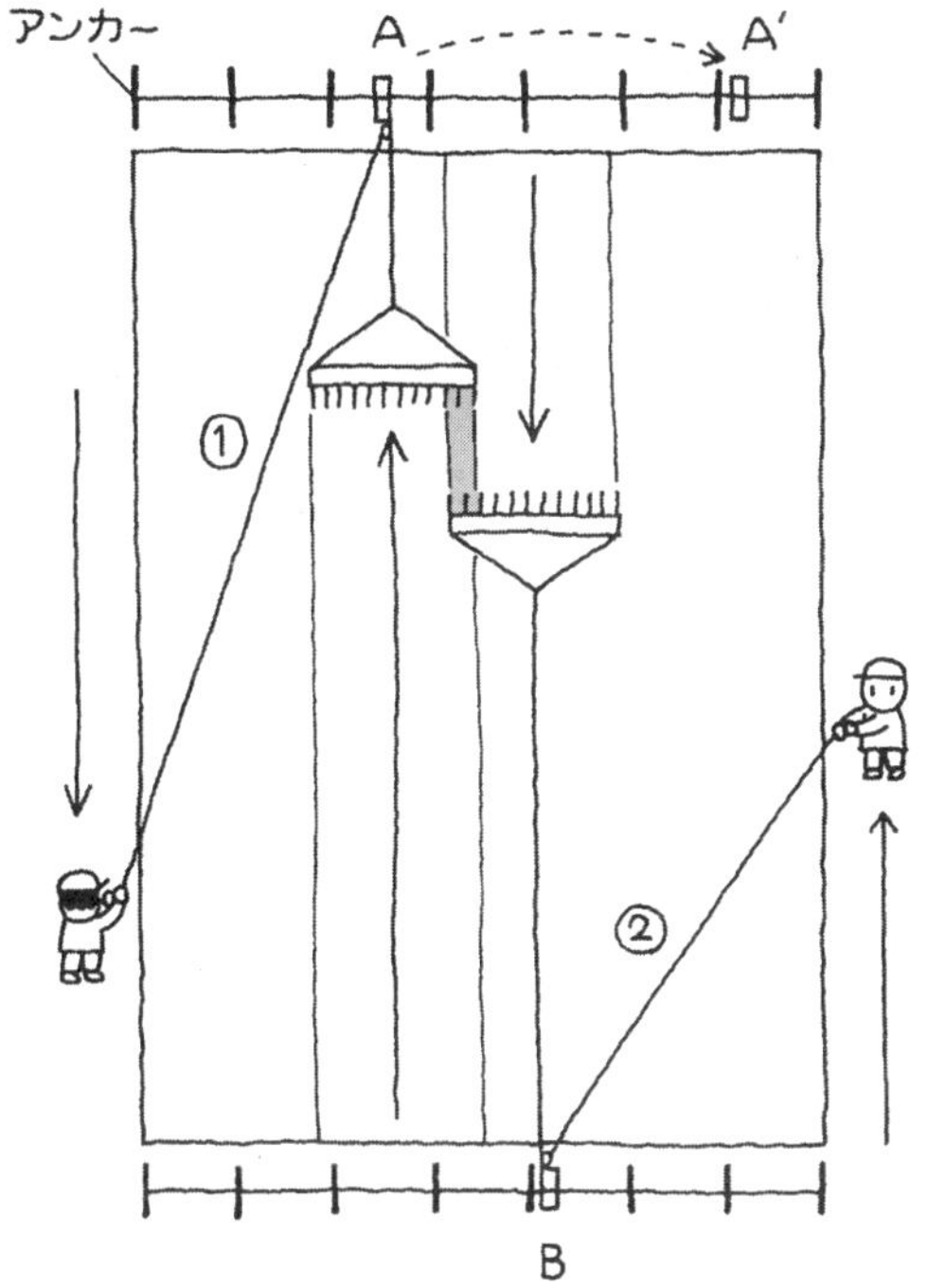

①のように除草器を引き終わったら、Bの滑車にロープの先端をかける。次に、向こう岸にあるAの滑車のロープを外して、滑車を点線のように3m先のA′に固定する。除草器を1.5mずらし、今度は②のようにロープを引いていく

滑車はクランプにひもで結び、除草器を引き終わればひもを外して3m横にずらす

左右均等の長さでないと短いほうに寄ってしまうのです。調整しても完全にまっすぐとはいかず、左右のブレ幅が五〇cmくらいはありましたが、よしとしました。

この二つの滑車を交互に使い、一回につき幅二mの除草器を横に一・五mずつ移動するようにします。ブレが五〇cmほどありますのでその余裕をみています。

私の田は一枚で一六aですが、作業時間は二時間弱でした。田を歩くのと比べれば四～五倍の速度ですし、慣れればもっと短縮できると思います。今年は、今の半分の力で引けるようにダブル滑車にしてみようと思っています。

昨年は実行時期が遅れたため効果は半減でした。今年は先輩の指導通り、田植えの四～五日後に一回目を、一一日後に二回目を実施しようと思っています。この目安は活着のいい成苗の場合ですから活着具合によって変わりますのでご注意ください。

現代農業二〇一一年五月号　続々登場　アイデア除草機　滑車でラクに　アゼからひっぱるチェーン除草器

女一人で引ける大きさのチェーン除草器

大坪夕希栄　岐阜県下呂市

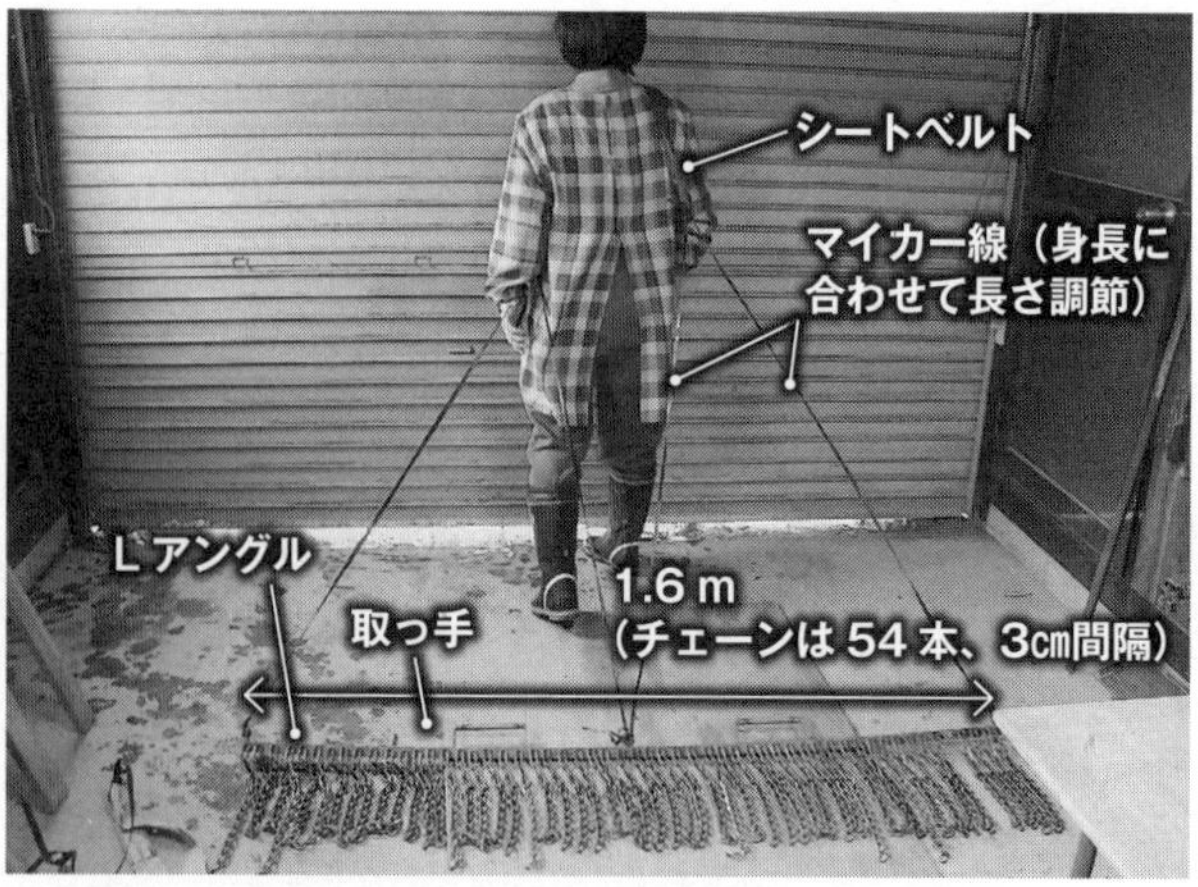

私でも引ける1.6mの除草器
主人が作るものは基本的に廃物利用です。材料は余り物のL字アングル、廃車のシートベルト、捨てる寸前だったタイヤチェーン、長テーブルの下にある棚の棒（取っ手に）、マイカー線などです

ご多分にもれず私もコナギなどの強雑草に悩まされている一人です。かつては草は手で取ることしか考えていなかったのですが、「生えてしまったら浮かせて退治」と教えられ、最近は田んぼをガボガボにして除草器を押していました。しかし有効なのは株間のみで、かなり草が残ってしまいます。そんなわけで、チェーン除草を知ったときは「やるしかない！」とさっそく主人に頼みました。

二mアングルは女性には重すぎる

長さや幅などは、『現代農業』昨年の五月号で紹介された林さんの記事を参考にして作ってもらいました。二mのLアングルに三cm間隔でリング六cmのチェーン（長さ二五〜三〇cm）をすだれ状に溶接してもらいました。しかし、水の中では多少軽くなりますが、一反ほど引っ張ったところで力尽きてしまいました。

アングルは重いので、二mでは女性にはたいへんです。その後一・六mに短くしてもらいました。それでも三〜八aくらいの歪んだ田んぼでは列を変えるときが面倒で、こまごまと回した所は苗が切れたりしたので、隅で小回りできる一mのも作ってもらいました。大小二つです。ヒモだけだと手や肩にくい込んで痛かったので、肩にかける部分は自動車のシートベルト。また移動できるようにL字アングルに取っ手もつけてもらいました。

イネは抜けず、コナギは浮いた

田植えしてすぐに引きたかったのですが、農協のヒョロヒョロの苗でしたので一〇日後に引きました。引っ張るとイネが見えなくなりましたが、すぐにフワーッと起き上がってきました。イネが抜けたところもないのに、コナギがあちこちに浮いています。コナギなどが大きくならないうちに引っ張ることが大切だと思いました。

深く耕したところやチェーンが当たらなかったところなどは、ダラダラと草のタネが芽吹いてきます。チェーン除草を効果的にするためには健全な苗、コナギなどのタネを目覚めさせない耕し方、トロトロ層、深水など課題はいっぱいあります。

今年も赤木さん提唱のナタネ粕除草とチェーン除草の組み合わせでがんばります。

現代農業二〇一〇年五月号　チェーン除草機　どんどん進化中　女一人で引ける大きさ

車につけてコロコロ引くチェーン除草器

唐沢金実　長野県箕輪町

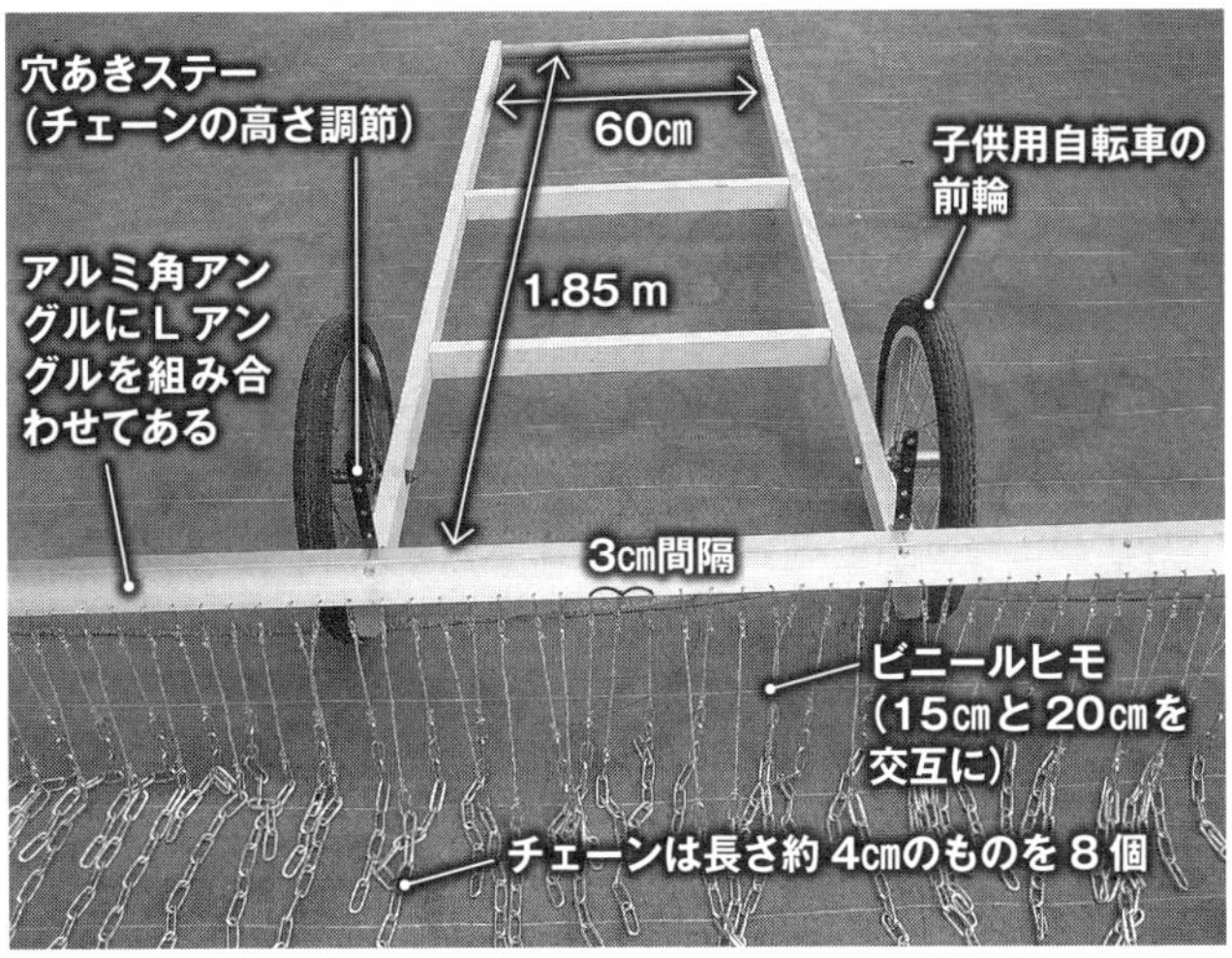

枠は木、アングルはアルミなので軽い。アングルの長さは2m。軽トラの荷台にのるように寸法を決めた。チェーンをつるすヒモの長さが交互に5cm違うのがミソ。チェーンどうしの位置がとなりとずれるので、アオミドロなどが引っかかりにくい

昨年、話題になったスダレ状のチェーン除草機の写真を見た時、この幅なら四回も往復すれば一反の除草が終わると思い、見様見真似で作ってみました。

チェーンの竿を取り付けた

最初は三mの長さの直管パイプに三cm間隔で長さ三〇cmのチェーンをスダレ状に固定し、両端にロープをつけてみましたが、田んぼの中でこれを引くと結構重く、田んぼの中で持ち上げての取り回しはとてもできないと思いました。

そこで考えたのが、荷車の後ろの端にチェーンの竿を取り付け、竿が水中に入らずチェーンだけが田んぼの土の表面を掻いてくれるようにするというものです。これならアゼ際でも荷車の引き手を下に押せば車輪を支点にチェーンが水面から上がり、アゼの所でのＵターンもラクにできそう。竿の長さは荷車が増えた分、取り回しがラクなように二mにしました。

一反を四〇分で引き終わる

実際に引いてみると非常に軽くラクで、一反を四〇分で引き終わることができました。私の田んぼはポット苗で株間が三六cmあるので、横にも引いてみました。横引きの時、車輪で苗を踏む所もありますが、問題なく起きてきます。また、チェーンの竿の高さを調節できるようにしておき、深水田んぼでも問題なく引くことができるようにしました。

濁った水の遮光でも除草効果

最初引いた時は水面にコナギの芽がかなり浮いているのを見ました。昨年はほかの仕事の都合で二回しか引けず、コナギが少し残ってしまいました。しかしトロトロ層のできがよかったせいかチェーン除草器を引っぱると水が三日ほど濁ったままで、遮光という面でも除草効果があったと思っています。

欠点はアオコが発生するとチェーンに絡みイネの上にかぶさることです。今年は田植え後五日頃まだ草の見えないうちから引き、アオコが発生する前に引き終わるように考えています。

現代農業二〇一〇年五月号　チェーン除草機　どんどん進化中　車を付けてコロコロ引く

浮くチェーン除草器　田んぼをはさんで夫婦で引き合う

是永　宙《ひろし》　滋賀県高島市

無農薬の米づくりを始めて六年目になりますが、毎年手作業による除草にたいへんな労力がかかっていました。山仕事もしていたので実際には女房がかなり頑張ってくれていました。炎天下、女房に除草作業をさせてしまっているのが申し訳なかったです。

　四年前から高島市内の篤農家の集まり「たかしま有機農法研究会」に参加しました。研究会では田んぼやそのまわりの環境を整えて、多様な生きものとの共生を目指し、無農薬有機農業を実践しています。一昨年、その会の研修会でチェーン除草の存在を知り、メンバーが試作したチェーン除草機の効果を見て、やってみよう！と思いました。

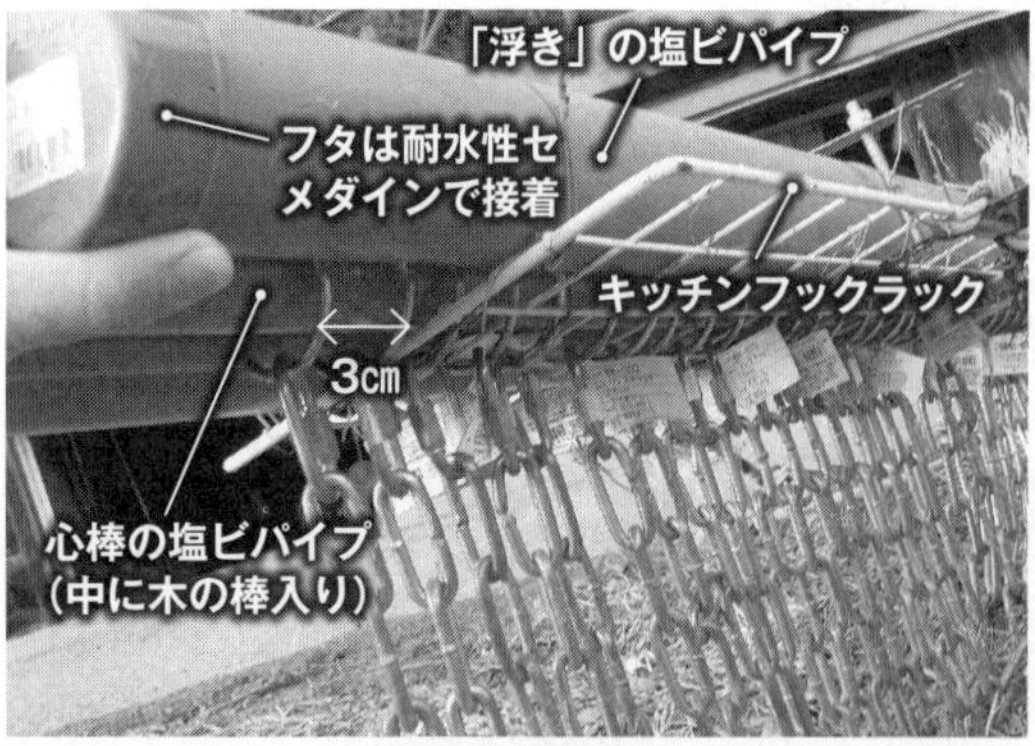

「浮上式チェーン除草器」の構造
3本の塩ビ管を、初めは針金やスチール製の金具などでまとめていた。使っているうちに「へ」の字形に曲がってしまった。軽くて丈夫な物はないかとホームセンターを歩いていると、台所の壁に「お玉」などを引っかける格子状のもの（「キッチンフックラック」というらしい）を見つけた。寸法に合うように半分に切断し、塩ビ管を固定する骨にした。

浮かせれば軽い！

研究会の仲間がつくった除草機は田植え機に取り付ける形のものでした。それは一枚の圃場が三反以上もあるような平野部の田んぼだと、人力で除草機を引っぱるのはたいへんですし、機械をターンさせるとき苗を踏みつけても、割合からすればごくわずかです。

　ところが私の住む椋川は中山間地なので田んぼは小さく不定形。一反もない圃場も少なくありません。田植え機で入れば苗を傷める部分が多くなってしまいます。でも、逆に小さい圃場なので、人力でもできそう。そこでどうすれば人力でラクに除草器を引っぱれるかを考えたのです。

　閃いたのが、「除草器を浮かばせればいい！」。除草器を引っぱるときは必ず水をたっぷり（一〇㎝以上）入れて作業します。だったらその水に浮かせてしまえば軽いし、イネも傷みにくいのではないでしょうか。

除草器の作り方……塩ビパイプを「浮き」に

　まずは塩ビパイプとチェーンで「縄のれん」状のものをつくります。浮かせるためには軽量化を図る必要がありました。心棒はできるだけ軽くするために塩ビパイプ。パイプ中に補強のための木の棒を入れています。鎖の間隔は三cmに一本（長さは約三〇cm）です。「浮き」の部分も塩ビパイプです。長さ二m直径五cm程度のもので、両端を耐水性の接着剤で接着すれば水も入りません。「浮き」で「縄のれん」の心棒を挟むようにします。これで十分な浮力を得ることができます。

初めは縄を一本つけて、背負うように引っぱろうとしていたのですが、両側に一本ずつ二〇ｍくらいのロープを取り付けて両方から引っぱれば、田んぼに入る必要もない！と思い、今の形になりました。これで田んぼには一歩も入ることなく、除草作業ができます。小さいコナギが浮かんできますよ。

両側に縄をつければ、アゼに立ったまま2人で引っぱり合いっこできる（撮影のため、冬期湛水中のイネのない田んぼで実演！）

夫婦でおしゃべりしながら引っぱり合い

二人で作業する場合は、田んぼをはさんで両端のアゼに立ち、除草器がこちら側に着いたら約一・五ｍ（鎖がついている部分の幅は一・八ｍ）ずらして、今度は相手が引っぱります。同じ所を何度もする（何往復もする）必要はないと思いました。片道でも十分だと思いますが、心配なら一往復すればよいでしょう。引っぱる速さにもよりますが、一反一時間程度です。イネもチェーンに押されて倒れますが、一～二日で元のように立ち上がります。

小さな田んぼの両岸で引っぱるので、夫婦（仲間）でおしゃべりしながらできます。水の抵抗があって腕は疲れますが、今までの腰をかがめての除草に比べればウソのようで、労力ははるかに小さいといえます。もともと夫婦仲はいいですが（のろけでスミマセン）、この除草器のおかげで除草作業が楽しみになり、さらに仲良くなったことはいうまでもありません！（トラロープをつけていますが、長時間していると手が痛くなったり手の皮がむけるので、ゴム手袋は必需品です）

効果は思いのほか上がりました。今まで手作業で五～六回除草していた田んぼが、チェーン除草のみ（移植後六日目以降一週間おきに四回）です。

トロトロ層が効果を高める

チェーン除草がうまくいくには、

▼二回代かき。一回目の代かきで草のタネを表面に上げ、いったん発芽させたら、二回目の代かきで草を埋め込む。これで草の密度がかなり減る▼その際、雑草を発芽させるために、水温を高く保つ工夫▼冬期湛水したり、米ヌカ、おからなどを田植え直後に撒いて、表面にトロトロ層を形成▼活着の早い元気な成苗（四葉以上）。

最後の代かきのあと、可能なら五日以内に一回目の除草をしたい。そのためには活着の早い苗を用意できるかがポイント。活着しないうちに、チェーン除草器を引っぱれば当然イネも抜けてしまう。などが必要です。

また、チェーン除草はオモダカ、ホタルイなどの宿根性の雑草には効果がありません。これらの草は見つけ次第手で抜くしかないように思います。

現代農業二〇一〇年五月号「浮くチェーン除草器」をつくった　田んぼに入らず、2人でアゼから引っ張り合いも

田植え機に取り付け乗用型に

長谷川憲史　埼玉県羽生市

乗用田植え機の本体部分を利用して、乗用型のチェーン除草機を製作しました。中古の５条植え田植え機を入手。植え付け部を取り外したうえ、チェーン除草のアタッチメント以外にもいろいろな作業機を取り付けられるよう、接合部分に汎用性を持たせてあります。

チェーンをたらした除草部分の長さ（全幅）は４m。この状態で田んぼへ入り、油圧で除草部を下げる

中央のリンク（トラクタの部品＝廃品利用）でつり上げる。左右のチェーンを張ったり緩めたりしてバランスを調整

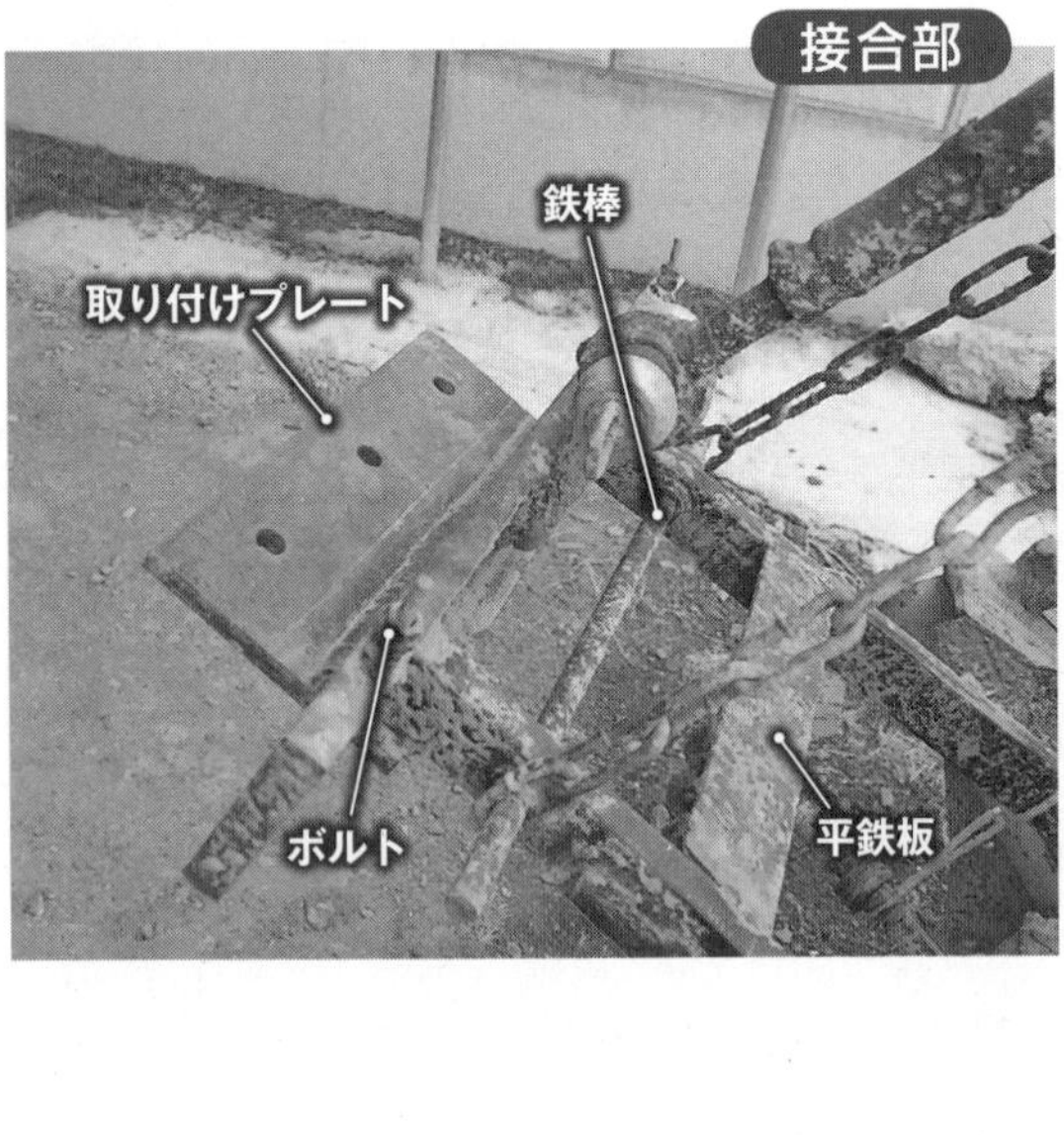

取り付けプレートには３つの穴。これを利用して防除用の動噴を載せた運搬車なども牽引できる。ボルトは、除草部を折りたたんだときに差して固定するためのもの。鉄棒と平鉄板はゆがみ防止のための補強

路上走行時は左右を折りたたむ。本体とはボルトとナットで止める。折りたたんだ両端は、本体側接合部に溶接してあるボルトに差し込んで固定

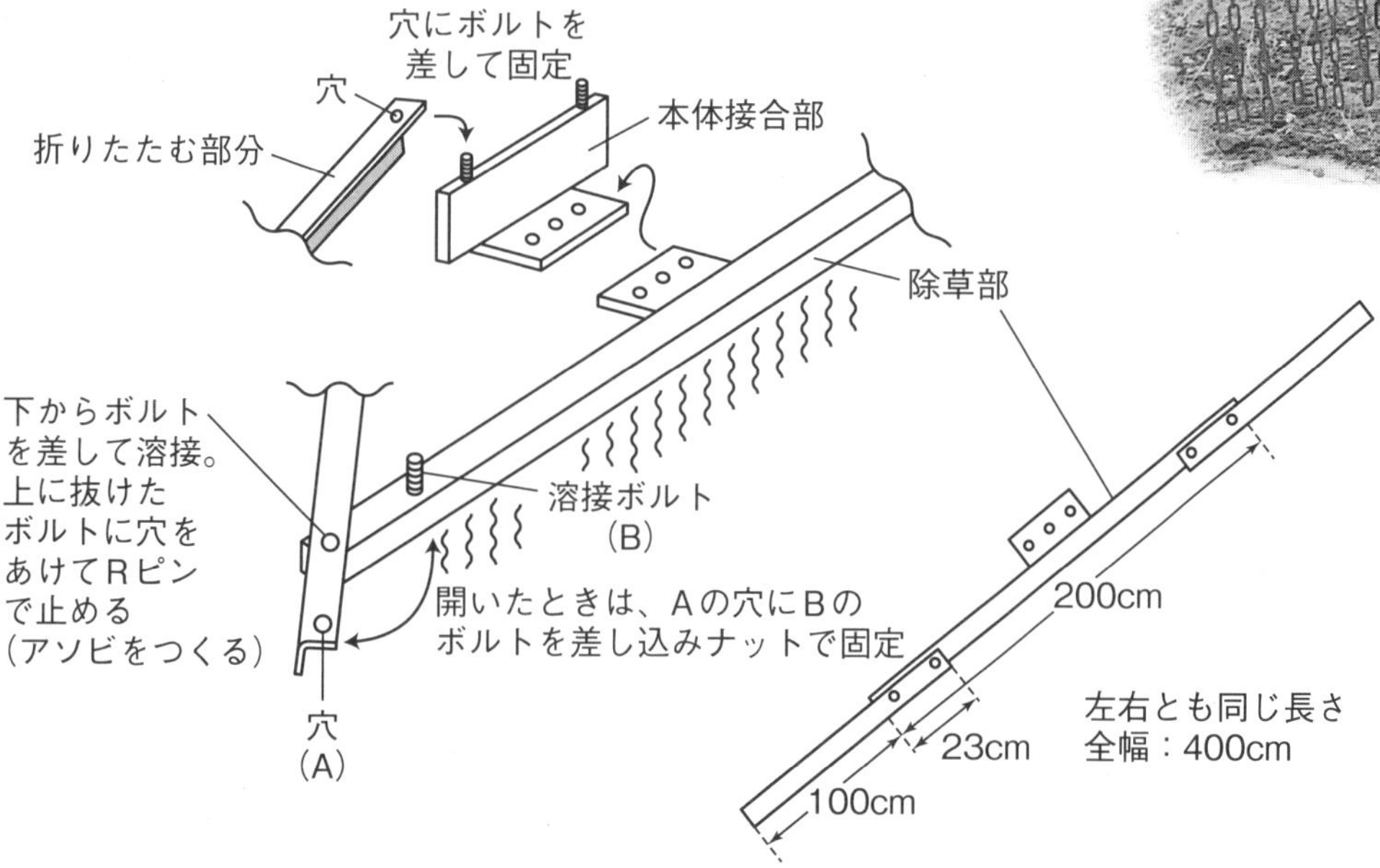

〈その他、田植え機改造にあたっての注意点〉

1）フロート（植え付け部）を外した田植え機は燃費が非常に悪い。本体前バンパー部に鉄箱を溶接。予備燃料のガソリン缶を設置できるようにした。
2）PTO 軸は今のところ使っていないが、いずれ使うことを考えて残した。
3）除草部は油圧で上下するが、上げすぎると本体に当たって後部の薄い鉄板をへし曲げる。これを防ぐため一定の高さまで上がると電極がふれてブザーが鳴るようにした。

現代農業2010年5月号　チェーン除草機　どんどん進化中　田植え機に取り付け乗用型に

乗用型チェーン除草機 フロートを付けたら 燃料代三割減

長谷川憲史　埼玉県羽生市

フロート付き乗用型チェーン除草機。車体が安定し、負荷が減ったので燃料代が抑えられた

意外と悪い 乗用型チェーン除草機の燃費

乗用田植え機を利用して自作した先代の「乗用型チェーン除草機」を使って二シーズンを経た。もともと田植え機に付いていた植え付け部をフロートごと取り去ったためか車体が安定せず、燃費が極端に悪くなったことには一年目から気づいていた。

しかし、この機械は作業者が座席に乗って操縦すればよいという大きな利点を持っていたため、燃費悪化をとくに問題にせず、バンパー部に鉄箱を溶接して予備燃料のガソリン缶を設置することで対応してきた。

だが、私の記事と同じ二〇一〇年の五月号に紹介された是永宙《ひろし》様の「浮くチェーン除草器」の記事を見て、私の除草機にもフロートを装着し、それで負荷を減らして燃費向上を図れないだろうかと考えた。

チェーンを垂らした長いバーの両端にフロートを付けた

両端にフロートを付けたら 一・五倍の面積を除草できた

昨春、記事を読んでから製作したので、除草シーズンの終わりにしか間に合わず、試用したのは数回に過ぎなかったが、燃料消費量

今年は「乗用竹ぼうき除草機」でいく！

　無農薬・無化学肥料で約8haの田んぼを作付けする栃木県宇都宮市の水口博さんが、今年準備をすすめているのが「乗用竹ぼうき除草機」だ。3輪の乗用田植え機の田植え部を外し、自作の竹ぼうき除草器（除草部の長さ260cm、竹枝は長さ30cmのものを約50本）を取り付けた。

　除草部は油圧で上下できる。均平が悪いところで車体が傾いても片方の端が水面から離れないように、除草部はゆるめに固定した。

現代農業2011年5月号　続々登場　アイデア除草機　今年は「乗用竹ぼうき除草機」でいく！

に明らかな改善がみられた。今までは四反ほど除草すると切れていた燃料が、六反の田んぼを除草してももつようになった。

　体感面もよくなった。走行がなめらかになり、機体のバウンドも軽減された。また、従来はコーナリング時などに、車体の傾斜に伴って、ややもするとバー全体が傾き、先端で田面をサクッて（掘って）しまうことがあったが、フロート装着後はその心配がまったくなくなった。

　今年、さらに改良したいことは何点かある。一つは、チェーン先端部にさらにチェーンを二叉にして取り付け、除草効果の向上を図りたい。

　もう一つは、フロート自体の高さが調整できるような差し込み式のアタッチメントをつくり、イネの生長に合わせたチェーン深度を得る。また、雨天でも作業ができるように屋根も取り付けようなどと考えている。

現代農業二〇一一年五月号　続々登場　アイデア除草機　フロートを付けたら燃料代三割減　乗用型チェーン除草機

軽くて使いやすい竹ぼうき除草器

斎藤真一郎　新潟県佐渡市

佐渡トキの田んぼを守る会では竹ぼうき除草器が人気

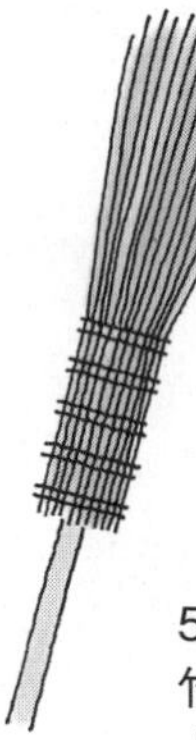

5段締めの竹ぼうきが人気です

トキの野生復帰を目指す

二〇〇一年からトキの野生復帰を目指し、無農薬・無化学肥料栽培に取り組んできた。究極の抑草は田んぼに入らず実現することだが、天候と生育状況などが一致しないと難しいので強制除草をしている。その一つの手法として「竹ぼうき除草」に注目した。無農薬栽培の会員はすべて所有しており、現在二二台が稼働ないし待機中である。

毛先を切り揃えて除草力アップ

いま流行のチェーン除草は一〇kg程度だが、重ければ重いほど除草効果は上がるという試験結果が出ており、これでは高齢化した農家ではしんどい。

それに対して竹ぼうきの場合は、重量が約二kgなので軽くて扱いやすい。除草力を高めるのに重量は必要ない。最初は購入した竹ぼうきの六〇～七〇cmの枝をそのまま使うが、田植えから一カ月程たってイネがある程度生長したら、枝を半分程度の長さに切る。すると土中をひっかく力が強くなるので除草効果も上がるのだ。

五段締めの竹ぼうきがよさそう

佐渡では竹ぼうき除草器に使うほうきは、三段締めよりも五段締めのほうが人気だ。五段締めの竹ぼうきは竹枝の量が多いので、これが二本分（竹枝は合わせて五〇～六〇本）あれば、除草効果の高い、「毛先」が密な除草器ができるからだ。昨年春の低温でアオミドロが大発生したが、この密な毛先が大活躍。除草しているうちに竹枝にアオミドロが絡みつき、何の問題もなく除去できた。

ただし、竹ぼうき除草でコナギを浮かせることができても、そのままにしておくと再び活着する。排水路であればかけ流し、用排兼用であれば隣の田んぼの迷惑になるので、風下や排水口側のコナギをレーキ等ですくい取る。

これからも優良事例を参考にして、生きもの、雑草、お米、人間が共生できる田んぼをつくりたいものである。

現代農業二〇一一年五月号　続々登場アイデア除草機　どんどん進化中！竹ぼうき除草器

超ロングサイズ 一〇m幅の竹ぼうき除草器

杉山修一　栃木県塩谷町

五〇町歩を 竹ぼうき除草器で除草

誰でも簡単に作れて、チェーン除草器よりも軽いところが人気の「竹ぼうき除草器」。小さな田んぼで活躍中の除草器だが、近頃は大規模農家からも注目を集めているようだ。

栃木県塩谷町の約五〇町歩の田んぼで有機栽培・特別栽培米をつくる杉山修一さんもその一人。昨年から、全面積の田んぼの除草に竹ぼうき除草器を使っている。

竹ぼうき除草器は、曲がらないように鉄製の角材で補強

田面を竹枝で引っ掻いて草を削り取るというしくみは一緒だが、杉山さんの除草器は大きな面積をこなせるように超ロングサイズ。幅一〇mの竹ぼうき除草器を乗用型田植え機に取り付けて、スイスイと除草していく。三反歩の田んぼなら二往復で除草でき、朝から晩まで作業すると、一日で一〇ha。五日で全面積の田んぼの除草ができる計算だ。

作り方は、ふつうの竹ぼうき除草器と基本的に一緒。竹ぼうきを解体して取りだした竹枝を、二枚の角材で挟んで固定するだけ。

ただし、幅一〇mの除草器を付けたままでは移動がたいへんなので、中央に二・四m、両側に三・八mずつ継ぎ足して、折り曲げられるようにした。田んぼに到着して広げれば、幅一〇mの竹ぼうき除草器になるというわけだ。

幅10mの超ロング竹ぼうき除草器。これで50町歩の除草に成功

竹ぼうき除草のポイント

除草のポイントは、早めに一回目をやること。田植え後五～六日で、イネの根が抜けなくなったらすぐのタイミング。田植え後の水深は七cmと深めにするのもポイント。これはヒエ等の雑草を抑えるためと、草を浮きやすくするため。また、作業中は竹枝が曲がるくらい圧力をかけて、強く田んぼを引っかくほうが効果がある。

その後は一週間～一〇日おきに計四回。ただし、三回目で草が完全になくなるような田んぼでは四回目は必要ない。

現代農業二〇一二年五月号　あの手この手で脱除草剤　幅一〇m　超ロングサイズの竹ぼうき除草器

断然軽い！三〇〇円の竹ぼうき二本でつくった除草器

水口雅彦さん　静岡県伊豆市　編集部

水口雅彦さんが、ホームセンターで一本三〇〇円の竹ぼうきを二本買ってきて、ばらしてつくった傑作「竹ぼうき除草器」。チェーン除草器より断然軽い。縦横二回がけも全然苦にならない。

小面積用に見えるが、つくり方講習を見学していた北海道の農家が「俺もつくって田植え機で引っぱろうかな」と興味津々だったのも印象的だ。

現代農業二〇一〇年五月号　なんと、竹ぼうき2本で作成

簡単！竹ぼうき除草器のつくり方

まず竹ぼうき2本を解体する。ちなみに竹林がある人は、竹ぼうきを買わなくても、竹枝でつくれる

バラした竹枝を角材の上にならべていく。竹枝は大小さまざまあるが、大きいものを主に使う。角材の長さはお好みだが、水口さんは1.5mでつくった

もう一枚の角材で挟んだら、ドリルで穴をあけて木ネジでとめていく

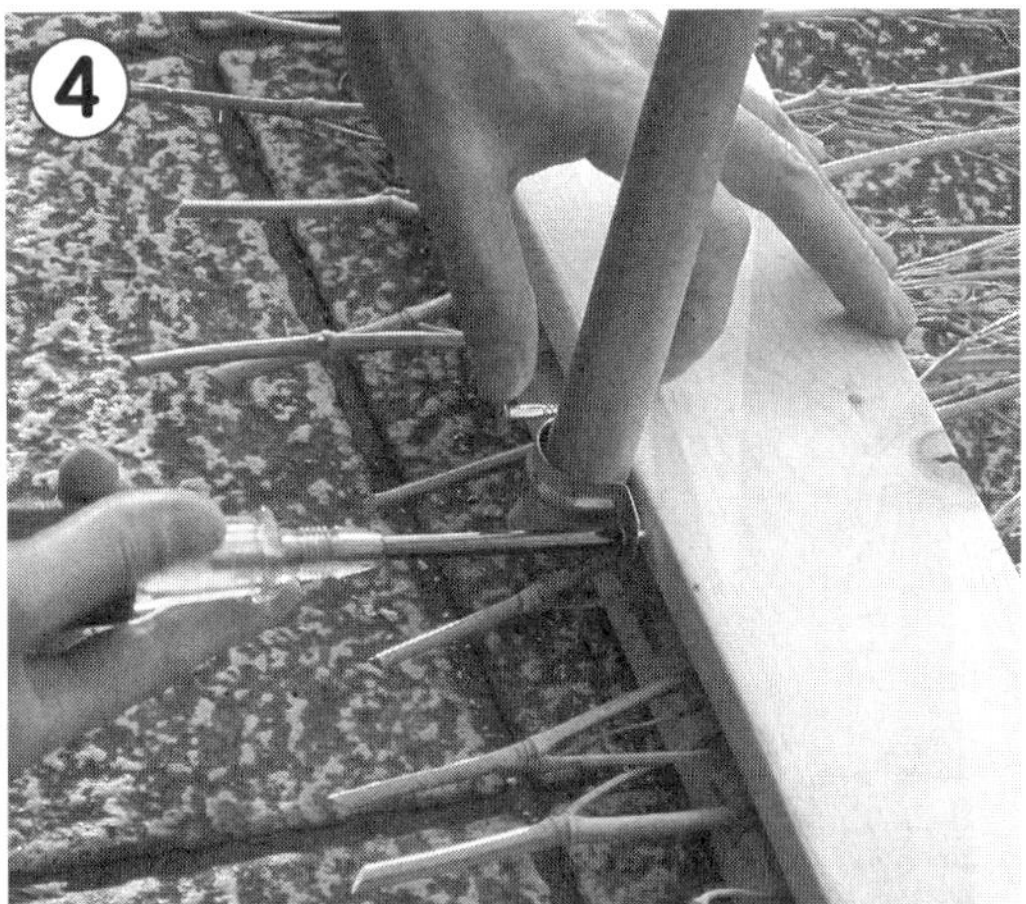

取っ手を2本つける。竹ぼうきの柄を使う

完成。取っ手の位置は、使う人が後ろ手に持ってちょうどいい場所に

「こんなふうに持ちます」と考案者の水口さん。このあと、枝の先を切り揃えて使う。枝は先のほうが軟らかいので、イネが小さい場合は長めに切り揃えたほうがいいとのこと

しぶとい草も逃がさない ピアノ線を付けた八条前面抑草機

大島知美　新潟県津南町

「ランダム号」の抑草作業。8条（条間33㎝）一度にできる。軽くて扱いやすい

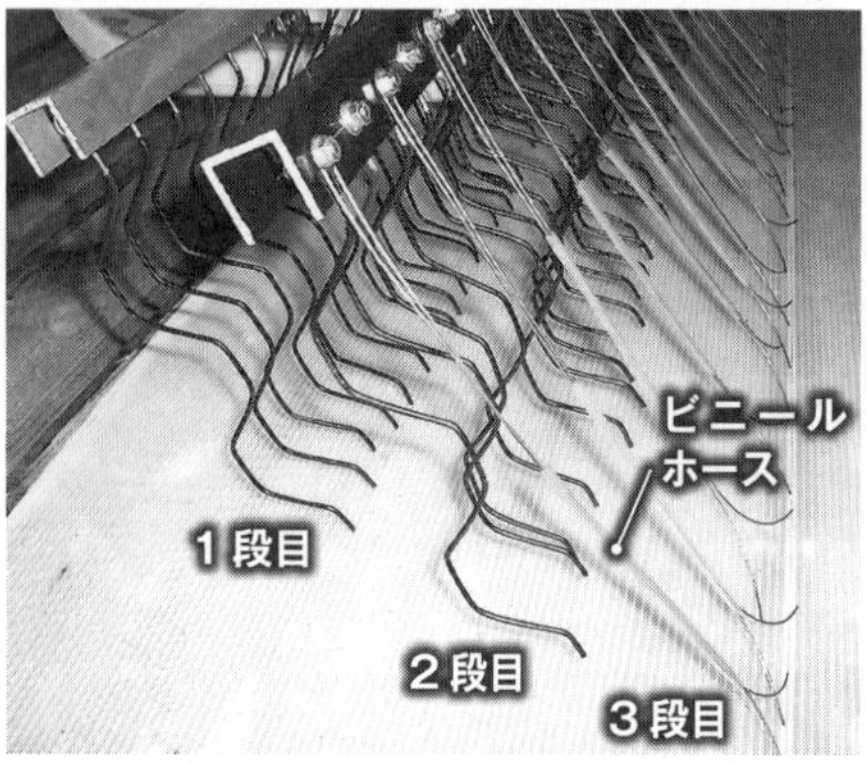

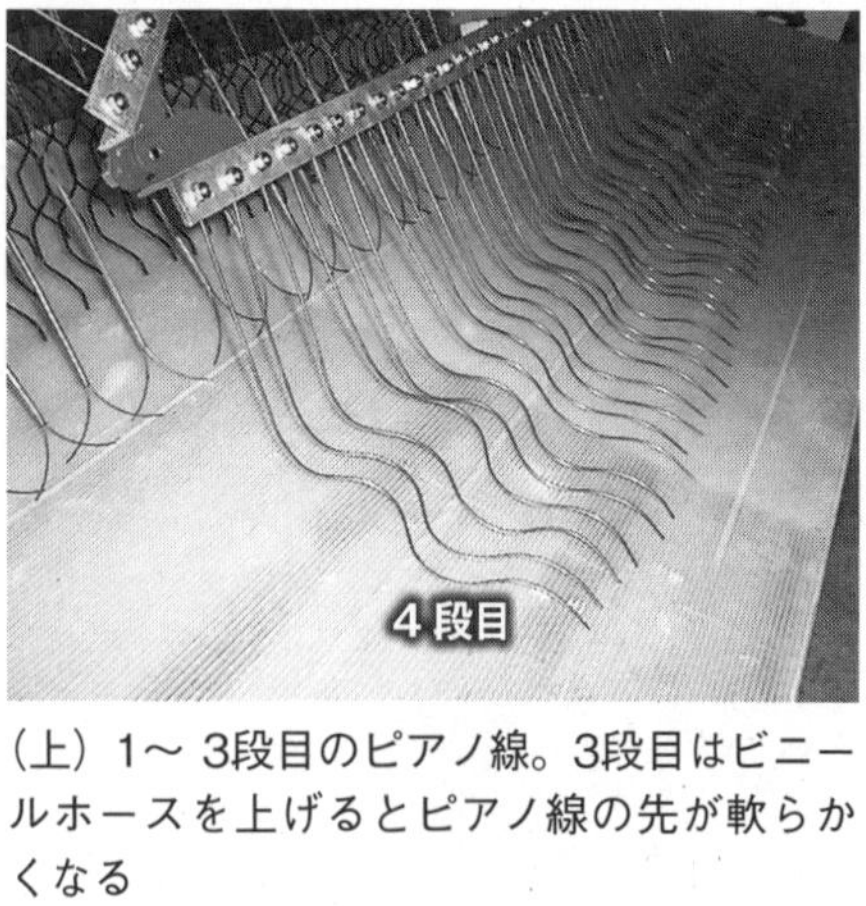

（上）1～3段目のピアノ線。3段目はビニールホースを上げるとピアノ線の先が軟らかくなる
（下）4段目は着け外しが可能。一輪車と連動して跳ね上がるのでしぶとい草も引き抜く

あらゆる除草方法を試した

有機栽培をはじめて二〇年以上になります。化学農薬の類も一切使用していません。その間、アイガモ、除草機、米ヌカ、クズ大豆など、ありとあらゆる除草方法を試してきました。しかしどれも除草効果は十分ではなく、六～八人で一カ月間毎日手取りをしたこともありました。

草が生えてからの「除草」ではなく、まずは草を生やさない「抑草」でなければだめだという考えから、四年前から抑草機の開発にかかりました。

四段構造でしぶとい草も逃さない

抑草機「ランダム号」は、三〇㎜間隔でピアノ線を取り付けた、横幅二・四mのバーを、弾力や形を変えて四段構えにしてあります。

　一段目と二段目は、弾力が出るように曲げたピアノ線を、前後が交互になるようにずらして配置してあります。

　三段目は細いピアノ線を二本セットでハの字型に曲げてあり、二本ずつビニールホースを通してあります。このホースを上下に動かしてピアノ線のしなりを調整します。

　四段目は太くて強度のあるピアノ線が三〇㎜間隔で取り付けてあり、雑草やワラが引っ掛からないように緩やかな曲線で波型に曲げてあります。さらに一輪車が一回転するごとに土中をかいていたピアノ線が一瞬跳ね上がるようにもなっています。

　一・二段目で一五㎜幅に深さ五〜一〇㎜のキズをつける事により草の根を切り三段目で引っ掛けて抜きます。ヒエなどは簡単に抜けますが、そこで抜けない草は、四段目の強く太いピアノ線でむしり取ります。

　ピアノ線が入る深さは一〇㎜程度ですので、根が切れた草は抜けますが、二〇㎜以上の深さに植わっているイネの苗にはなんら影響もなく、抜ける事はありません。

　また、自重が四八kgと軽く耕盤を傷めません。しかも一輪車なので多少高いアゼでも上に上がり旋回し、圃場に入ることができますから、苗を潰すことはなくなります。

　一日の作業量はだいたい一・六〜二haなので、五〜六haの水田までなら一台で足ります。

引き抜かれた雑草が面白いように浮く

初回抑草は田植え三日後

　ランダム号の抑草・除草効果を高めるためにはいくつかの注意点があります。

　まず田面にワラ・イナ株等を残さないようにします。

　代かきは二回に分けると仕上げ代後草の出芽が早くなります。一回で仕上げるようにします。

　代かき三日後に田植えをして、田植え直後に米ヌカ三〇〜四〇kgを散布します。田面に少しトロトロ層を作ることで、田面を滑らかにし、引っかき残しをなくします。

　ランダム号は、田植え後三日目に、まず一回入れます。初回は土を撹拌して草の発芽を遅らせることが目的なので、まんべんなく田面を濁します。

　二回目以降は、草が生え始めても二葉くらいまでなら、イネの根を傷つけずに草を浮かすことができますが、基本は草を生やさないことです。当社では一〇日おきに四、五回使用します。

　作業時の水深は、初回が苗の半分くらい、二回目以降も五〇㎜くらいです。作業後は苗の半分くらいの水位を生長に合わせて上げていきます。

　田面を露出すると草が生えやすくなり、抜けた草も根付きますので絶対に水を切らないことが重要です。
※ランダム号の希望小売価格は八〇万円。代理店を募集しています。問い合わせは「株式会社ごはん」TEL〇二五七‐六五‐四八三四まで。

現代農業二〇〇九年五月号　注目の初期除草機具　ピアノ線を利用した八条前面抑草機

ビニペットとスプリング ハウス資材で除草器

高橋　正　新潟有機稲作研究会

われわれ新潟有機稲作研究会（会員一〇人）は、無農薬米づくりをするメンバーで四年前に発足した。月一回集まり、稲見、勉強会、情報交換をしながら、おのおののやり方で、食味・収量ともに納得のいく有機米づくりをめざしている。

スプリング除草機（条間30cm　9条タイプ）

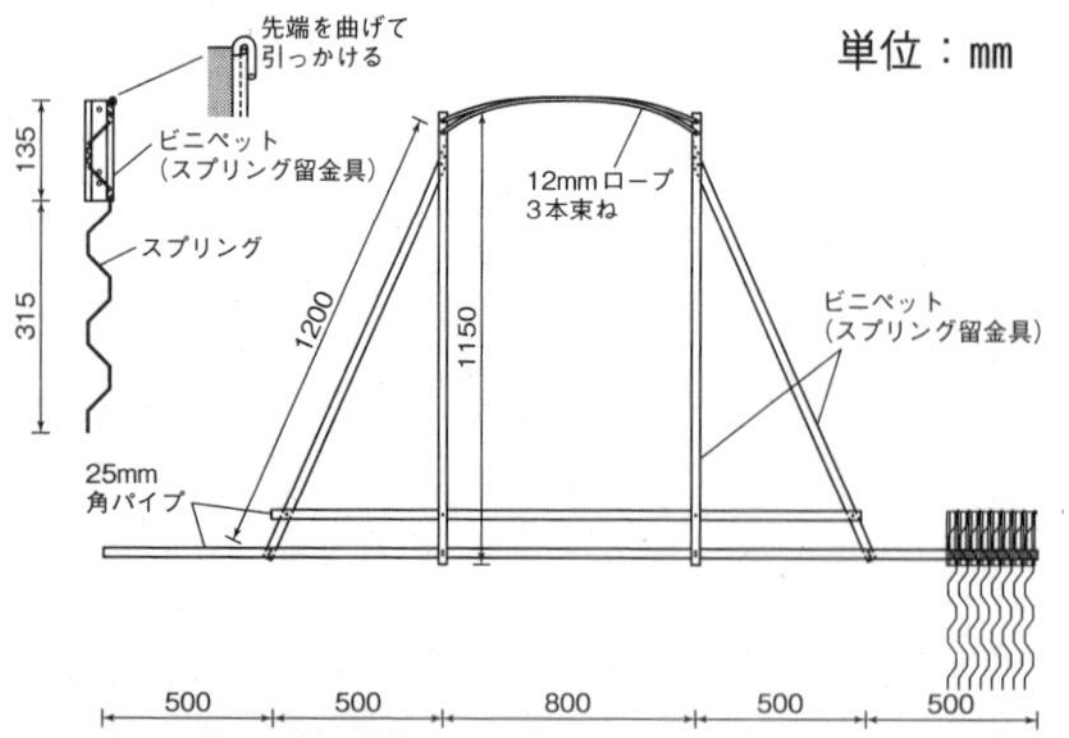

身近なビニペットとスプリングで

メンバーが苦労しているのは除草対策だ。昨年五月には、手作りのチェーン除草器を使用するメンバーの作業を見学した。そのときはチェーン除草器の有効な点も納得したが、その難点――引っぱっているうちにワラや雑草クズがチェーンに絡みついて重くなる――を克服する除草器が作れないかと考えた。すなわち、①軽量、②草などの絡みつきがなく、田面をまんべんなく引いて代かき状態にできる、③田んぼの縦横に使用できて稲株の根元まで除草できる。こんな除草器である。

身近にあって安く手に入るものとして、ハウス資材の「ビニペット」と「スプリング」を使ってみるアイデアが浮かんだ。六月初めのことである。さっそく試作して実験してみたところ「効果あり」と感じた（スプリング除草器1号）。その後、幅を倍以上に広げて（幅三・二m、重さ一三kg）のスプリング除草器2号が完成。本格的に使ってみることになった。

軽い、株元の小さい草も抜ける

まずは、有機の会のメンバー三人が、各自の田で使いまわしてみた。使用するときは、田んぼに深さ七～一〇cmの水を入れた状態で引く。すると浮力で除草器を引くのがラクなうえ、草も抜けやすく、イネの傷みもほとんどないことがわかった。条間を縦に引くだけでは効果が不十分だろうと予測し、横にも引いてみた。すると稲株の根元の小さな草も抜けて浮いてくるので、有効だと確信した。

この除草器で初中期の除草に四～五回入れば除草効果は十分得られそうだ。軽くてスムーズに引ける（二〇aを縦横に引いて約一時間）ので仕事が楽しい(!?)。

毎年七月には、連日、手取り除草に田んぼに入り非常に苦労してきたが、昨年はイネミズゾウムシの被害を受けた田の周辺部分のみの手取り除草ですんだ。大きな成果だった。イネ刈りも、コンバインのデバイダーに引っかかるコナギで苦労することもなくスムーズに作業できた。無農薬米づくりを始めて一五年になるが、もっとも満足のできた年となった。

今年は、有機稲作研究会のメンバー全員分を製作し、それぞれ一台ずつ使おうという話になっている。この二月に全員が集まり、一日半の協同作業で一〇台を製作した。材料費は一台一万円弱だ。今年の米づくりが楽しみでメンバー一同、例年にも増してワクワクしている。

現代農業二〇一〇年五月号　チェーン除草機　どんどん進化中　ハウスのビニペットスプリングを利用

ワイヤーロープでガリガリ除草

根津健雄　新潟県十日町市

除草器は軽く、ガリガリ力は強く

草対策に万能な方法は求めず、焦らず地道に、田んぼや自分にあった方法を探しています。これまでは市販の歩行式除草機（あめんぼ号やミニエース）を利用して、初期除草にはチェーン除草（あめんぼ号を利用した牽引式）を活用してきました。

しかしチェーン除草は、土を攪拌する力を強めるのに、大きなチェーンを使ったり、チェーンの間隔を狭めたりする工夫が必要で、結果として除草機が重くなってしまいます。乗用田植え機等に装着すると重さは気になりませんが、労力の続く限りは自分の足で、土の感触を確かめながら、イネや草の様子を見ながら作業したいと考えています。

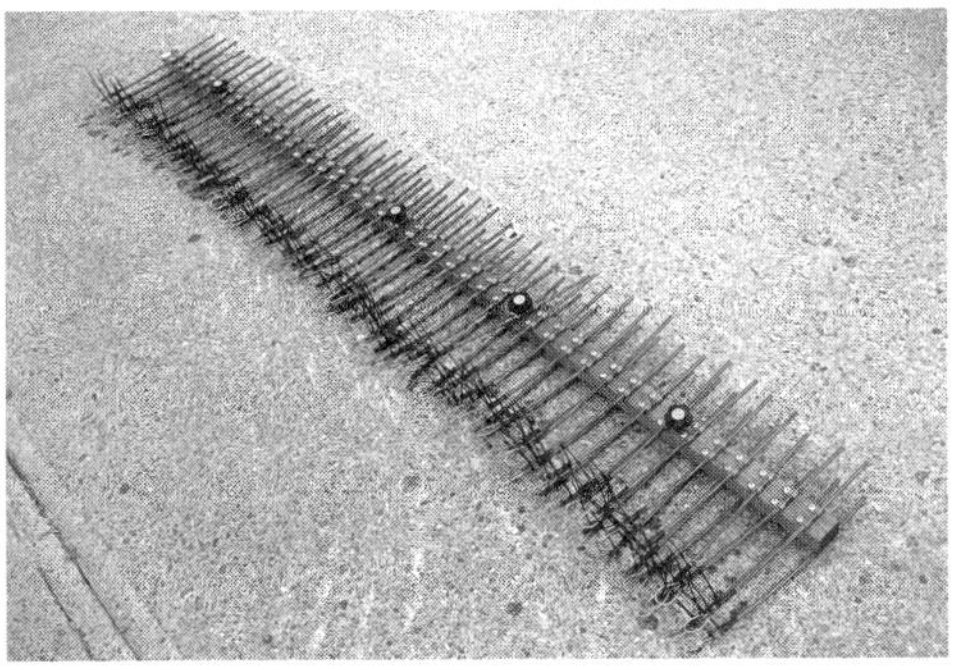

ワイヤー除草器の幅は約180cmで、同じ幅のチェーン除草器の3分の1以下の重さ。木の角材にワイヤーをナイロンクリップと皿ネジで固定する

ワイヤー除草器の1号機と2号機を取り付けたあめんぼ号と筆者。5haのうち1haでこの除草器を使う。平均的な田んぼでは、田植え5日後から始めて、1週間おきに計3回除草

そこで、田面を削る力（以下、ガリガリ力）を利用しようと考えました。材料が入手しやすいこと、自分で加工ができること、コストが抑えられること、ガリガリ力の調整が可能なことからワイヤーに着目しました。

ワイヤーの輪っかで絡め取る

切断したワイヤーを木材から垂らした一号機は非常に軽く、一定の効果が確認できました。そこで、さらなる軽量化と強いガリガリ力を目指して、二号機では次の点を改良しました。

▼被覆ワイヤーロープを使用。被覆なしのワイヤーよりもコストは高くなりましたが、より軽量になった。除草幅はもっと広げられそう

▼先端に細いワイヤーで作った輪っかを装着した。輪っかで草を絡め取るので、除草効果がより高まった

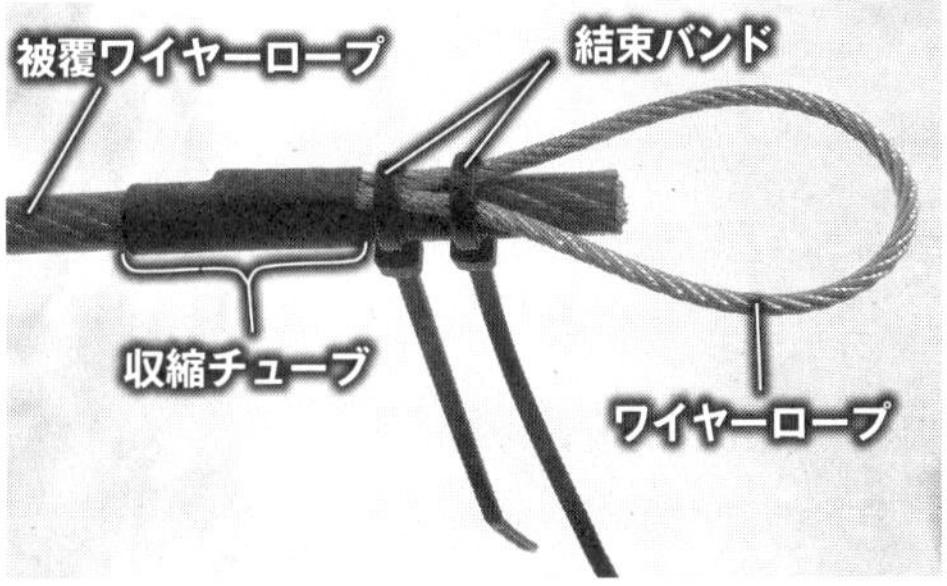

ワイヤーの先端。被覆ワイヤーロープの先端に輪っかにしたワイヤーを結束バンドで固定し、収縮チューブをかぶせる。熱湯につけて、収縮チューブを密着させる

田面に押しつけるようにしながら、ゆっくり歩きのスピードで進んでいきます。田んぼの水を落とさずに作業できること、ワラや草がワイヤーに絡まっても比較的取り除きやすいことなどの利点もあります。

今年はワイヤー除草器での除草体系を組むとともに、行政等と「全国手作り除草器活用研究会」を発足して、知恵を交換したいと思っています。

現代農業二〇一二年五月号　進化する手作りの除草器　ワイヤー除草器

エアー除草機
空気のパワーで一網打尽

小野寺一博　山形県遊佐町共同開発米部会

ホースの先から田面に吹き出す空気の力で除草（エアー除草機2号機）

ホバークラフトで雑草が浮いた

遊佐町共同開発米部会で除草剤を使用しないイネづくりを始めて一〇年。手押し、自走、乗用の各除草機やコイ除草、墨汁流し込み、紙マルチ、米ヌカ、クズ大豆など、可能性のありそうな除草法は何でも試してきた。

そんな中、ホバークラフトを利用した除草剤散布のデモを見学中に、水面に雑草が浮かんでいたのを発見。このとき「エアー（空気）を利用した除草機ができるのではないか？」と着想し「エアー除草機」の作製に取り組みはじめた。

エアーで表層の土を動かして初期の雑草を根絶やしに

エアー除草機は軽量の作溝機にエンジンブロワーを載せ、送り込んだエアーを塩ビパイプやホースを通して田面へ吹きつける仕組み。空気の力で田んぼの土を攪拌して、一葉～二葉程度の雑草を浮かせることができる。

この除草機の利点は、田植え二～三日後の初期段階から使用できること。これまで使ってきた回転式の自走式除草機だと雑草を抜きながら苗も倒してしまう。とくに米ヌカを入

エアー除草機（1号機）。作溝機の溝切り部は外して、ハンドル付近にブロワーを搭載

れてトロトロ層ができている田んぼでは、苗がある程度育っていないと欠株になることもあった。

　ところがエアー除草機の場合は表層三〜四cmの泥を空気で攪拌するだけなので、活着後すぐに除草しても苗を傷めない。雑草がまだ弱い初期に叩けるし、しかも発芽前の雑草のタネを土に埋没させる効果もあり、他に比べて除草効果が高い。

　ただしエアー除草機で効果を高めるには、米ヌカペレットを散布してトロトロ層をつくり、泥が動きやすい状態にしておくことが条件となる。

ホースの長さを変えて除草ムラ減

最初につくった一号機は作溝機のスロットルを微調整できなかったため、操作性が悪いという問題があった。また、除草機を支える作溝機が少しでも傾くと、中心から離れたホースが水面に出てしまい除草ムラができた。

　そこで二号機では操作性のいい作溝機に交換。さらにエアーを吹きつけるホースを作溝機から遠ざかるほど長くして、多少傾いても除草ムラがでないように改良した。

　それでも作溝機自体の重量のため移動や旋回がしにくく、今後は軽量化を図らないといけないと考えている。作溝機を使うのはやめて、背負いの動力散布機の噴口に現在のような除草部を取り付けてフロートで水面に浮かせてはどうかと、三号機の構想を練っているところだ。

現代農業二〇一一年五月号　続々登場　アイデア除草機　空気の力で一網打尽　エアー除草機

株間に残るコナギに四つの除草器具

今回の試験で最も除草効果が上がったポリ製ほうき除草器。イネの上をほうきが泥を引きずりながら株間の草を抜いていく

安達康弘　島根県農業技術センター

機械除草では株間のコナギが問題

島根県では「環境を守る農業」の一環として「除草剤を使わない米づくり」を推進し、機械除草を中心に深水管理などを組み合わせた除草法をすすめています。品種に「きぬむすめ」を選定したのは、県内の奨励品種の中で最も熟期が遅く生育期間も長いので、機械除草や深水で生育が停滞しても茎数が確保できると考えたからです。

ただ、この方法では株間に残るコナギが問題になります。一般的に機械除草では、イネのない条間はきれいに除草できますが、イネを傷めずに株間の除草効果を高めるのは難しいです。そこで水田除草機の後部に、チェーンやほうきなどを利用した四種類の除草器具を取り付けて、コナギを除草できないか試してみました。各除草器具の作り方や特徴は写真や表をご覧ください。

隙間の少ない除草器具ほど好結果に

各除草器具を取り付けた水田除草機で田植え五日後に除草を行ないました。その結果が図です。「ポリ製ほうき」と「チェーン細め・二叉」が株間のコナギに対する効果が高く、一切除草しない無除草区に比べて二〇％以下に減少しました。

「チェーン細め・二叉」は「チェーン太め」に比べて株間のコナギが少なくなりました。二叉にしてチェーンのすき間を狭くしたことが、この結果に結びついたと考えられます。「ポリ製ほうき」も同様に「竹枝製ほうき」よりも毛先が密なので、子葉期の小さなコナギにヒットしやすかったのではと思います。

イネの欠株率はいずれの器具も一％以下で収穫には問題ない程度。水面に倒れたイネもありましたが、二～五日で立ってきました。これらの器具で除草効果を高めるには、コナギが小さい時期（子葉～一葉期）に除草を行なうのがポイントです。

最後に、前述のような除草器具を取り付ける方法は、除草機の正規の使用法ではありません。作業・移動時の安全や除草機の耐久性に十分ご注意いただき、各実施者の責任においてお願いします。

現代農業二〇一一年五月号　続々登場　アイデア除草機　株間のコナギ対策に5つの除草器具を考案

各除草器具で除草直後に田んぼに残ったコナギの数

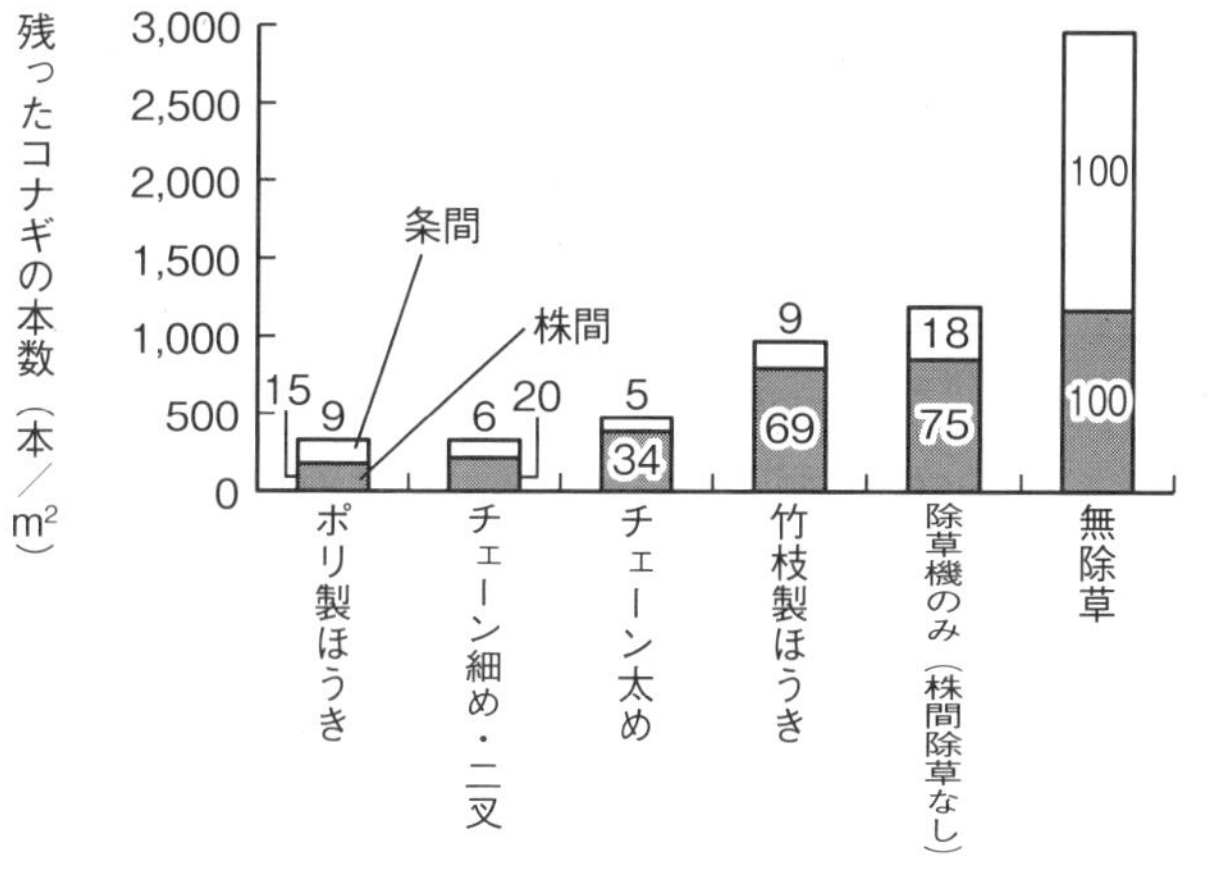

試験は田植え5日後、水田除草機に各器具を取り付けて実施。このとき水田除草機は、除草具を使用せず、条間除草ロータのみ作動させた。株の中心から左右5㎝の範囲を株間、それ以外の範囲を条間として、除草後すぐに残ったコナギを数えた。

数字は無除草区の株間と条間のコナギの数を、それぞれ100としたときの割合（%）

各除草器具の特徴

①ポリプロピレン製ほうき	毛先が密なので雑草に当たりやすい。上側からかける重さを工夫すれば、除草強度を自由に変えることができる
②竹枝製ほうき	身近な自然の材料を活用できる。製作費はかなり安いが、竹枝のほうきも手作りする場合は手間がかかる
③チェーン細め・二叉	二叉にすることでチェーンのすき間を狭くして、除草効果の向上をねらう
④チェーン太め	一般的なチェーン除草器具。太め（重め）のチェーンで除草効果の向上をねらう

①ポリ製ほうき

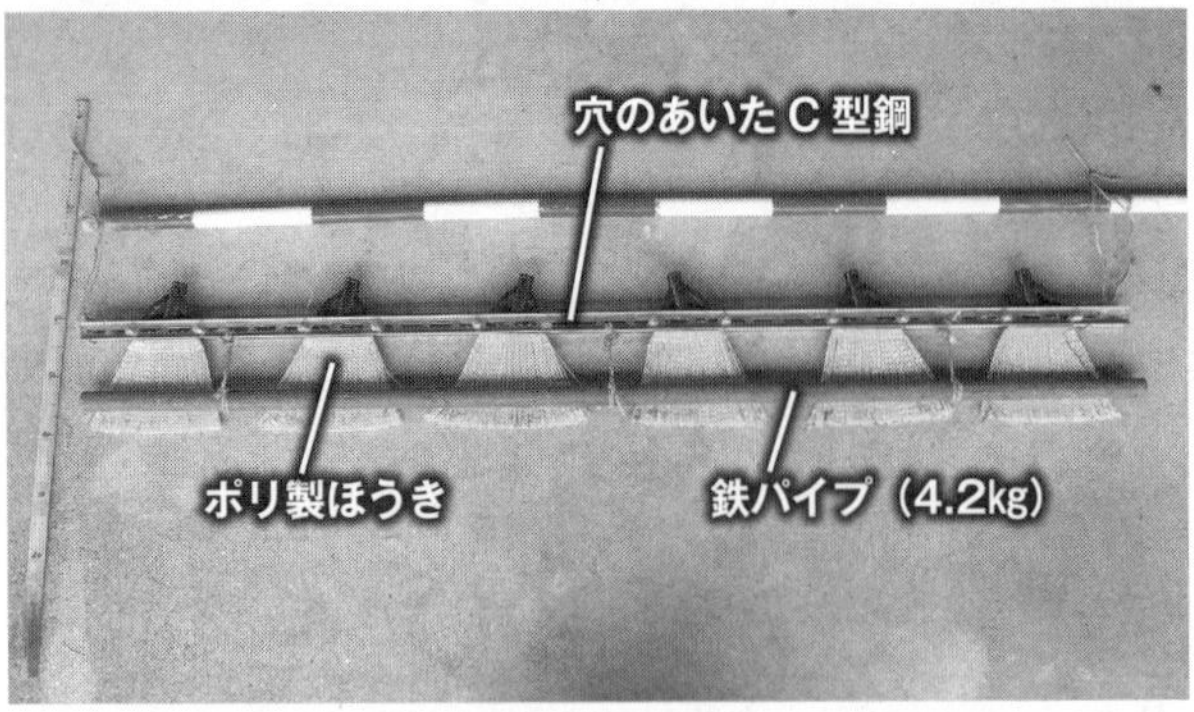

市販のポリ製ほうきの柄を取り除き、穴のあいたC型鋼（1800×30㎜）2本にほうきを挟み、ボルトとナットで固定。ほうきはイネの上にくるように配置する。鉄パイプ（今回は4.2kg）を取り付けて、ほうきが浮かばないように上から重さをかける。製作費は7000円程度

②竹枝製ほうき

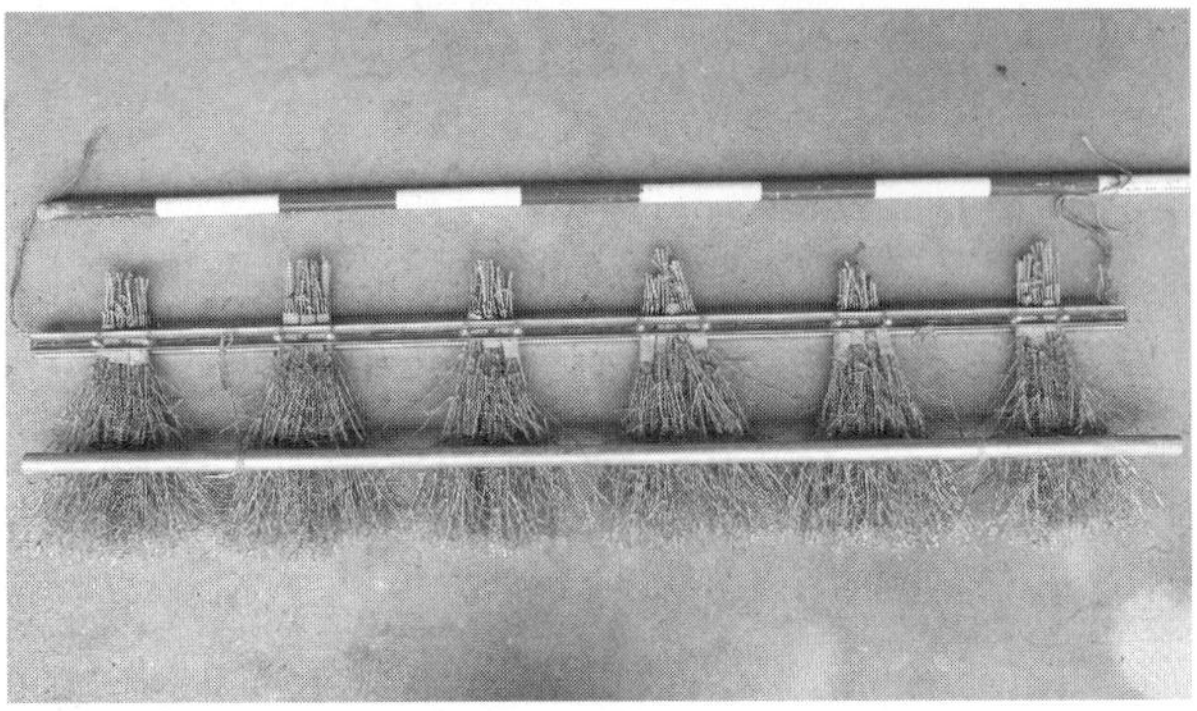

竹の枝を組んでほうきをつくる。組み立て方はポリ製と同じだが、パイプの重さは2kgにした。製作費は5000円前後

③チェーン細め・二叉

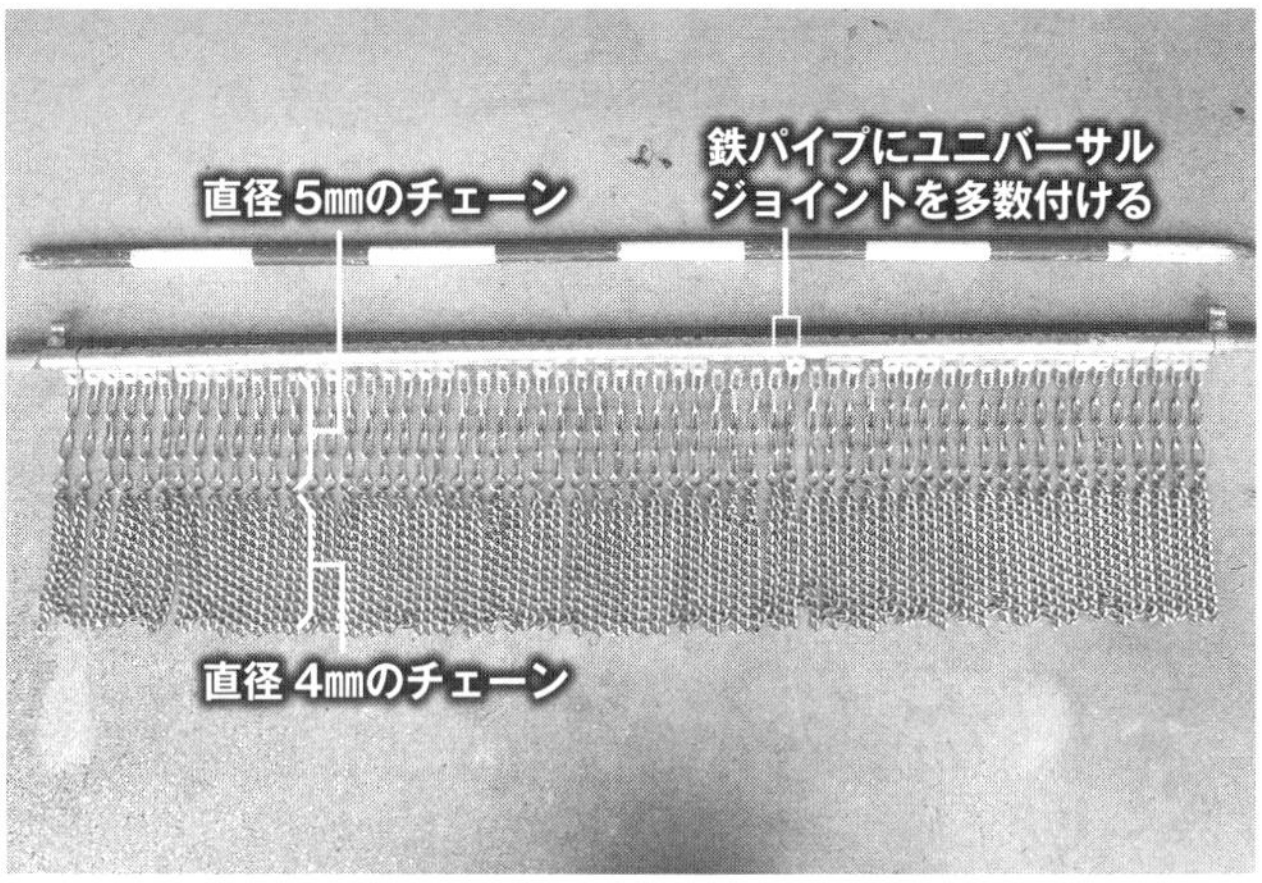

鉄パイプにユニバーサルジョイントを用いて、チェーンを縄のれん状に取り付ける。チェーンの長さは約40㎝で、先端側20㎝は直径4㎜のやや細めを二叉にする。製作費は2万6000円前後

④チェーン太め

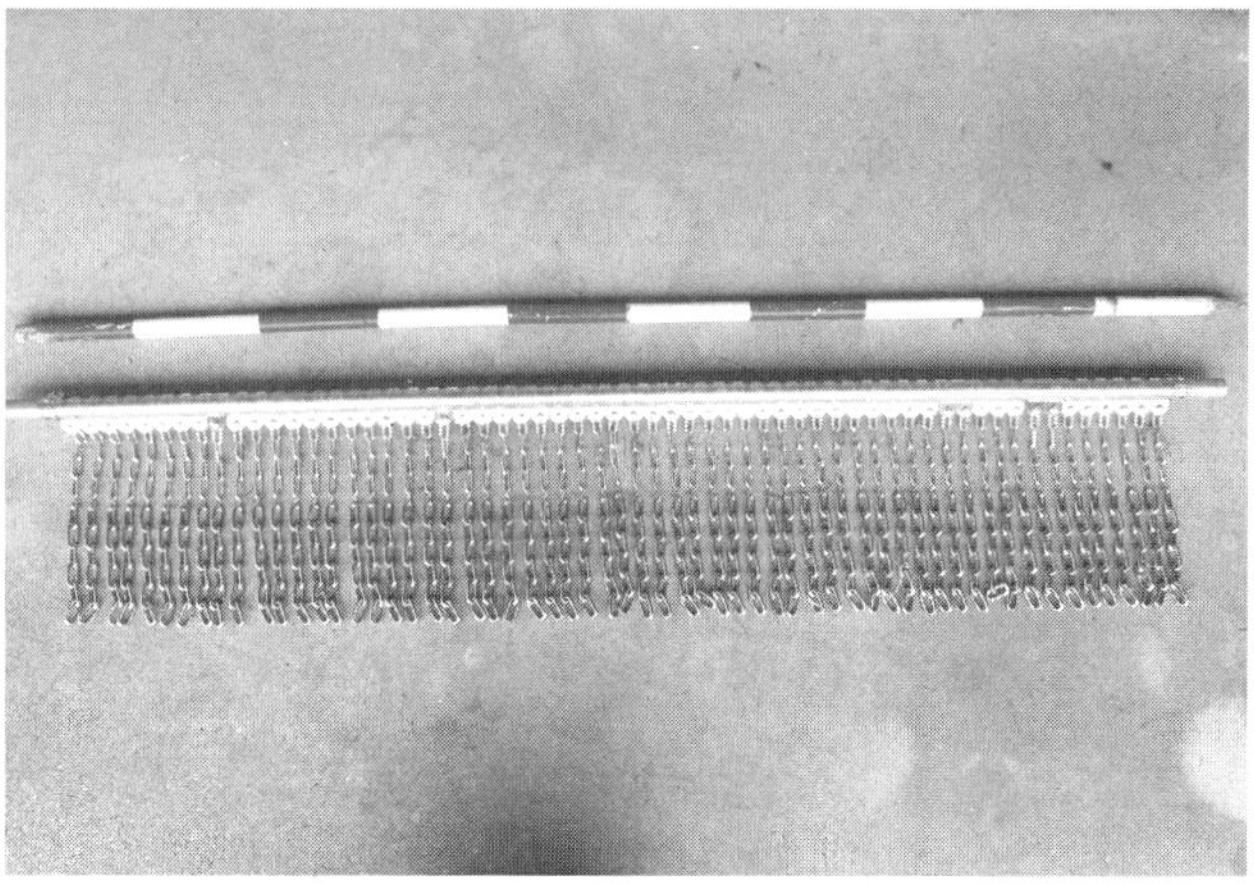

組み立て方は二叉のものと同じ。先端側20㎝は直径6㎜のやや太めのチェーンを用いる。製作費は3万2000円程度

株間のコナギにチェーンとブラシの除草器

安達康弘
島根県農業技術センター

どうしても残る株間のコナギ

水稲の有機栽培では雑草対策、とくにコナギの除草が大きな課題です。機械除草は有効な手段の一つですが、イネの株元（以下、株間）にコナギが残りがちです。最近は、株間も除草できる除草機が市販されていますが、それでも条件によってはコナギが残ります。

チェーンとコートブラシを組み合わせた「チェーン・ブラシ除草器具」についての試験結果を紹介いたします。

収量一〇%増に成功

水田用除草機だけでは、七月上旬のコナギの無除草比（無除草区の残ったコナギの重量を一〇〇としたときの割合）は三〇〜四〇%で、残ったコナギのほとんどが株間のものでした。いっぽう、チェーン・ブラシ除草器具を取り付けたところでは、コナギの無除草比は数%にまで大きく減少しました。これは株間のコナギが顕著に減少したためで、チェーン・ブラシ除草器具の効果と考えられます。

除草した翌日にはイネはほとんど起き上がり、欠株は除草機だけの場合と同じか、少し多い程度でした。欠株がほとんど増えず、コナギも減少したため、収量は除草機だけの場合に比べて一〇%近く向上しました。

この器具で除草効果を高めるポイントは、コナギが小さい時期（子葉〜一葉期）にまず一回目の除草を行なうことです。また、試験結果はあくまでも除草機に取り付けた場合です。人力や田植え機で引っ張る場合は、土の表面が軟らかい状態でないと、十分な除草効果が得られないので注意が必要です。ただし、土の表面が軟らかすぎるとブラシによって、イネが土に埋まってしまいますので、ブラシを取りはずしてチェーンのみで使用することをおすすめします。なお、チェーン・ブラシ除草器具の製作費は三万〜四万円です。

チェーン・ブラシ除草器具
チェーンとブラシで土の表面を削り取るようにして、草を抜く。これまでの試験で好成績だった「二股チェーン除草器具」と「ポリ製ほうき除草器具」から着想を得た。水田用除草機の正規の使用法ではありません。各実施者の責任において器具を取り付けてください

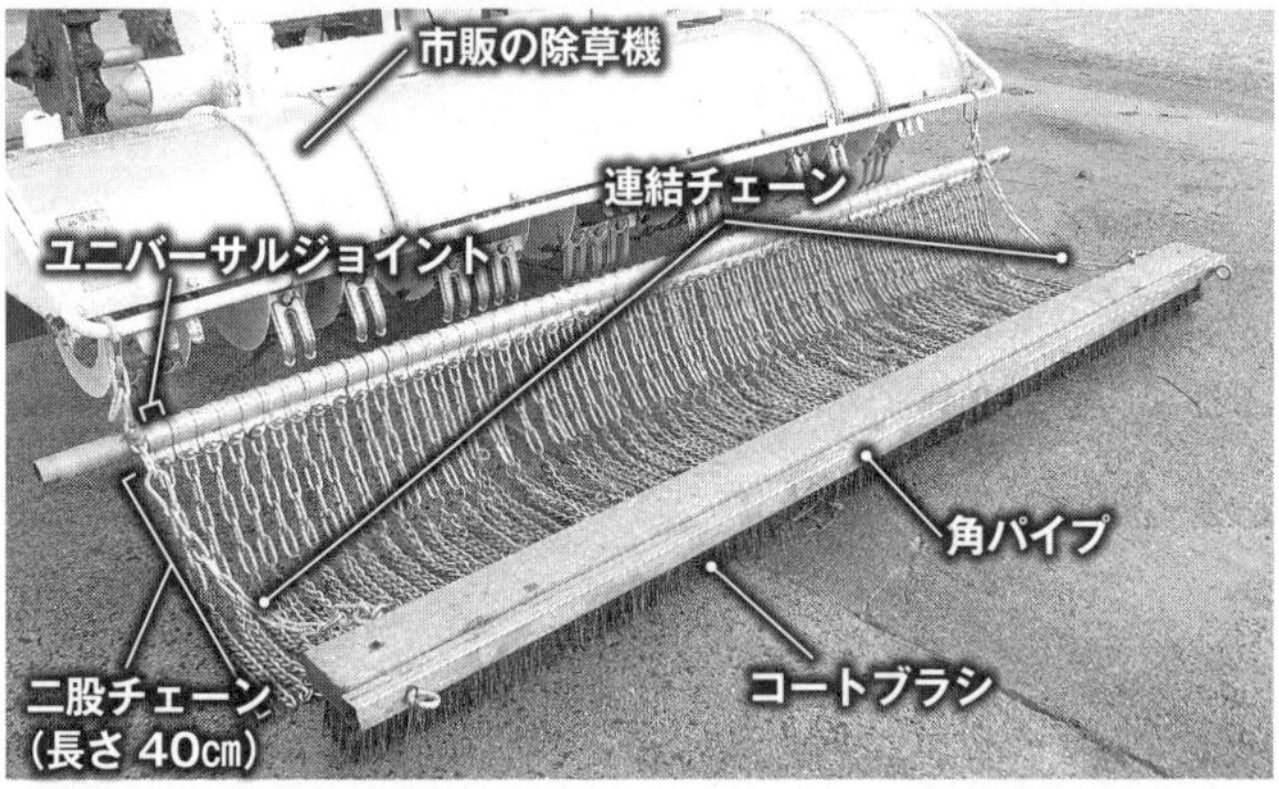

連結チェーンで、本体と二股チェーン、コートブラシをつなぐ
二股チェーン……鉄パイプにユニバーサルジョイントを用いて、チェーンをのれん状に取り付ける。パイプ側に線径5mmのチェーン、先端の二股部分20cmには線径4mmのチェーンを使用
コートブラシ……シダ製のブラシ（毛の長さは6cmほど）を長さ2mになるように切断して使用

現代農業二〇一二年五月号　進化する手作りの除草器　チェーン・ブラシ除草器

米ぬかペレット＋高精度水田用除草機＋深水による雑草抑制技術

東　聡志　新潟県農業総合研究所

第1図　高精度水田用除草機による除草作業のようす

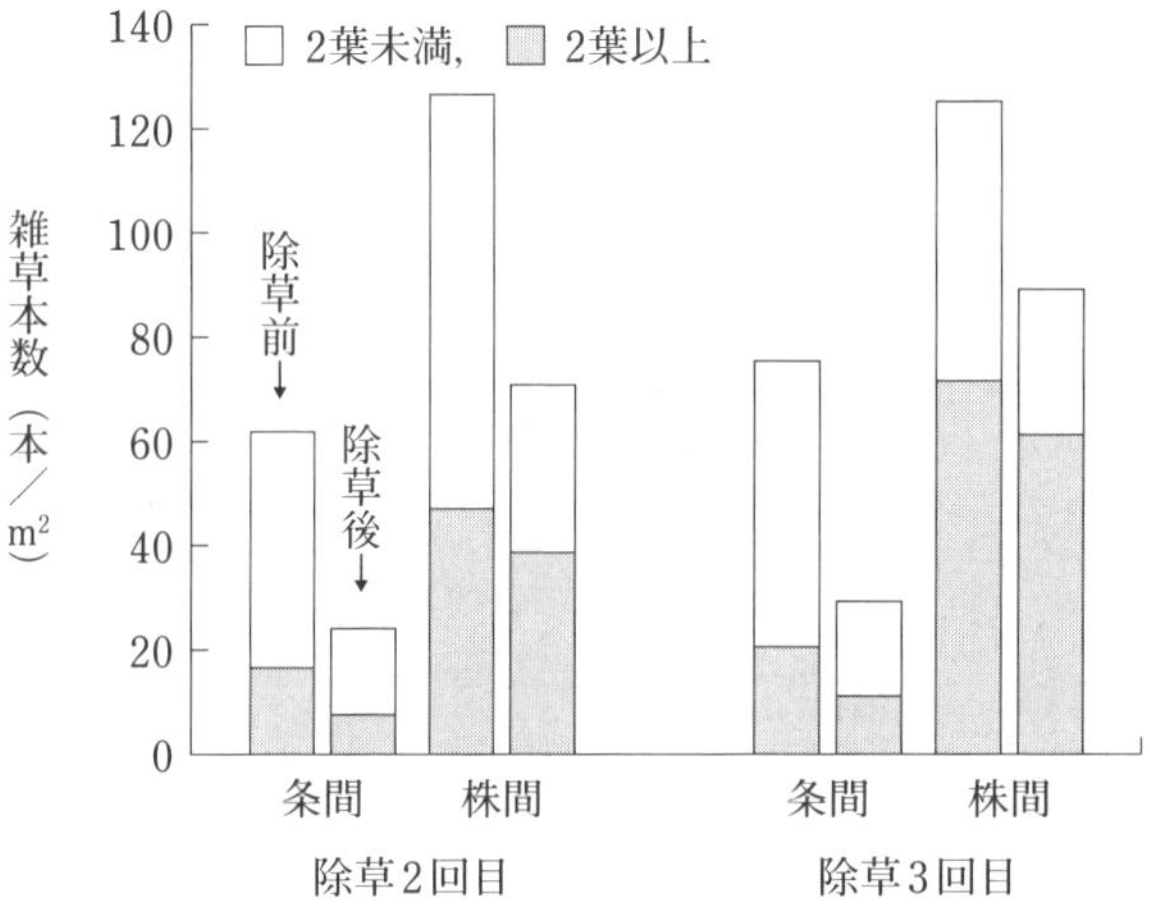

第2図　ノビエ葉齢別の除草効果

除草剤に頼らない雑草管理法として、「紙マルチ栽培」や「合鴨稲作」、その他多様な試みがなされているが、労力コスト面や除草効果の安定性はいずれも十分とはいえない。

省力的で安定した雑草管理法の確立をめざして、機械除草の一種である高精度水田用除草機による除草と深水管理、米ぬか散布を組み合わせた雑草管理法について検討した。得られた成果についてここで紹介する。

1　各除草法の特徴と試験のねらい

1　高精度水田用除草機

除草剤以外の雑草管理の主な手段のひとつとして、機械除草がある。従来から、機械除草は、条間を動力ロータ－で中耕し物理的に除草する歩行型の中耕除草機が一般的であるが、近年開発・実用化された高精度水田用除草機（第1図）は、八条を高速で除草するため、作業能率は毎時三五a程度で、三条の中耕除草機に比べ約三倍向上している。また、中耕除草機ではできなかった株間の除草についても揺動ツースにより可能となっている。

　利用法は、移植後一〇日おきに計三回の除草作業を基本としている（東ら、二〇〇三）。

しかし、完全な雑草除去は困難で、とくに株間については条間に比べて残草数で二倍以上であり、除草効率は劣る。とくに除草時期が遅れてノビエの葉齢が二葉以上になっている場合、除草効果が著しく低下する（第2図）。このため、除草効果の安定向上には、雑草の発生を遅らせ、生育を抑制する技術の組合わせが課題となっていた。

第1表　雑草管理試験区の技術内容

区　名	機械除草1)	米糠散布2)	水管理3)（平均湛水深）
深　水	—	—	深水（5～6cm）
機　械	3回	—	慣行（3cm）
機械＋深水	3回	—	深水（5～6cm）
機械＋深水＋米糠ぬか	3回	○	深水（5～6cm）
機械2回＋深水＋米糠（2004のみ）	2回	○	深水（5～6cm）

注　1）高精度水田用除草機を使用。除草期日は機械区，機械＋深水区，機械＋深水＋米ぬか区は2003：5/22，6/2，6/10，2004：5/20，5/29，6/8。機械2回＋深水＋米ぬか区は2004：5/20，5/29

2）移植翌日5/13に米ぬかペレット100kg/10aを散布

3）水管理：中干し開始は6月下旬

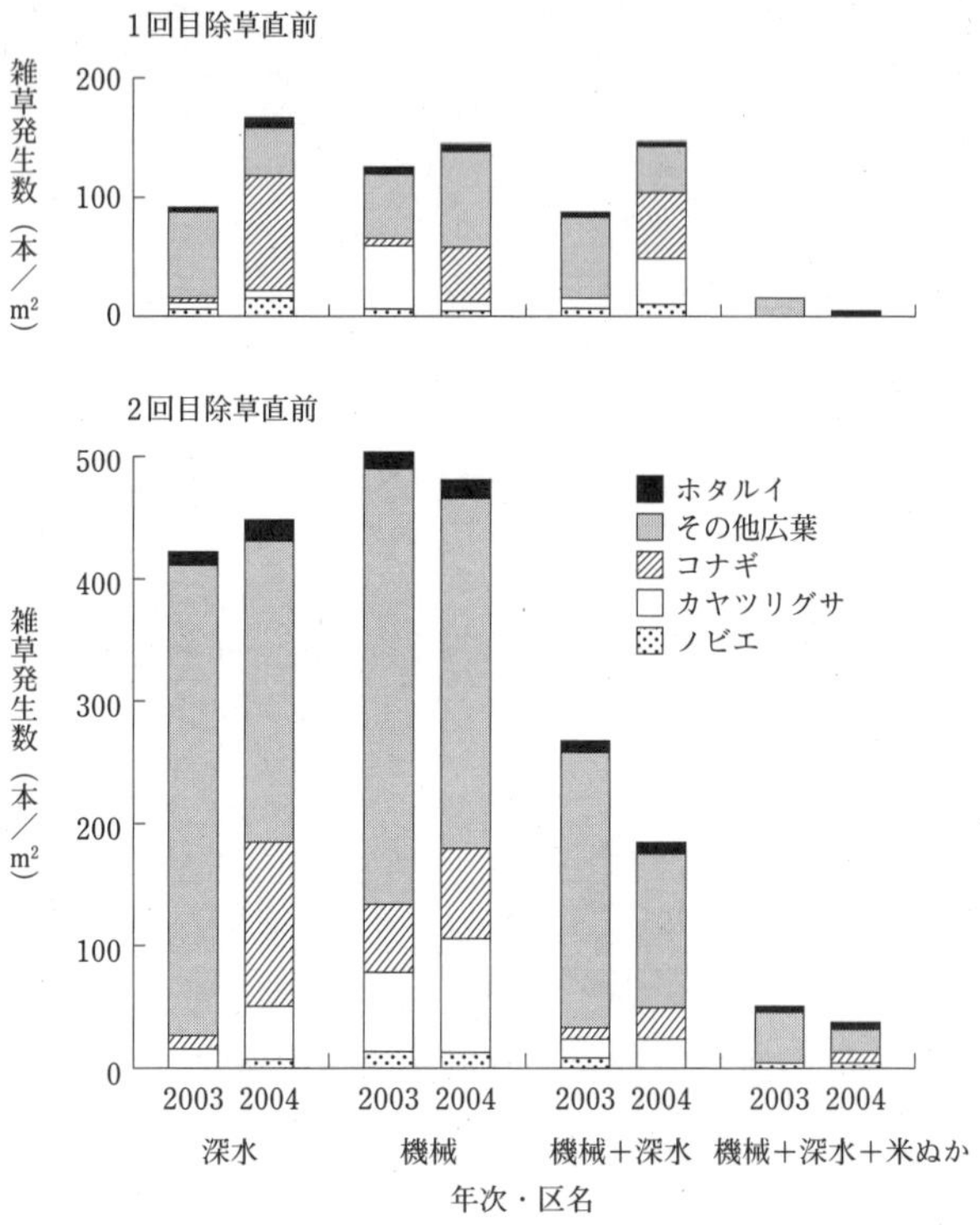

第3図　1回目、2回目除草直前の雑草発生数

調査日2003年：1回目5/22、2回目6/2

2004年：1回目5/20、2回目5/29

2　米ぬか除草と深水管理

有機栽培農家の間で実施されている機械除草以外の耕種的な除草技術として、いわゆる米ぬか除草と深水栽培があり、これらは併用して利用される事例も多い。

　米ぬか除草（米倉ら、二〇〇〇・中山ら、二〇〇二）は、移植後に土壌表面散布された米ぬかの微生物分解による有機酸の発生や、土壌表面の還元化による酸欠状態が雑草種子の発芽を阻害し、雑草発生を抑制するものである。散布適量は一〇〇～二〇〇kg／一〇aで、散布時期は移植後まもなくの雑草発生始期が効果が高いとされる。しかし、粉体のままの米ぬかの散布は作業が非常に困難なうえ、散布後も米ぬかが水面を浮遊するため、吹き寄せにより散布ムラが生じやすい。こうした欠点を補うために考案されたのが米ぬかのペレット化である。ペレット化することで動力散布機での散布が可能となり、またペレットは散布後すぐに沈むため、比較的容易に均一散布が可能となった。また、ペレット化による除草効果の低下はみられない（室井ら、二〇〇三）。

深水栽培は、深水管理（佐々木、一九九二・田中ら、二〇〇二）による地温・酸素濃度の低下や、遮光による雑草発生の抑制効果を利用するものである。水深三cm以上でホタルイは顕著に出芽が低下し、ノビエは一五cm以上で枯死するとされる。湛水深が深いほど抑草効果は高いが、反面、水稲生育への影響も大きくなるという問題がある。

以上のように、米ぬか除草および深水栽培は、本田の比較的早い時期において雑草の発生と生育を抑制する効果があるものの、それぞれ単独もしくは併用でも、栽培期間全期にわたって十分な除草効果が得ることは難しいと考えられ、さらに他の除草管理を併用することが必要である。

そこで、これらの耕種的除草法と、高精度水田用除草機を組み合わせることで除草効果の向上安定をねらった。供試品種は〝コシヒカリBL〟で、現地圃場で本田無農薬栽培を二年間継続実施した。検討した雑草管理技術は、第1表のとおりである。

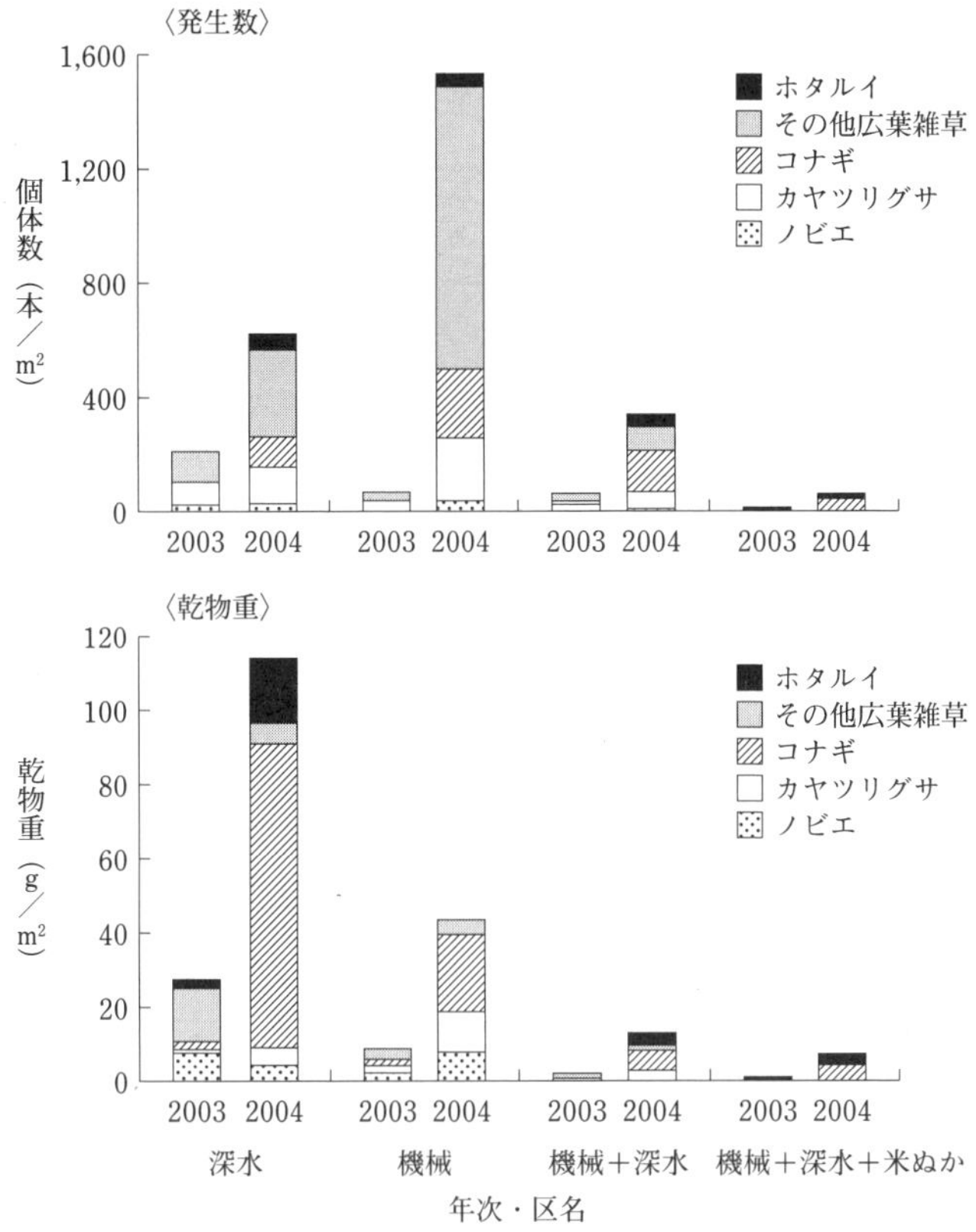

第4図　最高分げつ期の雑草発生量
調査日は2003年：7/1、2004年：7/2

2　除草効果

1　本田初期の雑草発生

一回目除草直前（移植約一〇日後）の雑草発生数を第3図上段に、二回目除草直前（移植約二〇日後）の雑草発生数を下段に示した。「機械＋深水区」の発生数を慣行水管理の「機械区」と比べると、一回目除草直前では同程度～やや少なく、二回目除草直前では明らかに減少し、機械除草と深水管理の組合わせによる抑草効果の向上が認められた。

「機械＋深水＋米ぬか区」では一回目の除草前から雑草発生が抑制され、二回目除草前でも雑草発生数は他区の二〇％以下と少なく、米ぬか散布を組み合わせた区は抑草効果がいっそう顕著であった。

2　本田中期の雑草発生

七月初旬の最高分げつ期の雑草発生量を、発生数と乾物重別に第4図に示した。

初年目の雑草発生量は発生数、乾物重とも「深水区」＞「機械区」＞「機械＋深水区」＞「機械＋深水＋米ぬか区」の順となり、「機械＋深水＋米ぬか区」では雑草発生はほとんどみられなかった（第5図）。

第5図
最高分げつ期の雑草の発生状況（2003年）
左上：機械＋深水＋米ぬか区
右上：機械＋深水区
左下：機械区
右下：深水区

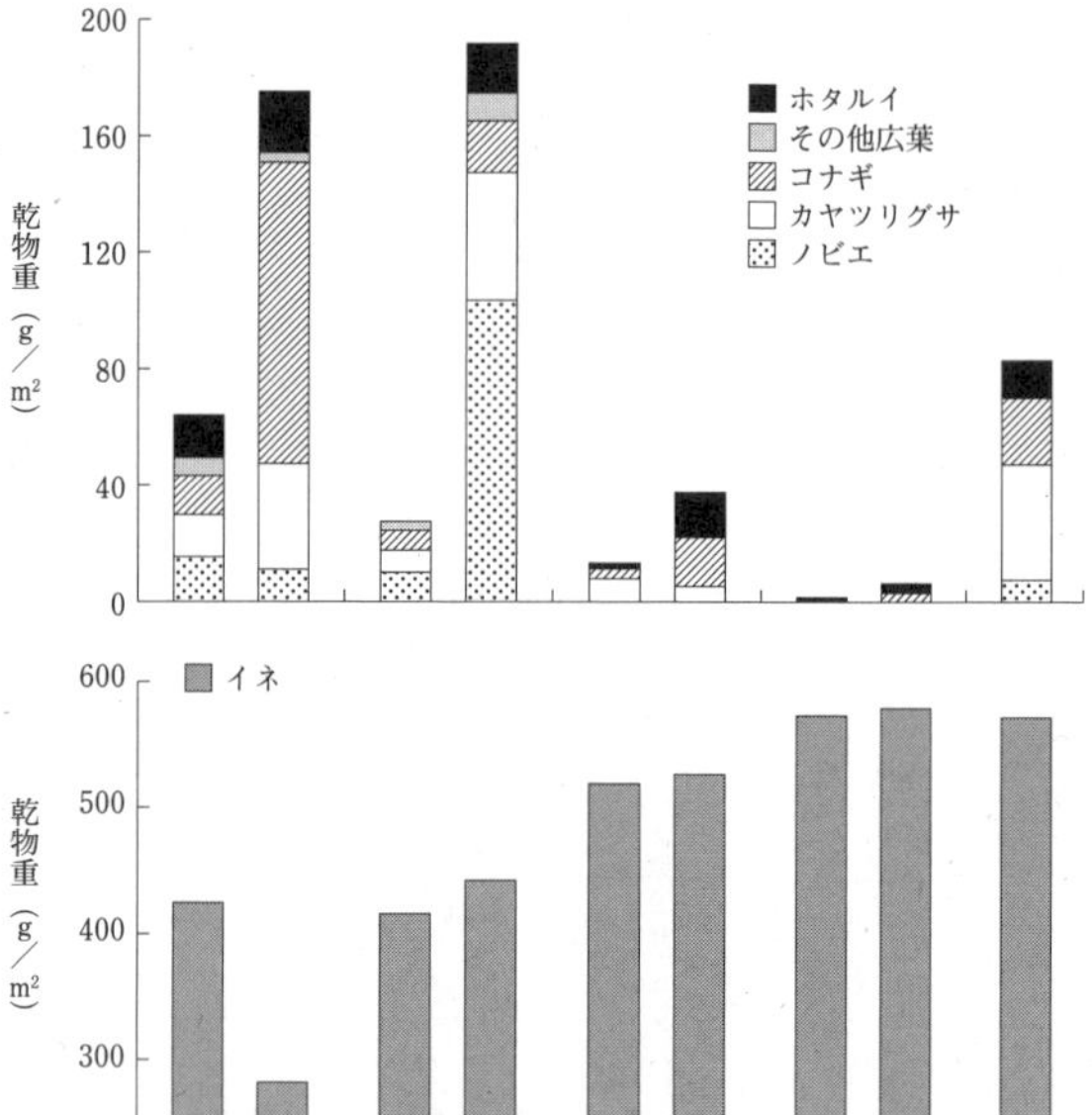

第6図　出穂期の雑草およびイネの乾物重
同左2回：機械2回＋深水＋米ぬか区
出穂期は2003年：8/12、2004年：8/8

試験二年目の雑草発生は、各区で増加した。とくに発生数では「機械区」のアゼナ、アゼトウガラシ、タデなどのその他一年生広葉雑草が目立った。また乾物重ではコナギが全区で増加したが、カヤツリグサ、ノビエは慣行水管理の「機械区」のみで増加が目立ち、逆にホタルイは深水管理を行なった三区（「深水区」「機械＋深水区」「機械＋深水＋米ぬか区」）で増加した。これらのことから、五～六cm程度の水深条件はカヤツリグサ、ノビエ、その他広葉に対しては抑草効果があるが、水性雑草であるコナギ、ホタルイに対し

第2表　1回目除草直前のイネの活着初期生育と、機械除草前後の欠株率

年次	移植後の気象	区名	草丈 (cm)	葉齢 (葉)	引抜抵抗 (kgf/株)	欠株率の推移（%）			
						除草前	1回目	2回目	3回目
2003	高温	機械＋深水	16.3	4.7	1以上	2	4	4	4
	多照	機械＋深水＋米ぬか	18.6	4.4	1以上	2	7	13	13
2004	小照	機械＋深水	14.4	3.3	0.65	5	15	16	16
	多雨	機械＋深水＋米ぬか	15.6	3.3	0.57	5	23	29	28

注　欠株率はそれぞれ同一株200株について調査

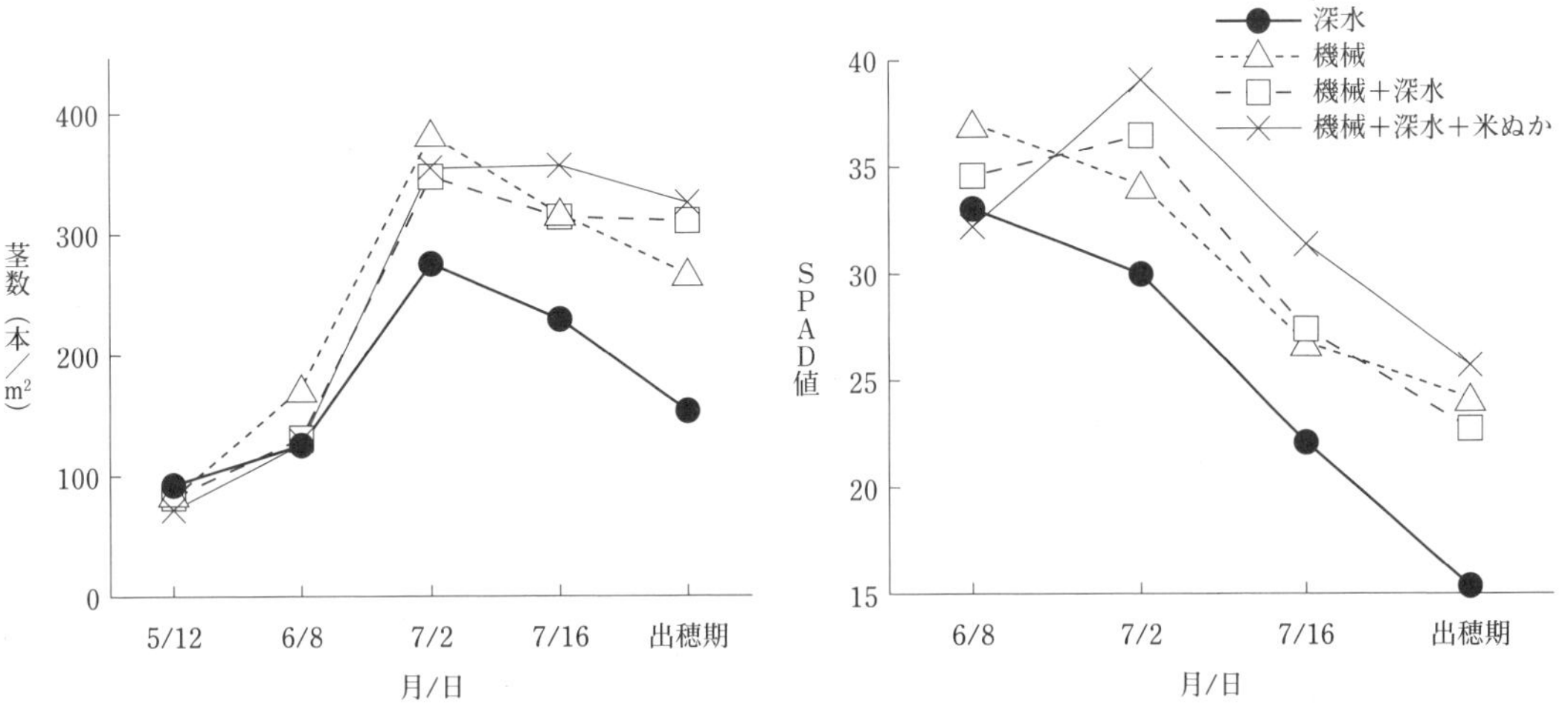

第7図　茎数および葉色（SPAD値）の推移（2004年）
出穂時の茎数は穂数を表す

第3表　収量構成要素および品質調査結果　(2003, 2004平均)

区　名	精玄米重 (kg/a)	同左比 (%)	穂数 (本/m²)	総籾数 (百粒/m²)	登熟歩合 (%)	千粒重 (g)	整粒歩合 (%)	玄米蛋白質含有率（%）
深　水	37.3	78	215	202	89	21.1	70.6	5.5
機　械	43.7	99	302	213	90	21.0	77.0	5.6
機械＋深水	44.7	100	293	226	90	21.0	77.0	5.5
機械＋深水＋米ぬか	51.0	118	314	251	90	21.1	78.5	5.7

ては効果が小さいことがわかる。

発生数と乾物重の関係から、二年目の雑草一個体当たり乾物重は、それぞれ「深水区」〇・一九g、「機械区」〇・〇三g、「機械＋深水区」〇・〇四g、「機械＋深水＋米ぬか区」〇・一gであり、「機械＋深水＋米ぬか区」の雑草（コナギおよびホタルイ）の一個体当たりの生育量は、「深水区」に次いで大きかった。このことから、機械除草＋深水＋米ぬか処理は雑草発生を抑制する効果は大きいが、機械除草時に取りこぼしたり、後次発生する雑草は生育量が大きくなることがわかる。これは除草作業後では競合する雑草が少ないことに加え、米ぬかの肥料的効果が生じるためと考えられる。

3　出穂期の雑草発生

出穂期の雑草発生量（第6図上段）は、全区で試験二年目に増加した。とく「機械区」では、最高分げつ期以降に、ノビエ、カヤツリグサによる雑草乾物重が大きく増加し、「深水区」と同程度になった。そのほか三区の雑草発生量は最高分げつ期とほぼ同様の傾向で、「機械＋深水＋米ぬか区」では最も少なく、二年目でも六g／㎡の乾物重であった。

米ぬか散布をすることで、それまで標準としてきた三回の除草作業のうちの一回を省略することが可能かを二年目に検討したところ、除草を一回省略した「機械二回＋深水＋米ぬか区」の雑草発生量は、「機械＋深水区」の約二倍と増加した。このことから、米ぬか散布することで機械除草三回目作業を省略することはできないと考えられた。

イネの乾物重（第6図下段）は、雑草発生量の多い区で減少する傾向があり、とくに二年目の「深水区」では顕著に減少した。また米ぬかを散布し除草回数を一回減らした区では、雑草発生がより少ない「機械＋深水区」と比較してもイネの乾物重は増加した。これは米ぬかの肥料的効果が、雑草との競合による生育抑制よりも大きく影響したためと考えられた。

4 除草効果のまとめ

以上から、移植翌日の米ぬかペレット散布、深水管理および移植後約一〇日おき三回の高精度水田用除草機による機械除草を組み合わせた雑草管理法は、除草効果が高く、深水管理や除草機のみの除草法や、除草機と深水管理の組合わせによる除草法に比べると、二年間の継続栽培における出穂期の雑草発生量を、それぞれ三％、三％、一六％に低減でき、除草効果の向上が示された。

3 除草管理とイネの生育

1 本田初期の除草作業と欠株

一回目除草直前のイネの初期生育と、機械除草前後の欠株発生状況を、第2表に示した。

欠株は一回目除草時に多く発生し、二、三回目除草時の発生はわずかであった。また、二〇〇三年に比べて二〇〇四年は増加した。二〇〇四年は一回目除草作業日が前年より二日早く、また移植後多雨少照で、深水管理と相まって初期生育が遅れ、活着が十分でなく引抜き抵抗が小さかったことなどがその要因と考えられる。

また、「機械＋深水＋米ぬか区」は欠株が多かったが、米ぬか散布をした区では葉身が伸長し、直立しないで水面に浮遊する傾向があり、除草作業中に葉身が、水流により除草機のローターに巻き込まれやすかったものと考えられた。

以上より、欠株発生は、移植した苗の活着力がまだ弱い一回目の機械除草作業時に発生しやすく、米ぬか散布により初期生育が遅れる場合はさらに欠株発生が増加する。このため、活着・生育の遅れにあわせて、一回目除草作業の時期を遅らせるなどの対応が必要と考えられる。

2 生育中期〜出穂期

試験二年目のイネの生育について、茎数と葉色を第7図に示した。「機械＋深水＋米ぬか区」の分げつは、「機械区」と比べて移植後一か月は少なく推移した。これは、深水と米ぬか散布の影響により、イネ生育が抑制されたためと考えられる。しかし、その後は回復し、最高分げつ数は「機械＋深水区」と同等で、また、有効茎歩合が高く、穂数は機械区をわずかに上まわった。これは最高分げつ期以降の葉色が濃いことからも、米ぬかの肥料的効果があらわれたことが要因のひとつと考えられる。

慣行の水管理の「機械区」では初期から分げつ旺盛で、最高分げつ数も多かったが、その後は葉色低下とともに有効茎歩合が低下した。これは水管理の違いによる地力発現の減少や、分げつ中期以降のノビエなどの雑草の旺盛な生育の影響によるものと考えられた。また、「深水区」では葉色が淡く推移し、穂数が極端に減少した。これは、雑草との競合により、イネの生育が強く抑制されたためと考えられた。

3 成熟期の生育、収量品質

成熟期の倒伏は、二〇〇三年には全区が中程度で差がなく、二〇〇四年は「機械＋深水＋米ぬか区」でやや多～多、その他の区では中程度であった。

二か年の平均収量は、「機械＋深水＋米ぬか区」で五一〇kg／一〇aとなり、他の区よりも多収となって、地域の慣行栽培の収量レベル五四〇kg／一〇aに近かった。「深水区」は雑草害で大きく減収した（第3表）。

「機械＋深水＋米ぬか区」で、葉色が最高分げつ期以降濃く推移し、二〇〇四年に倒伏程度が増加したのは散布した米ぬかの肥効が原因と考えられたが、整粒歩合「機械区」や「機械＋深水区」に比べるとやや高く、玄米タンパク質含有率は他区よりやや高いものの、五・七％にとどまった。この試験で米ぬか散布による品質食味への悪影響がなかった理由として、試験圃場が排水良好で地力が比較的低かったことが考えられるが、他地域でも圃場条件・地力に応じて減肥することで、米ぬか散布による倒伏や品質低下は回避できると考えられた。

以上から、米ぬかペレットと除草機および深水を組み合わせた除草法は、初期生育を抑制し機械除草による欠株発生を増加させたが、深水管理や機械除草のみ、またはその二つの併用よりも多収であり、品質低下もみられず雑草管理法として実用的で有望である。

4 留意点と今後の課題

1 欠株発生の低減

欠株発生は水稲の収量品質低下だけでなく、雑草の発生・結実につながるため、これを極力防ぎたい。健苗育成や本田活着促進にむけて栽培管理に留意するほか、高精度水田用除草機の利用を前提とした圃場準備や移植を行ない、除草作業時に適正な水深を確保し、水稲・雑草の生育状況にあわせて作業速度・強度を調節するなど、作業技術的な観点からの欠株発生防止が求められる。また欠株の発生が目立つ箇所では、補植を行なう必要があろう。

さらに有機栽培（無化学肥料栽培）を前提とすると、本田初期生育の確保にむけた肥培管理や栽植法など、根本的な栽培管理技術の改善が必要である。

2 除草効果の向上

雑草発生を遅らせるため、代かき後から移植までは湛水状態を保ち、その期間を短くする（三日以内）。

今回の短期間の検討でも二年目には雑草発生量が増加し、雑草の結実が目立った。長期的にこの除草法を利用するには、秋の結実雑草の抜とりも必要である。

この試験で有望であった「機械＋深水＋米ぬか区」でも、二年目には少数ではあるが大きく生育し結実するコナギが目立った。継続栽培するとコナギの発生が増加し、その発生量によって継続期間が限定されることが予想される。有機栽培を視野に入れて、三年以上の長期的な栽培を可能とするには、今後はコナギを主な対象として除草技術を改善し、さらに除草効果の安定向上をめざす必要があると考えられる。

農業技術大系作物編第2-2巻　米ぬかペレット＋高精度水田用除草機＋深水による雑草抑制技術　二〇〇七年

固定式タイン型除草機による除草方法－有機栽培への適用事例

臼井智彦　岩手県農業研究センター

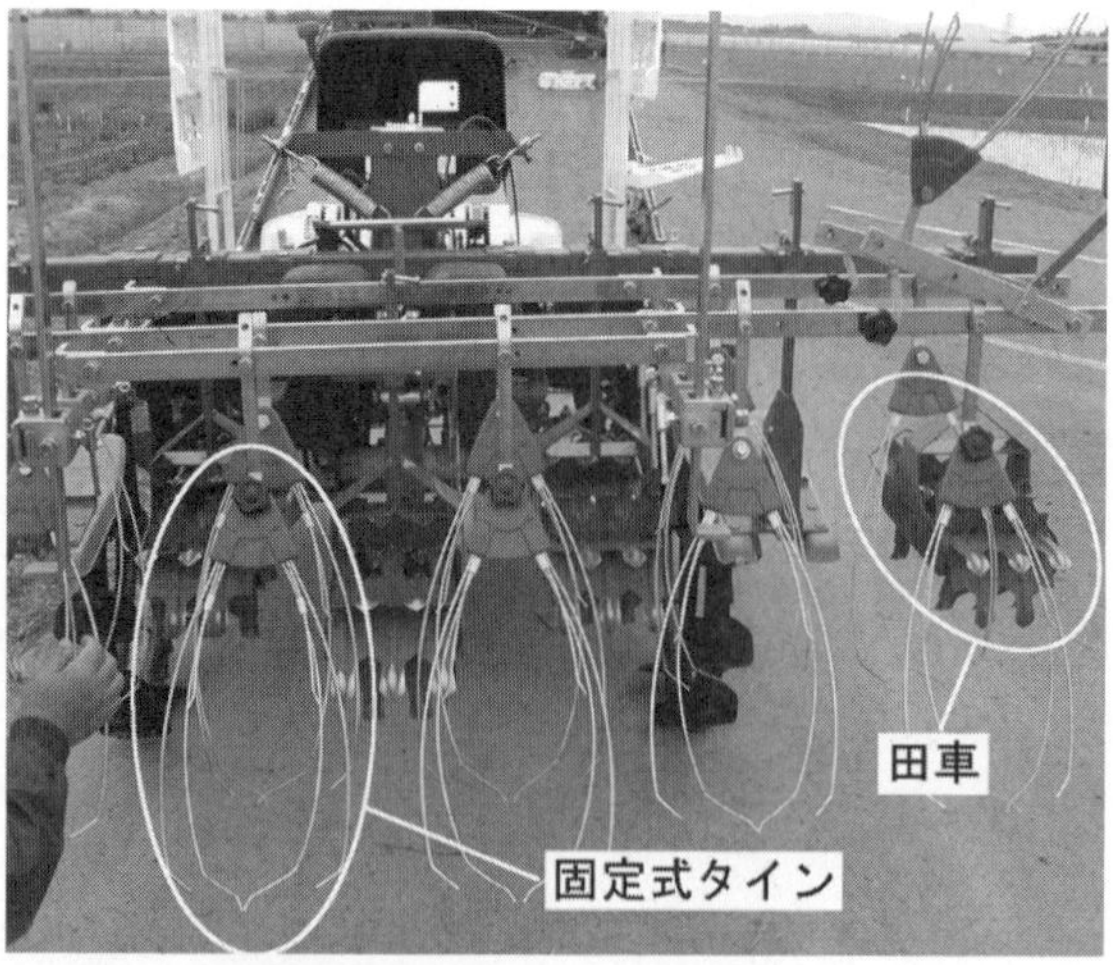

第1図　M社製固定式タイン型除草機

有機栽培農産物は化学合成農薬や化学肥料を使っておらず、より安全・安心なイメージがあることから、消費者の関心が高まってきており、面積は少ないものの、水稲を中心に全国各地で生産が行なわれている。しかし、水稲の有機栽培は、おもに雑草害のために収量が低く、除草に多大な労力を要することから、栽培農家数、面積ともに限られている。

水稲の有機栽培ではさまざまな除草方法が試みられており、除草精度の高い技術も開発されてきている。しかし、管理に大きな労力を要したり、圃場条件などによっては十分な除草効果が発揮できないことがあるなどの理由から、雑草問題の解決には至っていない。

このようななかで、比較的除草効果が安定していることから、機械除草が注目されており、歩行型中耕除草機が広く普及している。しかし、歩行型中耕除草機は、除草効果が条間に限定され、株間の雑草が多く残るとともに、水田内を歩行しながら除草することから、労力がかかり、広い面積をこなすことができないという大きな課題がある。

そのため、岩手県農業研究センターでは、乗用作業が可能で、株間の除草効果が期待できることから、北海道の畑作を中心に普及している固定式タイン型除草機に注目し、水稲栽培でも一定の除草効果があり、有機栽培に導入しうる技術であることを明らかにした。

1　固定式タイン型除草機の特徴

固定式タイン型除草機（第1図）は、「田車」が条間の土を攪拌し、雑草を埋め込むことで条間を除草し、「固定式タイン」が株間の土を軽く攪拌し、雑草を浮き上がらせることで株間を除草する。また、除草部分に動力を用いておらず、除草機が走行することによって除草機構が作動する。

固定式タイン型除草機のおもな特徴として次の三点が挙げられる。

第一に、株間の除草が可能であることである。現在普及している歩行型の中耕除草機は

第1表　機械除草＋2回代かき＋深水管理の除草効果

調査年次	調査日（月/日）	区分	ノビエ		ホタルイ類		コナギ		その他		合計	
			乾物重（g/m^2）	比（%）	乾物重（g/m^2）	比（%）	乾物重（g/m^2）	比（%）	乾物重（g/m^2）	比（%）	乾物重（g/m^2）	比（%）
2007	9/10	機械除草区	11.2	176.0	29.5	42.5	0.3	2.2	8.9	3.5	49.9	15.1
		無処理区	6.3		70.2		11.5		253.7		330.2	
2008	7/2	機械除草区	0.6	2.7	1.8	11.9	0.1	6.5	1.2	11.9	3.6	7.4
		無処理区	20.8		15.1		1.2		12.5		48.3	
	9/12	機械除草区	5.5	3.3	7.2	8.5	1.5	12.8	6.4	15.2	19.0	6.5
		無処理区	166.9		84.2		11.6		42.0		293.1	

注　その他に含まれる草種は，アゼナ類などの一年生広葉雑草，タマガヤツリ，ハイリなど

第2表　固定式タイン型除草機のみによる除草効果

調査年次	調査日（月/日）	区分	ノビエ		ホタルイ類		コナギ		その他		合計	
			乾物重（g/m^2）	比（%）	乾物重（g/m^2）	比（%）	乾物重（g/m^2）	比（%）	乾物重（g/m^2）	比（%）	乾物重（g/m^2）	比（%）
2006	10/2	機械除草区	69.6	22.9	0.5	12.8	—	—	10.4	131.9	80.4	26.1
		無処理区	303.6		3.6		—		7.9		308.7	

注　その他に含まれる草種は，アゼナ類などの一年生広葉雑草，タマガヤツリ，ハイリなど

除草効果が条間に限定されており、株間の雑草は手どりに頼らざるを得ない。株間の除草が可能ということは、除草剤を使わずに、機械除草だけで栽培するうえでは、最も重視すべき点と考えられる。

第二に、乗用作業が可能であることである。有機栽培であっても労力のかからない方法を選択することが経営面積の拡大につながる。このことから、歩行型と乗用型を比較した場合、乗用型の機種が有利である。

第三に、水稲への影響が小さいことである。近年、さまざまな方式の除草機が開発されており、株間の除草を効率よく行なうことのできる機種も開発されているが、動力を用いた除草では、機種によっては除草部分にイネを巻き込むことがあり、大きな損傷を与えてしまう場合がある。固定式タイン型除草機は除草部分に動力を用いていないことから、除草部分にイネを巻き込むことが少なく、損傷が小さい。

2　除草効果

固定式タイン型除草機を用いた除草試験では、荒代と植代の間を一四日とした「二回代かき」を行なったうえで、移植後七～一〇日に一回目の機械除草を行ない、その後、中干しまで、一〇日間隔で除草を実施している。また、中干しまでの間は水深一〇cm程度の「深水管理」を組み合わせることで、高い除草効果を得ることができる。

「二回代かき」は、荒代から植代を行なうまでの間に雑草を発生させ、植代によって、発生した雑草を埋め込むことにより抑草するもので、ノビエに対して有効な耕種的防除のひとつである（尾形ら、二〇〇四）。

また、「深水管理」によりノビエを抑草できることは広く知られており、有機栽培でも抑草技術のひとつとして利用されている。

この除草方法により、一年生雑草主体の圃場では、発生する雑草の八五～九五％を除去することができ、ほとんどの雑草に対して高い除草効果を示した（第1、2表）。しかし、量は少ないものの、コナギが残草し、開花・結実している場合がある。コナギは有機栽培で問題となっている草種のひとつであることから、発生量の推移を今後も注視していく必要がある。

一方、クログワイやシズイなどの多年生雑草の多発している圃場で実施した事例はなく、これらの草種への効果は評価できていない。

第3表　水稲の生育調査結果

試験年次	試験区	7月上旬		7月下旬		成熟期		
		草丈 (cm)	茎数 (本/m^2)	草丈 (cm)	茎数 (本/m^2)	稈長 (cm)	穂長 (cm)	穂数 (本/m^2)
2007	機械除草区	49.6	537 (90)	62.2	511 (88)	80.4	17.5	407 (89)
	慣行区	53.2	595	66.9	584	82.7	18.3	458
2008	機械除草区	46.9	552 (89)	62.2	504 (89)	78.1	17.7	399 (95)
	慣行区	44.8	620	67.6	566	78.5	18.7	418

注　7月上旬の調査日は，2007年が7月5日，2008年が7月7日
7月下旬の調査日は，2007年が7月25日，2008年が7月23日

第4表　水稲の収量および収量構成要素

試験年次	試験区	精玄米重 (kg/10a)	穂数 (本/m^2)	一穂籾数 (粒)	籾数 (千粒/m^2)	登熟歩合 (%)	千粒重 (g)	検査等級
2007	機械除草区	593 (94)	407	67.0	27.2	94.5	22.9	1上
	慣行区	631	458	65.2	28.5	94.5	24.1	1上
2008	機械除草区	497 (96)	397	58.3	23.0	93.6	22.7	1中
	慣行区	520	418	58.8	246	95.5	23.9	1中

注　精玄米重，千粒重は，1mm調製，水分15％換算

第5表　除草機の影響による欠株率

圃場の部位	欠株率 (%)	面積比率 (%)
直進部分	1.4	94.0
枕地	37.1	6.0
圃場全体	3.5	100

注　面積比率は30区画圃場（30m×100m）を想定し算出

第2図　枕地の欠株部分に多発したコナギ

3 水稲生育への影響

1 水稲の生育・収量への影響

この除草方法では、生育初期から機械除草と深水管理を行なうことから、水稲の生育を抑制してしまう場合がある。除草剤による除草と比較すると、分げつの発生が抑制され、穂数が少なく（第3表）、㎡当たり籾数が減少することで、収量が五％程度少なくなる例もある（第4表）。

2 欠株の発生状況

乗用型の除草機を使用する場合、車輪による踏みつけや、除草機構に水稲が巻き込まれることによる欠株の発生が心配される。実際には、直進作業部分では欠株率が一・四％程度であり、収量への影響はほとんどないと思われるが、除草機が旋回する枕地では三七・一％の欠株率となった例もある（第5表）。

また、枕地の欠株部分にはコナギが多発する場合が多く、圃場内の埋土種子量を増加させる可能性があることから、枕地にも欠株を発生させないような除草機の使用方法を検討する必要がある（第2図）。

4 作業能率と経済性の評価

この除草方法の最も大きなメリットは、作業能率の高さである。六条タイプの除草機の場合には、一〇aの圃場を一五分で除草することができ、非常に作業能率が高く、広い面積をこなすことが可能である。天候や移動時間などを考慮し、一週間に作業可能な面積を試算すると一五・一haとなる（第6表）。

本機種を走行部分と除草部分とあわせて購入した場合の除草コストは、年間一ha利用で

第6表　除草機の作業能率

作業名	作業時間 (hr/10a)	割　合 (%)
除草	0.21	83.5
旋回・移動	0.04	16.2
調製	0.00	0.4
合　計	0.25	100
圃場作業時間（hr/10a）	4.0	
1日作業時間（hr）	8	
作業率（%）	80	
作業日数（日）	7	
作業可能日数率（%）	85.3	
作業可能時間（hr）	38.2	
作業可能面積（ha）	15.1	

注　30区画（30m×100m）を想定

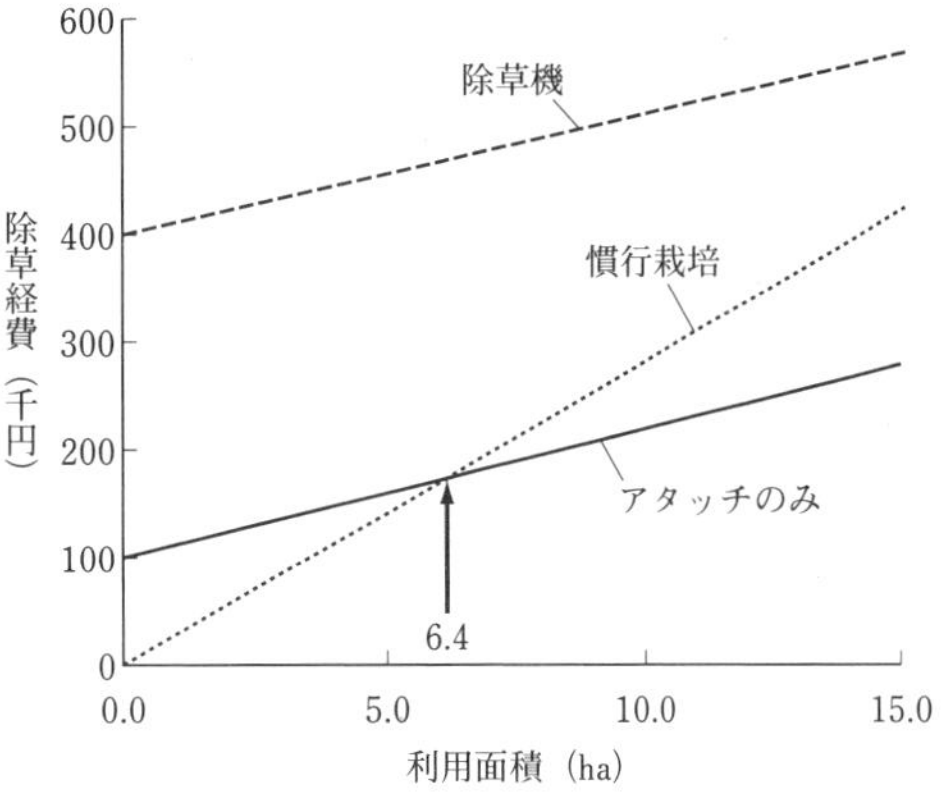

第3図　経営規模別の除草機利用経費の試算

第7表　除草機の利用経費の試算

除草法	機械費		10a当たり				費用合計（円）		
	購入価格（円）	年償却費（円）	作業時間（hr）	労　賃（円）	燃料費（円）	農薬費（円）	1ha利用	5ha利用	15ha利用
機械除草	2,788,200	398,314					409,844	455,964	571,264
アタッチメントのみ	758,200	108,314	1.03	706	447	—	119,844	165,964	281,264
除草剤	—	—	0.13	88	—	2,760	28,480	142,400	427,200

注　除草機4回利用，耐用年数7年，労賃685円/hr，燃費3.11/hr，ガソリン単価140円/ℓ
慣行栽培の経費は「生産技術体系」および「営農計画作成支援シート」利用マニュアル（岩手県農業技術センター，2006）より算出

は四〇万九八四四円（一〇a当たり四万九八四円）、五ha利用では四五万五九六四円（一〇a当たり九一一九円）、一五ha利用では五七万一二六四円（一〇a当たり三八〇八円）となる（第7表）。いずれの場合も、除草剤を利用した慣行栽培よりコスト高となる。

しかし、除草アタッチメントだけを購入し、所有している田植機に装着するとした場合には、六・四ha以上の利用で、除草にかかる経費が慣行栽培より低くなる（第3図）。

以上のようにここで紹介した方法は、省力的かつ経済的な除草方法であり、経営面積が大きい、あるいは面積の拡大を考えている場合な除草技術のひとつになると思われる。

5　今後の課題

ここで紹介した事例は慣行栽培でのものであり、有機栽培の圃場では、土壌が軟弱化しているため機械除草による損傷が大きくなるとの報告（荒川ら、二〇〇七）があることから、実際の有機栽培圃場では圃場の条件により結果が異なる可能性がある。

また、機械除草だけでは除草効果が不十分であり、二回代かきや深水管理と組み合わせることで除草効果が高まった。除草剤を使わない栽培を行なううえでは、一つの手段だけに頼るのではなく、複数の技術を組み合わせた総合的な管理技術が必要と思われる。

一方、機械除草を行なうことで、慣行栽培よりも茎数が少なくなるために、収量が五％程度減少しており、収量確保はこの技術の大きな課題の一つと考えられる。除草効果と収量の確保を両立できる作業条件や栽培条件を検討する必要があると思われる。

農業技術大系作物編第2-2巻　固定式タイン型除草機による除草方法-有機栽培への適用事例　二〇〇九年

これで仕事が楽しくなる チェーン除草のコツ

長沼太一さん　宮城県加美町　編集部

チェーン除草機に乗る長沼太一さん。水中に泥と草を舞い上げながら進んでいくチェーン除草機は、成果が目に見えるので「かけるのが楽しい」。ついつい朝の3時とかに起きだしてきて乗ってしまうのだとか

（撮影　倉持正実）

『現代農業』で話題沸騰の「チェーン除草」。普通の除草機では入れないほど早い時期から苗の上からチェーンを引っぱることで、条間・株間を問わず田んぼ全体の表土をかき混ぜるという除草技術だ。

長沼太一さんが所属するＪＡ加美よつば有機米生産部会（一條豊治代表）ではすでに基本技術になっており、三二名が約六〇町で実施。「チェーンを始めて、ようやく『有機でやれるな』という目途がついた」という人も多い。

だが「チェーンさえ引っぱれば草がなくなる」というものでもなさそうだ。実際にチェーン除草を行なった昨年の田んぼを見せていただき、成功させるためのポイントを整理してみた。

・ポイント1
二回代かきで草を減らす

約一〇年前から除草剤を使わない稲作に取り組んでいる長沼さん。除草には心身ともに困らされた末、ついに「草を見ずして草をとること」が極意であると気づいた。繁茂してからでは、いくら除草機をかけてもダメなのだ。

そこでまずは田植え前、代かきの段階で草の密度を減らしておく。具体的には荒代をかいてから約一〇日おき、草が動き出したタイミングで植代をかいて一網打尽にする。間髪を入れずに翌日田植え。次の雑草が芽吹き出す前にイネを活着させるという作戦だ。

・ポイント2
田植え後一週間以内にチェーン

そして田植え後、チェーン除草に入るタイミングも、早ければ早いほどいい。昨年も田

田植え1週間後のチェーン除草。条間・株間も表土をかき混ぜて、発芽直後の雑草を水に浮かす。苗はチェーンになでられてもすぐに起き上がる

一昨年までは田植え機等で引っぱるタイプのチェーン除草機を使っていたが、昨年はJA所有の水田除草機の除草部を取り外し、アルミサッシにチェーンをぶら下げたものを取り付けて油圧で上下できるタイプを自作。ターンや田んぼ間の移動がさらにラクになった。
同様の機械が4台あり、32名の有機米生産部会員で共同利用

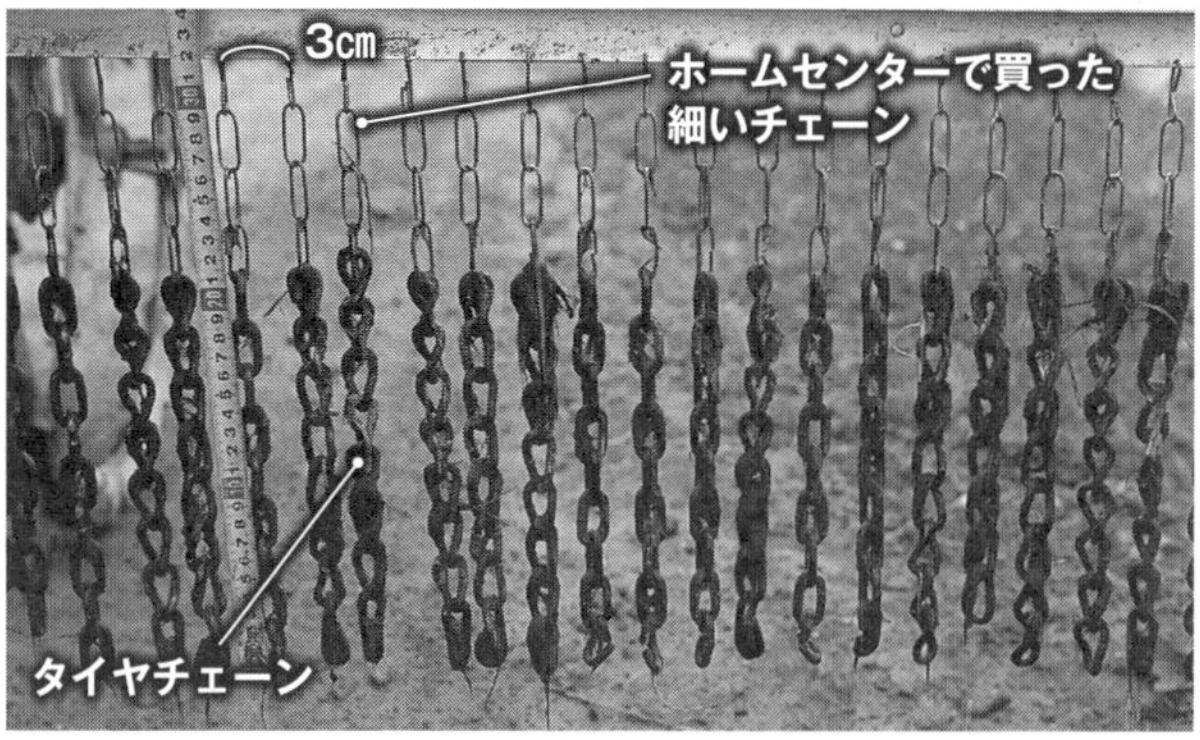

横幅約3.6mのアルミサッシの枠に3cm間隔で穴をあけ、タイヤチェーン（約20cm）と細いチェーン（約10cm）を組み合わせたチェーンをぶら下げた。タイヤチェーンだけだと1本100gくらいになるが、細いチェーンと組み合わせることで約50g軽量化

田植え1週間後の田面。草はないように見えるが…

よーく目を凝らしてみると、あちこちに芽吹き始めた草がある。こいつらを根付かせてしまうと手遅れになる

植え三日後から入った人の田んぼは、ほとんど草が生えなかった。三日後は無理だとしても、せめて一週間以内には入るようにする。

このころの田んぼには、一見草などぜんぜんない。でも表面の土をちょっと剥がしてよく見ると、すでに根や芽を出し始めた雑草がチラホラ。これらがしっかり根付いてしまってからではもう遅い。

活着さえしていれば、田植え三日後にチェーンをかけても苗に問題はない。でもあんまり貧弱な苗だとどうしてもチェーンをかけるのがためらわれて、ついついタイミングが遅れてしまう。だからこそ苗は、頑丈で活着の早いものを作ったほうがいい。

また少しでも活着を早めるために、田植えはあまり早くしない。五月中旬以降、水温が温かくなってから、植えるようにしている。

・ポイント3
水深約五cmで草を浮かせる

チェーンで除草するには発芽直後の草を「浮かせる」ことが必要。小さな草は、しばらく浮いているだけでもかなり弱る。その後運よく根付けたとしても、イネには負けていくというわけだ。

だからチェーンをかけるときは、必ず五cmくらい水を張っておく。浅水で草を転ばせた程度では、またすぐに根付いてしまうの

水深約5㎝でチェーンを「土にキレイに食い込んでるのがわかるくらい」に下げて進むと、まるでチェーンが泳いでいるかのように土と草が舞い上がる

チェーンが通った右半分は、条間も株間も表土が全面的にかきまぜられている

あとには発芽直後の小さな草が浮いて漂う

で除草効果がないという。

その後も基本的にはずっと深水を続ける。水が浅いと、どうしてもヒエなどが出てしまうからだ。

・ポイント4
株間除草機も組み合わせる

長沼さんは、チェーン除草機を七〜一〇日間隔で二〜三回かけた後、さらに七〜一〇日間隔で株間除草機を二〜三回かける。

イネが大きくなってくると、チェーン除草機の効果はどうしても落ちる。イネにチェーンが持ち上げられてしまう分、田面をかき混ぜにくくなるからだ。その後まだまだ出てくる草を抑えるためには、やっぱり株間除草機が必要だ。

でも初期にチェーン除草でできるだけ草を抑えておけば、大きな草がない分、株間除草機の効果も高くなる。あとはイネが田んぼを覆うので、草はイネに負けて出てこれない。二つの除草機を組み合わせることで、除草効果は格段に上がる。

・ポイント5
表層剥離を放置しない

チェーン除草機や株間除草機の天敵は、田面の土が水にぷかーっと浮かんで漂う表層剥離。少しくらいならなんてことはないが、田面が覆われてしまうほど多い田んぼでは、絡まってしまうので除草機を入れられなくなる。

表層剥離は、土質にもよるが、とくに有機質肥料を多く入れている田んぼで深水を続けたりすると出やすい。出てしまったら放置せず、「三日くらい乾かせ」と長沼さんは言うことにしている。短期間でも乾かせば表層剥離の発生は落ち着き、除草機を入れられるようになるからだ。

・ポイント6
田んぼを「肥やす」

有機米生産部会全体の田んぼを見ると、チェーン除草や株間除草のタイミング等の問題もあるが、草の発生が多い田んぼと少ない田んぼのバラつきが大きい。とくに草が少ないのは、昔から「肥えてる」と言われる田ん

チェーン除草を2～3回やり、イネがある程度大きくなったら株間除草機をかける

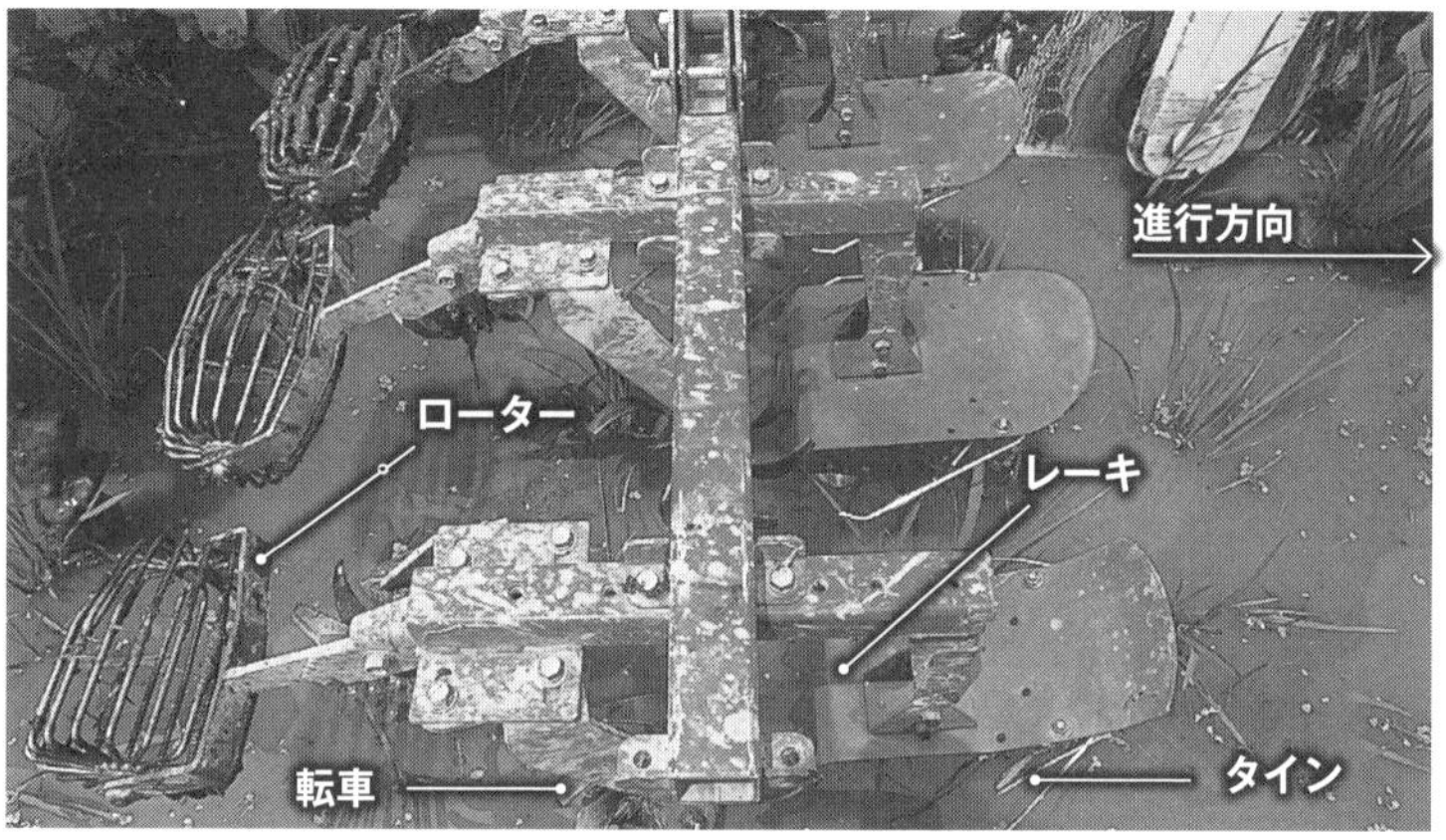

チェーンと取り替えて付けた株間除草機の除草部。転車とタインで株間の草をなぎ倒しながら土に埋め込み、レーキとローターで条間の草を埋め込んでいくタイプ

チェーン除草機と株間除草機をかける回数は、草の出方次第。田植え3日後からチェーン除草に入って草を抑えることができた田んぼは、チェーン除草2回、株間除草1回だけでキレイに草を抑えられた

ターンの部分など株間除草機をかけられなかったところは、モッサリと草が生えた。やはり株間除草は必要のよう

昨年から始めたイネ刈り直後のワラをジャイロテッダーで散らす作業。よく乾いたら「粗起こしの一山耕起」ですき込み、ワラの分解を進めて田んぼを「肥えてる」状態にして草の発生自体を減らす

パワーディスクで起こした石山範夫さんの「粗起こしの一山耕起」（松村昭宏撮影）

田んぼの生きものに見入る長沼さんと有機米生産部会の仲間たち。チェーン除草にして除草剤をやめて以来、田んぼの生きものがものすごく増えた。それが嬉しくて、仲間で集まってはしょっちゅう生きものを見ている

とくに増えたのがドロシジミ。除草剤を使うと一発でいなくなってしまうので、普通の田んぼではほとんど見つからないそうだ

ぼだ。

「肥えてる」といっても、肥料がたくさん入っているわけではない。田んぼのトロトロ層がよく発達してイネのできもいい田んぼのことである。そこで長沼さんたちは、昨年からすべての田んぼをなるべく「肥えている」状態にするため、ワラの分解をキッチリ進めるとを計画。秋田県大潟村の石川範夫さんにならって「粗起こしの一山耕起」方式に取り込むことにした。

イネを刈ったそばからジャイロテッダーでワラを散らし、よく乾かしてからパワーディスクで一山耕起して越冬。春先から再び粗起こしの一山耕起を繰り返し、乾土効果を上げつつワラを分解することで田んぼを肥やす。すると草の発生自体が減る。それでも出てくる草はチェーン除草機と株間除草機で抑えきる。そんな理想のパターンが、今年はいよいよ完成するか!?

現代農業二〇〇九年五月号　チェーン除草　コツが見えてきた!

チェーン除草機の特徴と効果

西川知宏　鳥取県農林総合研究所

チェーン除草機の特徴と効果

除草剤に頼らない水稲栽培では、雑草対策は避けて通れない課題である。これまでにもさまざまな除草法が考案・実践されているなかで、チェーン除草機は安価に製作でき、小面積の圃場でも手軽に取り組めることから近年注目を集め、全国各地での実践事例も増加している。

しかし、チェーン除草機による除草効果についての評価が十分に行なわれているとはいいがたい。そこで、鳥取県農林総合研究所農業試験場ではチェーン除草機の除草効果の検討を行ない、除草効果の向上を図りつつ、チェーン除草機を中心とした除草体系の確立を目指して試験研究を行なってきた。ここでは、二〇一〇～二〇一一年に当試験場で実施した試験結果を中心として、チェーン除草機の製作から本田試験の結果まで紹介したい。

1　急速に普及したチェーン除草法

チェーン除草法は、長さ数mの棒に金属製チェーンを吊り下げた「チェーン除草機」を用いて、田面に生えた雑草を取り除く除草法である（動力を使用しないという点では「除草器」と表記するほうが適切であると思われるが、現状は「除草機」の表記のほうが広く使われている。このことを考慮し、本稿でも「除草機」を使用することにした）。

チェーン除草法は二〇〇五年ころに東北地方の農家が考案したものといわれているが、それから数年の間に口コミやインターネットを通して急速に全国各地へ広まった。「ブーム」と表現してもよいのではないかと思われるような、爆発的な広まり方をしたのはなぜであろうか。

大きな理由の一つは取組みやすさにあるだろう。乗用の大型除草機を購入しようとすれば数十万～数百万円の出費になるが、チェーン除草はきわめて安価に製作できる。現在、チェーン除草機を製作・販売している農機具メーカーは皆無に近い状況であり、チェーン除草法に取り組むさいには除草機を自作することになるのだが、大がかりなものを製作するのでなければ、新品の資材を揃えた場合でも一機当たりの製作費はおおむね一万円程度である。タイヤチェーンなどの廃材を利用すれば、さらに製作コストを削減できる。

そしてもう一つ、自作ゆえに、製作者によるさまざまな工夫・アレンジが可能である。実際、人力によるけん引方式から田植機によるけん引方式、さらには除草効果向上を目的とした水田除草機への取付けまで、実践事例の数だけチェーン除草の「型式」が存在するといっても過言ではないかもしれない。

このように、低予算でなおかつ製作者の独創性を活かすことができる点がチェーン除草機の魅力であり、農業者の取組み意欲につながっているものと思われる。

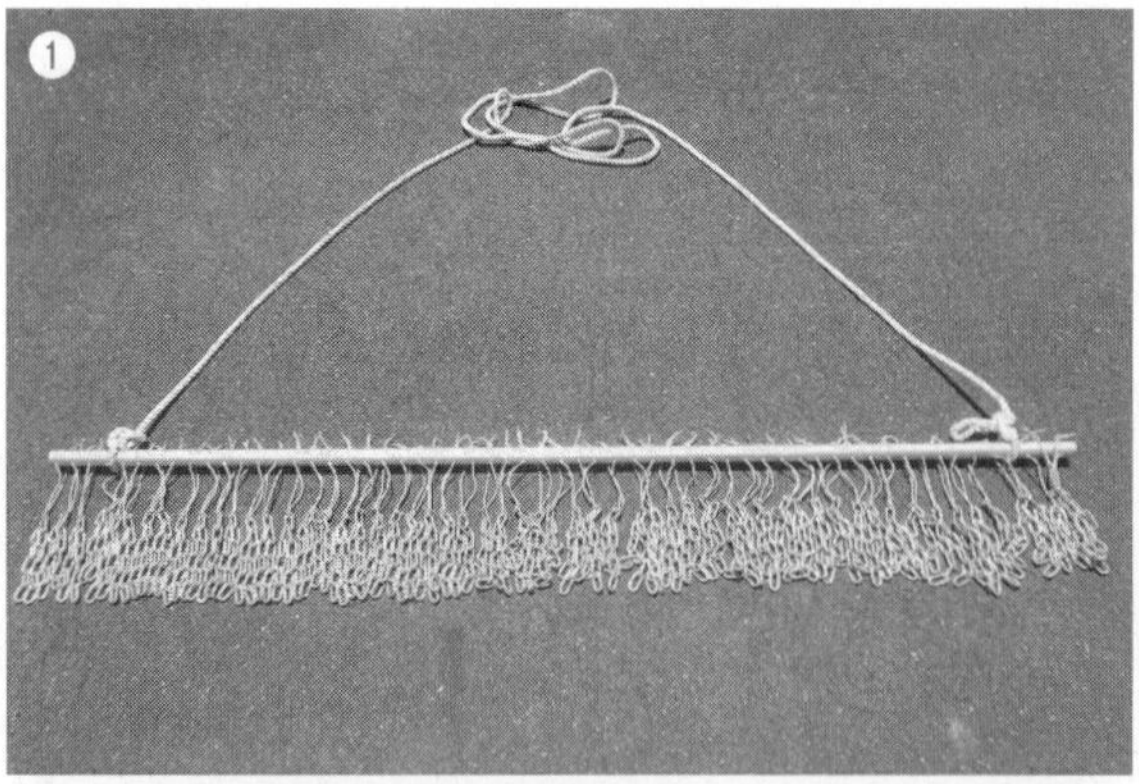

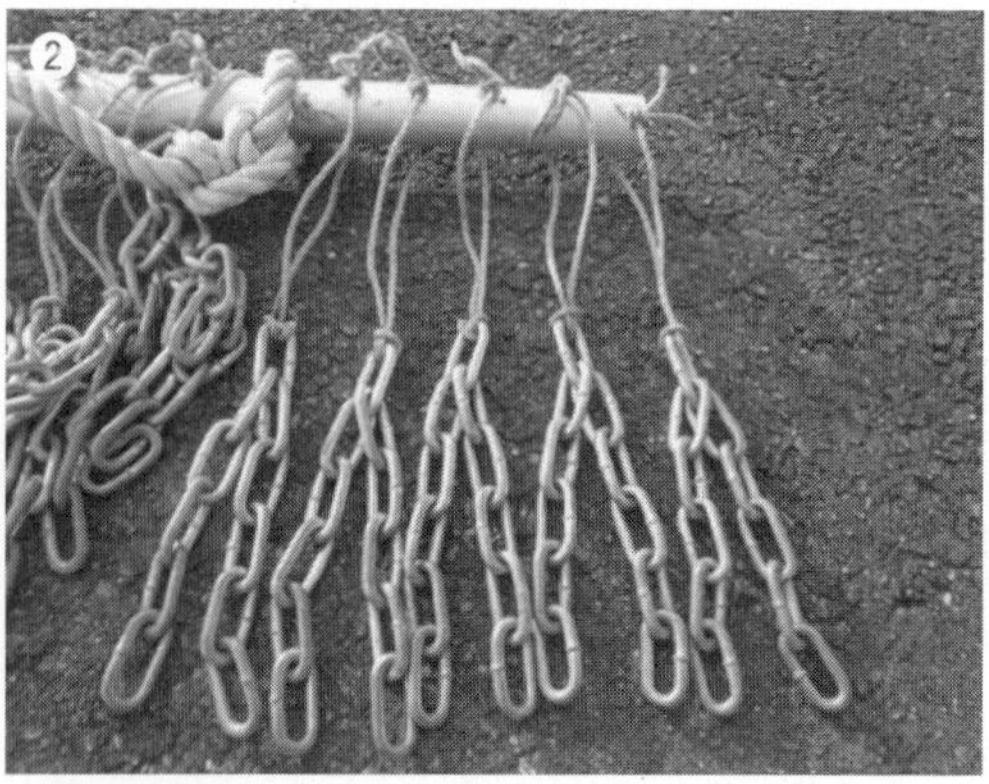

①すだれ式
②すだれ式の拡大図
③円弧式。有機物残渣が付着している

〈参考〉チェーンの素子の概略

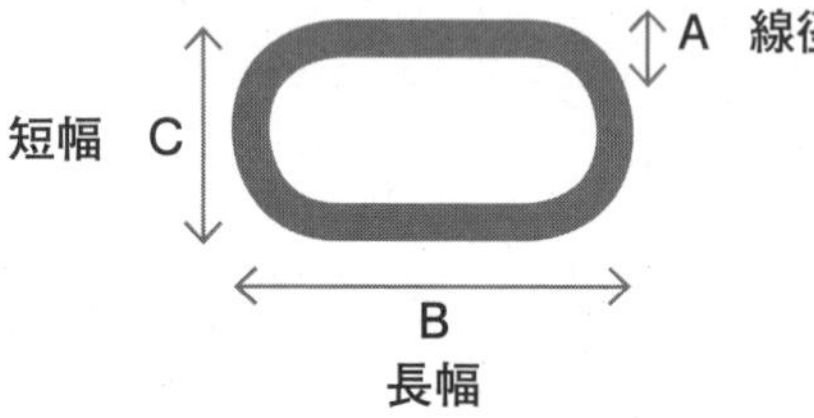

第1図　チェーン除草機の外観

第1表　すだれ式チェーン除草機の仕様

項目		単位	チェーン除草機の名称			
			短・細	短・太	長・細	長・太
除草機	総重量	(kg)	9.0	9.5	12.5	15.0
チェーン部分	素子（リング）数	個	7	5	11	9
	長さ	(cm)	21.5	20.0	32.5	34.5
	取り付け間隔	(cm)	3.5	4.0	3.5	4.0
チェーン素子（リング）	線径（A）	(mm)	5.5	6.5	5.5	6.5
	長幅（B）	(cm)	4.1	5.0	4.1	5.0
	短幅（C）	(cm)	2.0	2.3	2.0	2.3

注
1.チェーン除草機の名称はチェーンの長さ（短/長）および素子（リング）の太さ（細/太）を組み合わせたもの
2.チェーンの長さはチェーンを伸ばした状態での測定値
3.チェーン素子（リング）に関する項目のアルファベットは参考図内のアルファベットに対応

2　チェーン除草機の構造

ひとくちにチェーン除草機といっても除草部の形状はさまざまであるが、大きく二種類に分けられる。一つは短く切ったチェーンをすだれのように取り付ける形式、いま一つは長いチェーンをたるませながら円弧状に取り付ける形式である（第1図）。

われわれが行なった予備試験では、後者の形式では除草作業の途中で稲わらや雑草などの有機物残渣が大量に付着し、この状態が継続すると作業労力が増大するだけでなく、欠株の発生や苗の損傷を引き起こすことが確認された。通常、圃場には稲わらや雑草残渣などの粗大有機物が一定量存在している。そこで、当試験場では「すだれ式」を採用することにし、他県の実践事例なども参考にしつつ除草機を製作した。チェーンが重いほど除草効果が高いことが予想されたが、作業時の労力や移植した苗への物理的被害の可能性などを考慮すると、当然ながら「軽量かつ除草効果が高い除草機」を目指さなければならない。

製作した除草機の除草部分を拡大したのが第1図②である。チェーンを直線状に吊り下げるのではなく、V字型に折り曲げた形式で吊り下げている。すだれ式では有機物残渣の滞留が少ないが、これは一本一本のチェーンが短く、可動性が高いためである。このことは一方で、除草作業を行なってもチェーンが田面をなぞらず、未除草の部分が残る可能性につながる。しかし、直線状のチェーンを隙間なく取り付けるとかなりの機体重量になってしまうことから、チェーンの本数を減らしつつも除草効果を高めることを目的として、このようなV字型の取付け方法とした。

除草機はチェーンの長さと太さ（各二とおり）を組み合わせて、四種類を製作した。それぞれの除草機の仕様は第1表のとおりである。拡大図（第1図②）ではチェーン同士にかなり隙間があるように見えるが、実際にはチェーン同士が十分に重なりあう取付け間隔となっている。

また、機体の軽量化を目的として、チェーンを取り付ける棒とチェーンとはひもで結びつけた。チェーンが確実に田面に接地するには、結びしろを含めたひもの長さは最低でも二五cm程度必要である。ひもではなく、ヒル釘を用いた連結方法を採用している研究事例もある（古川・白鳥、二〇一一）。また、チェーンを取り付ける棒は強度を重視してアルミ製のものを使用したが、軽量化を重視するのであれば木材やビニールパイプなどを使用してもよい。実際に、塩ビパイプを使用した「浮くチェーン除草機」なども考案されている（是永、二〇一〇）。

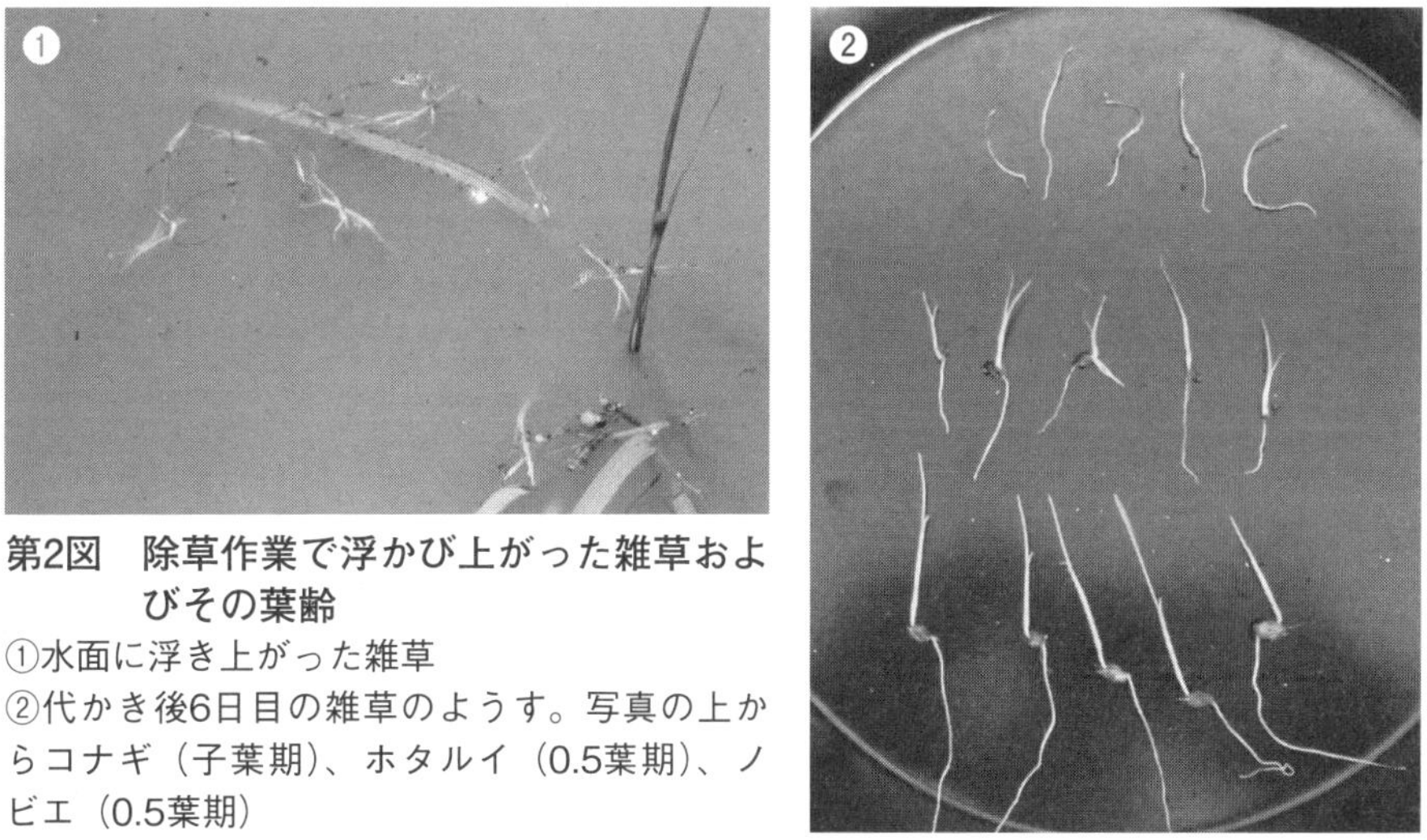

第2図　除草作業で浮かび上がった雑草およびその葉齢
①水面に浮き上がった雑草
②代かき後6日目の雑草のようす。写真の上からコナギ（子葉期）、ホタルイ（0.5葉期）、ノビエ（0.5葉期）

3　除草作業の開始時期と注意点

田植えが終了し苗が活着を始めたら、さっそく除草作業にとりかかりたい。チェーン除草は機械除草よりも除草強度の点で劣るため、常に雑草発生の先手を打って作業を行なうことが鉄則である。

一回目の除草は「目を凝らして田面を観察すると雑草が確認できるころ」に行なうのが好ましい。雑草の発生と生長が比較的速い温暖地の場合、五月下旬から六月上旬の田植えであれば、代かき後五～七日ころまでにはこの状態になっているはずである。とくにコナギなど種子サイズが小さい雑草は、第一葉が展開し始めるころまでは発生が進んでいても目立たず、水面が波立っていたり、田面水に濁りがあったりするとさらに確認しづらいので注意を要する。一見したところで容易に雑草が識別できるような状態になっていれば、速やかに除草作業を行なうべきである。

チェーン除草を行なうと、発生を初期の小さな雑草が水面に次々と浮かび上がってくる（第2図）。これらの浮かび上がった雑草はそのまま放置しておいてもやがて枯死するが、圃場の畦ぎわに吹き寄せられたときなどにすくい上げておくほうがよい。すくい上げない場合は近隣圃場の迷惑にならないよう、

第3図　除草作業のようすと作業後の苗の状態
①人力けん引による除草作業。10a当たりの作業時間は30 ～ 40分程度
②作業直後の苗のようす。田植え後3日目に「長・太」チェーンによる作業を行なった（左側2条）。作業前の苗（右側2条）に比較して、倒れた状態の苗が明らかに多いが、1 ～ 2日で元の状態に戻る。苗の抜けはほぼ見られない

雑草を含んだ田面水を用排水路へ流出させないようにしたい。また、浅水状態にすると雑草が再定着する可能性が高まるため、除草期間中は一定の水深を保っておく必要がある。

長さ二mのチェーン除草機を使用した場合、条間三〇cm植えでは一度に六条分の除草が可能である（一度に七条分の除草も可能であるが、条間の除草精度が低下し、この部分からの雑草発生につながりかねない）。人力によるけん引では、一〇a当たりの作業時間は三〇～四〇分程度である。除草機が通過した部分は苗が倒れた状態になることが多いが、次の除草作業時までには元どおりに起き上がっている（第3図）。

また、圃場に入ることなく除草作業を行なう方法（是永、二〇一〇・安江、二〇一二）も考案されている。畦畔へのけん引装置の設置や二人以上で作業を行なう必要があるものの、これらが制約にならないのであれば、作業労力軽減の観点で有効な方法といえる。

4　チェーン除草機の除草効果

1　除草効果への影響要因

①チェーンの重さ

チェーンの長さ（重さ）や太さが異なる四種類の除草機を使用した試験の結果を第4図に示す。

統計上の有意性はなかったものの、除草効果はチェーンが重いほど高い傾向にあった。しかし、最も重い「長・太」チェーンとその次に重い「長・細」チェーンとの間には、雑草発生量に顕著な差はなかった。

除草間隔と雑草発生量の関係を見ると、田植え後三日目からの五日連続除草では後発雑草の発生に対処できず、雑草量が増加した。また、「短・細」チェーンでは三日間隔での雑草量が多いが、これは種子サイズが大きいために活着が早く、なおかつ発芽の揃いがよいノビエの除草が不十分となったためである。

玄米収量は危険率一％水準でチェーンの種類による差異が認められ、チェーンが重いほど収量は高かったが、「長・細」チェーンと「長・太」チェーンの間の収量差は判然としなかった。また、玄米収量と雑草発生量との間には強い負の相関関係が認められた（第5図）。

当初、田植え後四〇日での雑草量を五〇g／㎡以内に抑えることを目標としていたが、われわれの試験結果によると、一〇％の減収となる雑草量の水準は約五五g／㎡であった。雑草種によって単位発生量当たりの水稲減収率

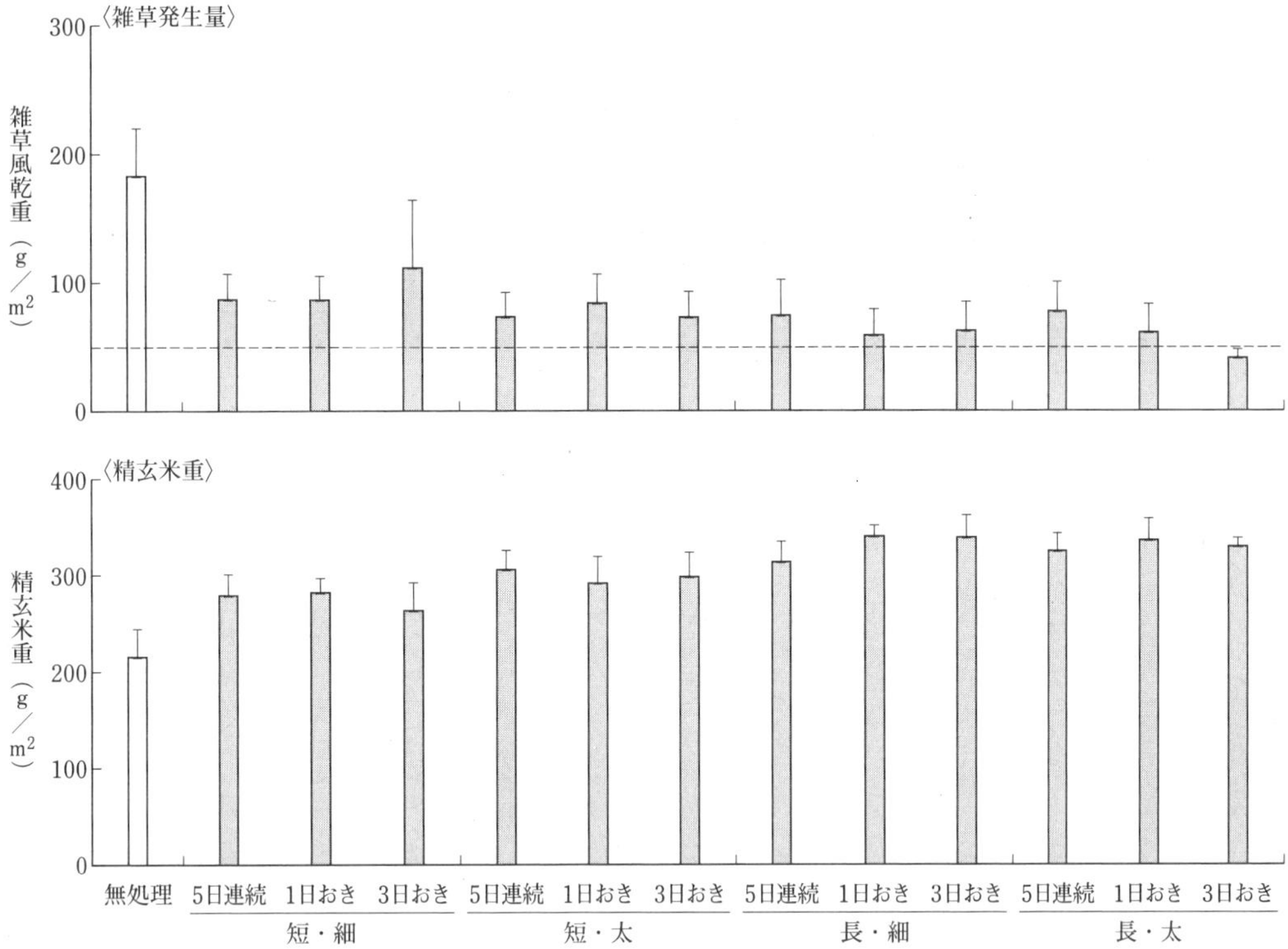

第4図　チェーンの種類および作業間隔が雑草発生量および玄米収量に及ぼす影響

移植日：6月9日，雑草調査実施日：7月19日、7月20日
チェーン除草は1回目を移植後3日目に実施。その後は5日連続，1日おき、3日おきの3水準で合計5回実施
グラフ中のバーは標準誤差を表わす（n＝4）
雑草風乾重の目標水準を50g/㎡（雑草風乾重のグラフ内の点線）とした

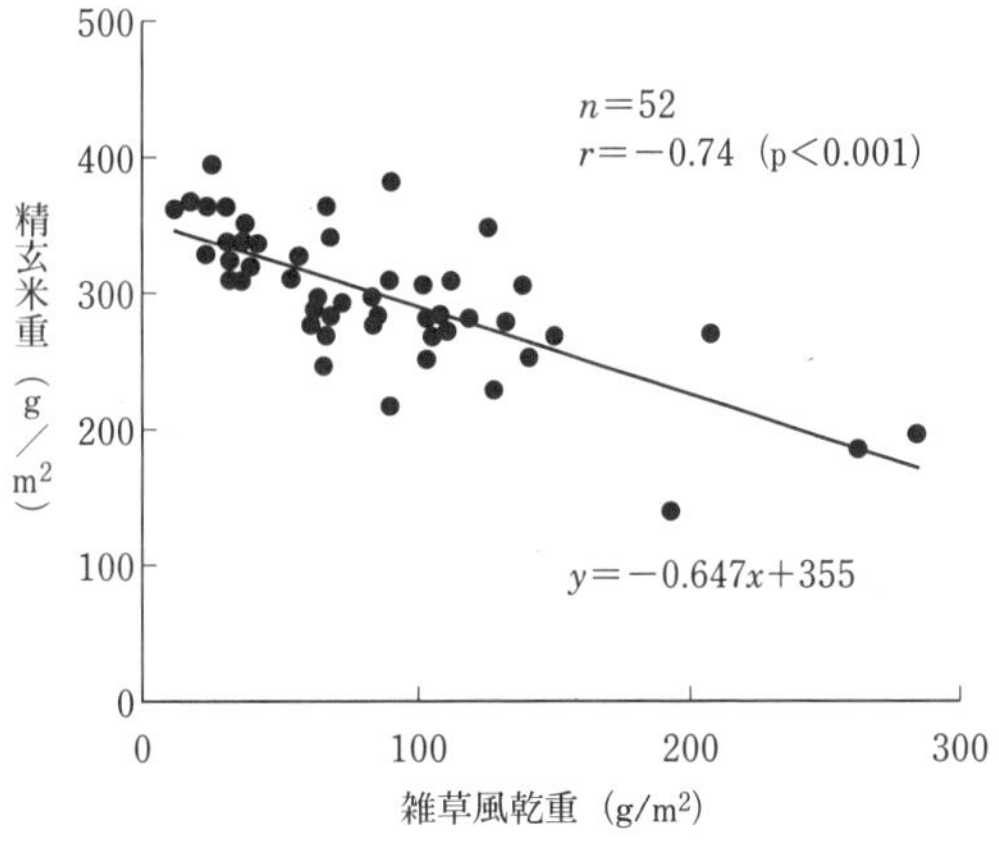

第5図　雑草発生量と収量の関係

は異なるが、われわれが製作したチェーン除草機の場合、チェーンの総重量が一〇kg程度あれば、雑草発生量が皆無である場合に比較して九割程度の玄米収量を確保できることが明らかになった。

②除草の開始時期

一回目の除草作業時期を検討したところ、温暖地では田植え後三日ころ（当鳥取県農業試験場では代かき後七日ころに相当）までに除草を行なうのがよいことがわかった。

チェーン除草法の紹介をすると、「そんなに早い時期にチェーンを引っ張っても大丈夫か。本当に苗は抜けないのか」と尋ねられることが非常に多いのだが、この時点での除草作業でも欠株の発生率は低く、最も重い「長・太」チェーンでも欠株率は三％程度と、収量面での許容水準に収まっていた。単一型乾電池（重量約一〇〇g）をひもで引き上げる程度の引っ張り強度があればチェーン除草による苗の抜けは見られないという報告（古川・白鳥、二〇一一）もあり、通常の植え方をしているのであれば苗の「抜け」の心配はないと思われる。

ちなみにわれわれの観察によると、欠株の発生は苗の抜けによるものではなく、苗に泥が被さったことによるものであった。水深が浅く、なおかつチェーンが重いほど泥を被りやすくなるため、作業時には最低でも三cm程度の水深を確保すべきである。また、これはチェーン除草に限ったことではないが、安定した除草および抑草効果を発揮させるには、圃場を均平にしておくことが非常に重要である。

③除草の間隔

チェーン除草の作業間隔は雑草の生長状況に左右される。雑草の生長は水温や地温の影響を強く受け、高温であるほど生長が速く、発芽勢（発芽の揃い）が高い。

これまでの試験結果から、雑草の生長が速い温暖地で一〇kg程度のチェーンを使用するときは、三日おき、合計五回程度の作業スケジュールが適切であると考えている。これより間隔をあけると雑草の生長が進んでしまい、軽いチェーンでの除草はとくに困難になる。他の作業との兼ね合いなどで作業間隔が延びてしまう場合でも、少なくとも三回目の除草までは三日おきのペースを守るべきだろう。山間地や寒冷地では雑草の発生および生長が緩慢であるため、作業間隔は五日おき（一週間に一回強のペース）程度でもよいと思われる。

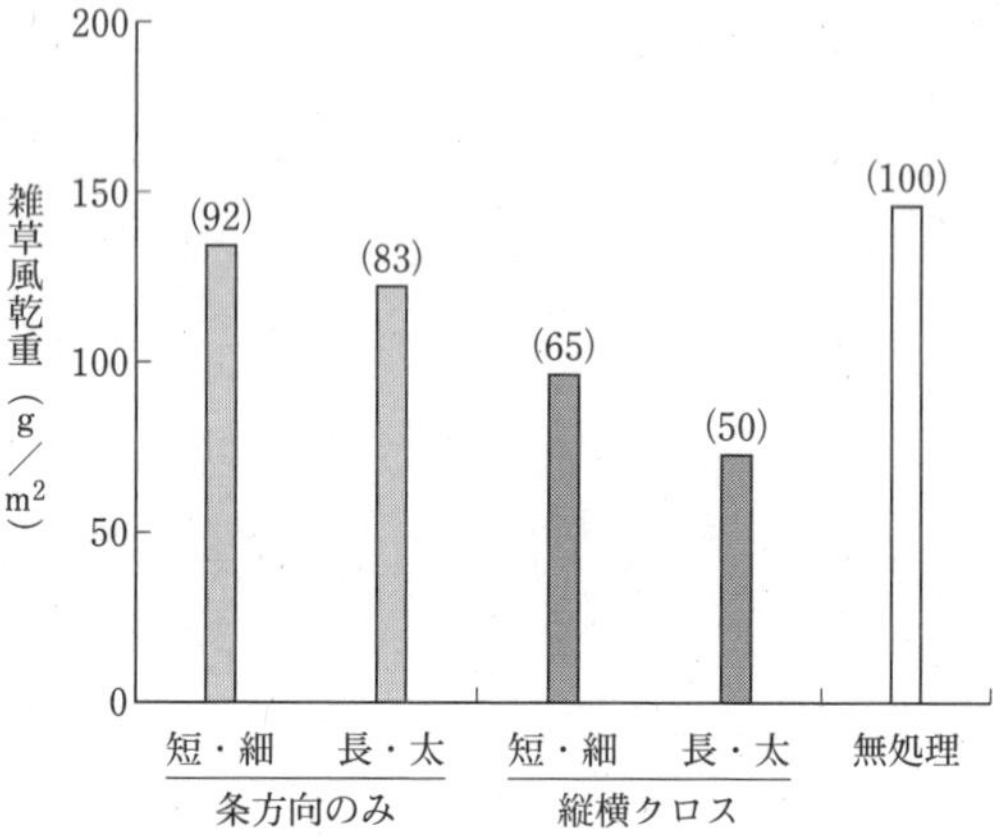

移植後3日目に1回目の除草作業を実施。以後、5日おきに合計5回実施
縦横クロス除草：2回目と4回目の除草作業は条と垂直方向にチェーン除草機をけん引
棒グラフの上部の数値は無処理区比（%）

第6図　けん引方向の違いが雑草発生量に及ぼす影響

2　縦横クロス除草

機械除草をはじめとする種々の除草法について、条間部分の除草は問題なく行なえるが、株間部分の残草が問題となる事例が数多く報告されている。チェーン除草の場合も、チェーンが苗の上を通過することで株間部分の田面が攪拌されなかったり、成苗を移植したときや四～五回目の除草作業時にはすだれ状のチェーンが苗を避けて通過してしまったりするため、株間部分の除草が十分に行なえない可能性がある。

しかし、人力けん引の場合は、圃場内のあらゆる方向にチェーン除草機を引くことが可能である。五回の除草作業のうち二回目と四回目を条と垂直方向にけん引した試験では、五回とも条と平行にけん引した場合と比較して、雑草発生量を少なく抑えることができた（第6図）。この試験は雑草埋土種子が多い圃場で実施し、なおかつ、作業間隔を長め（五日間隔）に設定したため、縦横クロス除草の場合の雑草発生量は無処理区比五〇～六五％となり、十分な除草効果を上げたとはいえなかった。しかし、適切な作業間隔を設定すれば除草効果をさらに高めることができると考えられる。苗の状態に大きな問題がなければ、一日に二回（縦方向と横方向）の除草作業を行なってもよい。

第2表　移植後約40日での雑草発生状況（2010年、現地圃場）

調査項目	圃場	チェーン除草の有無	草種 コナギ	ノビエ	ホタルイ	その他	合計
個体数（個体/m^2）	①	なし	6,563	93	563	560	7,780
		あり	4,260（65）	20（21）	333（59）	407（73）	5,020（65）
	②	なし	763	37	37	90	927
		あり	310（41）	13（36）	20（55）	73（81）	417（45）
風乾重（g/m^2）	①	なし	41.4	15.0	3.5	8.9	68.8
		あり	33.2（80）	0.7（4）	1.4（39）	7.5（85）	42.8（62）
	②	なし	7.8	22.8	0.5	1.8	32.9
		あり	5.7（73）	3.2（14）	0.4（81）	0.2（13）	9.6（29）

注（　）内の数値はチェーン除草なしに対する比（%）
その他の雑草にはアゼナ、カヤツリグサ、キカシグサ、クログワイを含む
圃場概要：①②ともに中粗粒灰色低地土（灰褐系）
㎡当たりの雑草埋土種子量：①ノビエ：4,000粒、ホタルイ：3,000粒、コナギ：17万2,000粒
②ノビエ、ホタルイ：検出下限、コナギ：2万5,000粒
耕種概要：移植日：①5月18日、②5月17日
チェーン除草：5月21日、5月28日（長・太チェーンを使用）、機械除草：5月31日

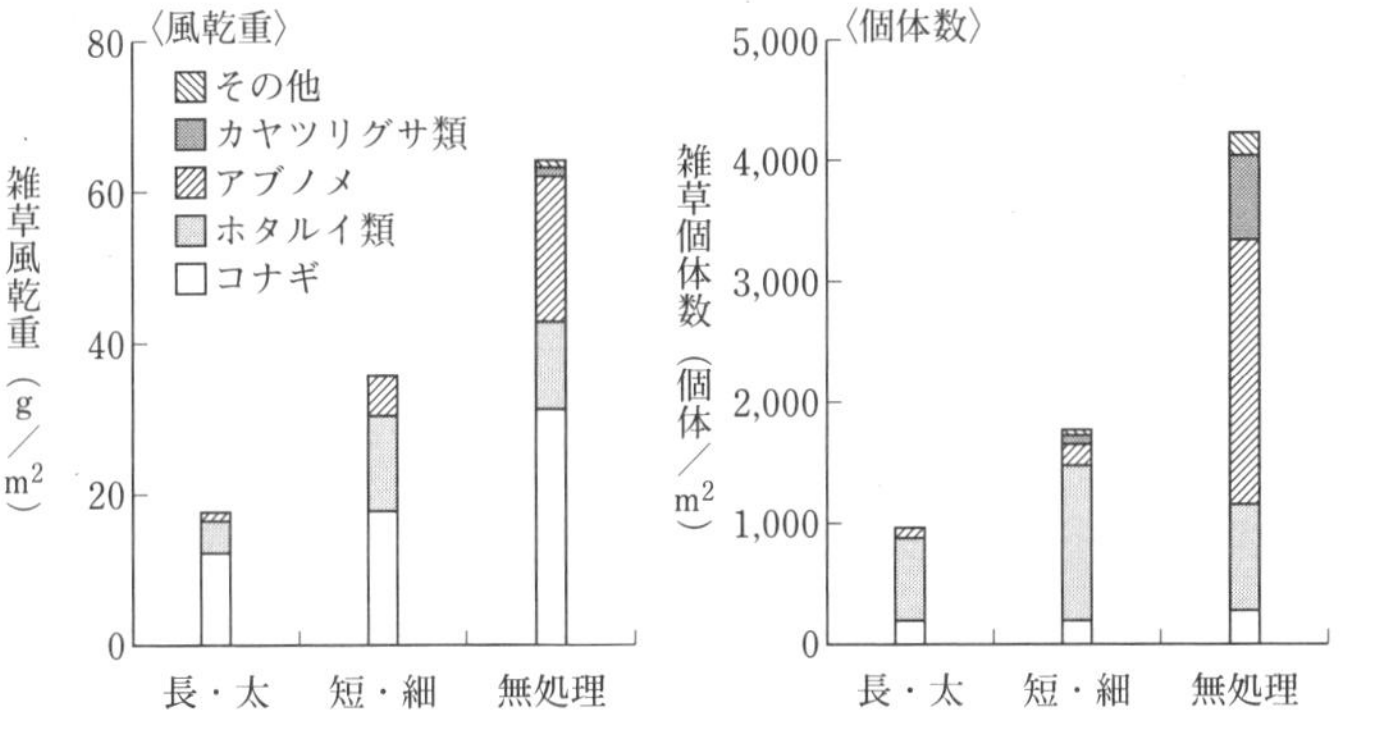

第7図　移植後40日での草種ごとの雑草残存量

3　機械除草実施前の「つなぎ」除草

チェーン除草の除草強度は機械除草（乗用型水田除草機など）に比較して弱いことは先に述べたが、裏を返せば、チェーン除草機は機械除草に比較して苗のいたみが少なく、より早期に圃場に入れるということでもある。機械除草の実施が遅れるような場合のつなぎ除草としてチェーン除草を行なうと、雑草発生量が減少することを確認している（第2表）。

4　雑草種による除草効果の差異

チェーン除草機の除草効果の違いを雑草種別に調査したところ、コナギ、アブノメなどの種子サイズが小さい雑草に対しては、五～七日間隔の除草作業でも効果が高かった（第7図）。一方、ノビエやホタルイなど、種子サイズが大きい雑草は初期生長が速く、活着までに要する期間が短い。そのため、これらの雑草が多い圃場では第一回目の除草をできる限り早期に行なうとともに、軽いチェーンを使用するのであれば作業間隔を短めにすべきである。

また、クログワイやオモダカといった塊茎繁殖型の雑草は、発生元となる塊茎がチェーン除草機による田面の撹拌深度よりも深い位置に存在し、さらに発生時期が比較的おそいため、チェーン除草機の効果は期待できない。

5　雑草埋土種子量との関係

雑草の発生量は土壌中に雑草種子がどれだ

け存在しているかによるところも大きい。除草効果を検討するときは、その圃場の雑草埋土種子量（潜在的な雑草発生量）を把握しておくことが重要である。埋土種子量が多い圃場では、適切な作業間隔で除草を行なった場合でも後発雑草の発生が多く、結果として除草効果が十分でないこともあった。このような圃場では複数回代かきなどの技術を併用し、埋土種子量を極力減らしておくことが望ましい。雑草埋土種子の低減は、翌年以降の雑草対策に要する労力の軽減につながる。

6　圃場硬度との関係

チェーン除草の効果は圃場の土質にも左右される。田面が軟らかく、田植え後もその状態が長く継続するほど、当然ながら除草効果は高い。田植え後、早期に田面が硬く締まりやすい圃場では除草作業の間隔を縮めるべきであるが、後発雑草の発生を抑えることは困難になる。有機物の投入によるいわゆる「トロトロ層」の発達促進、ていねいな代かき、粘土鉱物の投入などの方法によって表層土壌を膨軟にすることが望ましい。

5　今後の課題と展望

1　田植機けん引方式の検討

鳥取県の水稲有機栽培の事例を調査した結果によれば、栽培面積一haを超える農業者は乗用除草機による機械除草を雑草対策の基幹技術としており、チェーン除草はこれよりも小規模で、高額な除草機（多目的田植機）の購入を考えない農家を主対象とした技術となるであろう。とはいえ、本田での作業労力を考慮すれば、より省力化を図る必要がある。これには除草機本体の軽量化や、畦畔からのけん引による本田作業の省略化なども含まれるが、一ha程度までの中規模面積をチェーン除草の対象とするのであれば、田植機を利用した方法を検討することになるだろう。

植付け部を取り外した状態の田植機にチェーン除草機を取り付けてけん引させる方式はすでに現場で実践されているが、われわれは普遍性を考慮し、通常の田植機によるけん引作業の可否について検討している。

第8図はチェーン除草機を一般の田植機（六条植え）の植付け部分に取り付けたようすである。人力けん引のさいに使用するロープを取り外し、ビニールひもを用いて田植機植付け部の頑丈な横軸の部分にチェーンを取り付けている（第8図①、②）。この部分にかかる負荷は、苗を搭載したときの重量に比較して、はるかに軽い（苗の重量を一枚当り六kgと見積もり、育苗箱一二箱分を一度に搭載したとして、六kg×一二箱＝七二kg。チェーン除草機は最も重いもので一五kg）ことを考慮すれば、特段の支障はないと考えた。また、植付け部に第8図③のような頑丈な突起部があれば、これを利用してもよい。

これらの方法は試行段階であり、田植機本体への負荷などについて今後十分に検討していく必要があるが、一回目の除草を水田除草機による機械除草（田植え後八日）、二回目の除草をチェーン除草（田植え後一三日）で実施した場合と、水田除草機による機械除草二回実施時の収量と比較したところ、両者はほぼ同等の収量水準（精玄米重三五六および三六四g／㎡。水分率一五％）であった。なお、欠株の発生率は機械除草＋チェーン除草各一回区で七・七％、機械除草二回区で一二・三％となり、機械除草二回の場合よりも欠株の発生が少なくなった。

なお、田植えに使用したものとは異なる田植機をチェーン除草専用機として使用する場合、車輪の幅が異なる機種を使用すると苗を踏みつけ、欠株率が高まる可能性がある。

2　除草効果の向上

鳥取県内の水稲有機栽培農業者と除草技術について意見交換を行なうと「チェーン除草を試してみたが、あまり効果がなかった」という声を時折耳にする。苗の抜けを心配して二回目の作業が遅れたり、水温が高い圃場であるにもかかわらず作業間隔をあけてしまったことなどが原因となっているケースが多い。研究機関による技術の検証が遅れていることも、原因の一つであろう。他の除草技術と同様あるいはそれ以上に、雑草の特性を知り、雑草の先手をとった作業を心がけなければ、チェーン除草機による十分な除草効果は発揮されない。

また、安定した除草効果発現のためには、まず畦塗りや田面の均平化、ていねいな代かきなど、田植えまでの圃場管理も重要である。圃場をこまめに観察し、状況に応じて適切な技術を組み合わせることで、チェーン除草機の効果が最大限に発揮される。

第8図　田植機植付け部へのチェーン除草機取付け方法の検討

①取付け例1
②取付け例1の拡大図
③取付け例2

3　今後の普及へ向けて

チェーン除草法は、これから小～中規模面積の圃場で除草剤を使用しない水稲栽培に取り組もうとする農業者に適した技術であるが、圃場の状況によっては他の有用技術を併用すべきケースが多いと考えられる。除草剤を使用しない水稲栽培の推進のためには、このような農業者へ向けたチェーン除草機の製作から実践方法、さらにはそれぞれの圃場の状況に適した技術の選定を行なうことができるマニュアルの作成も必要であるかもしれない。

チェーン除草法が有効な除草技術の一つとして認識され、今後、全国各地での取組み事例がさらに増えていくことを期待したい。

農業技術大系作物編第2-2巻　チェーン除草機の特徴と効果　二〇一一年

多目的田植え機に装着「高精度水田用除草機」

宮原佳彦　生研機構（現・生研センター）

「高精度水田用除草機」は多目的田植え機に装着して使う。1回目の除草は田植え7〜10日後に。6条タイプで1時間に20aくらい除草できる

株間も除草できる乗用型

現在、わが国の農業においては、生産性を維持しながら農薬や化学肥料に過度に依存しない新たな農業生産技術の確立が求められている。

ここで紹介する「高精度水田用除草機」は、除草剤に依存しない水稲栽培技術の確立を目標として、生研機構が「二一世紀型農業機械等緊急開発事業」の中で㈱クボタおよび井関農機㈱と共同開発したものである。

従来の機械除草によく使われた歩行型除草機は、イネの条間のみを除草する機構であり、除草効果が不十分であること、また、作業能率が低く労働負担が大きいことなどの問題があった。その点、この「高精度水田用除草機」は、「水稲の条間と株間を同時に除草でき、高能率かつ作業負担が少ない乗用型除草機」である。

この除草機は乗用田植え機の走行部後部に装着する方式で、歩行型除草機と同様の高速回転ロータで条間を除草し、水平左右に揺動するレーキにより株間を除草する機構（回転・揺動式除草機構）を搭載している。このため、歩行型除草機に比べて除草性能と作業能率がともに向上したうえ、労働負担が軽減された。一度に六条分を除草できるタイプと八条除草できるタイプの二種類ある。

一回目の除草は、苗の活着程度や雑草発生状況を見ながら、標準的には田植えの七〜一〇日後から行なう。その後も七〜一〇日間隔でさらに二回、すなわち田植え後二一〜三〇日のあいだに三回程度作業する。

一時間当たり二〇～三五aを除草

圃場試験（生研機構附属農場、埼玉県川里町）の結果では、三回作業（一〇日間隔）通算の除草率は約六〇％（条間と株間を合わせた平均）で、歩行型除草機の約二〇％を大きく上回った。実用上十分な性能であった。

一方、イネの損傷や埋没などの発生は少なく、収量への影響はわずかであった。なお、イネの損傷を避け、効率的な作業を行なうためには、田植え時には、圃場一筆をすべて六条（またはすべて八条）植えにしておくことが望ましい。隣接行程間の間隔についても、極端に狭くならないように留意する必要がある。

また、作業能率は一時間当たり二〇ａ（六条タイプ）～三五ａ（八条タイプ）程度で、三条用歩行型除草機の四～五倍であった。全国各地で行なわれた試験の結果からは、前記の方法で作業すれば実際に十分な除草効果が得られることが報告されている。

耕起や代かき回数を増やすなどの耕種的手段との併用により、除草効果のさらなる向上・安定化も期待できる。

多目的田植え機に装着できる直播機・溝切り機も発売

「高精度水田用除草機」は、平成十一～十二年度の開発研究と十三年度の現地試験（開発促進評価試験）を経て、十四年度より前記二社から市販されている。市販に当たっては、乗用田植え機走行部を本機（呼称：多目的田植え機）とし、これに装着する作業機として、この除草機のほか、田植え機、湛水直播（条播）機、溝切り機等が用意されている。

価格は、六条仕様の本機が一五〇万円程度。六条田植え機と六条直播機がそれぞれ六五万円前後。そして除草機は六条用が七五万円、八条用が八五万円程度である。さらに十五年度には、八条仕様の本機、田植え機、直播機が追加販売される予定である。規模拡大をめざす無農薬・減農薬栽培農家への普及が大いに期待される。

現代農業二〇〇三年五月号　いろいろ出てきた水田用除草機　多目的田植え機に装着「高精度水田用除草機」

現代農業に登場した

水田用除草機たち

超軽量な動力除草機「ミニエース」

㈱太昭農工機
鳥取県米子市浦津 327
TEL 0859-27-0121
現代農業 2003 年 5 月号

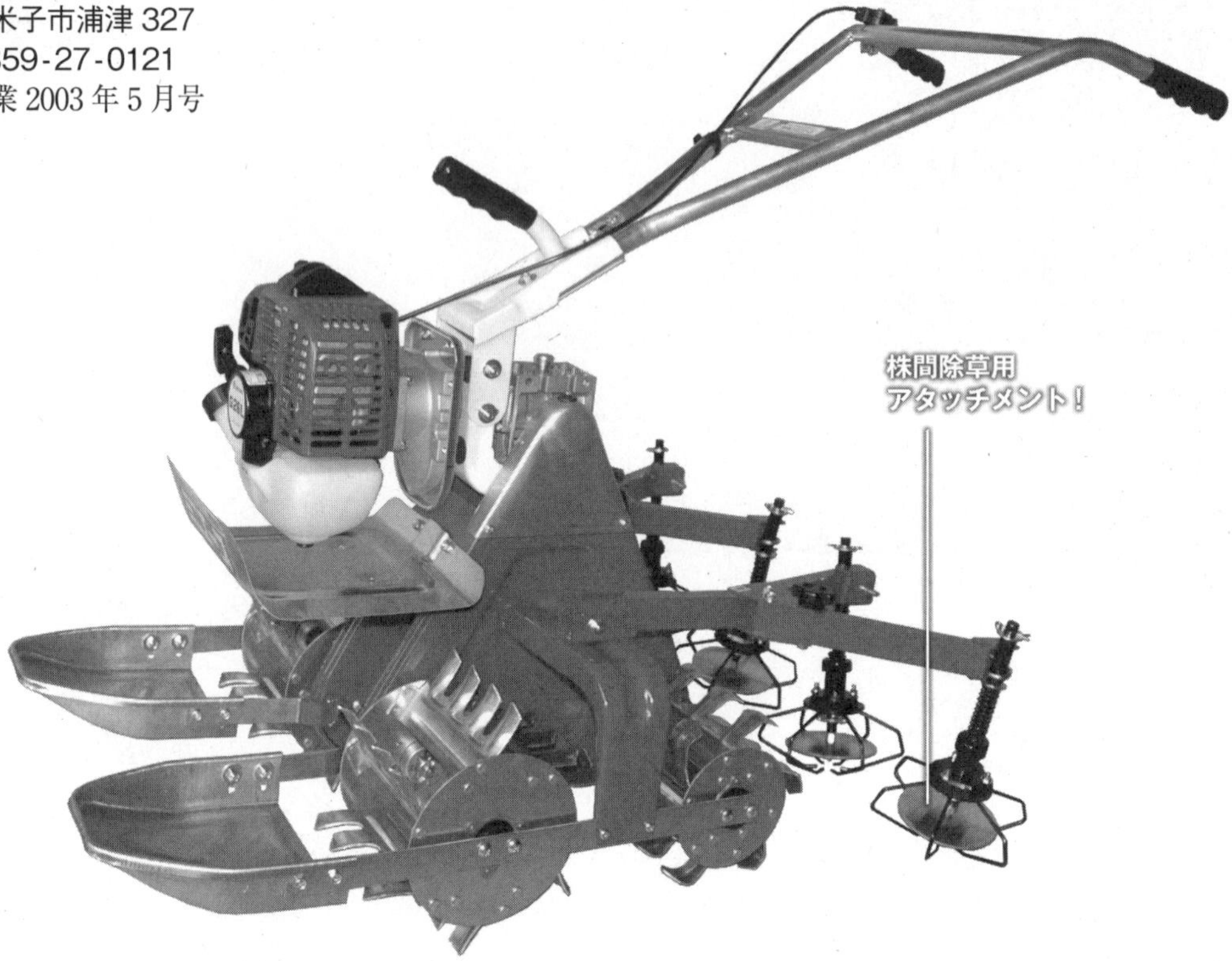

4〜10 条まで多様な型式から選べる「あめんぼ号」

㈱美善
山形県酒田市両羽根町 9-20
TEL 0234-23-7135
現代農業 2005 年 5 月号

※機械・器具の最新情報は、メーカーにお問い合わせ下さい。

ハンドル高さの調整が容易な「水田除草機」

㈱石井製作所
山形県酒田市大字局字忽田 1512
TEL 0234-93-2211
現代農業 2005 年 5 月号

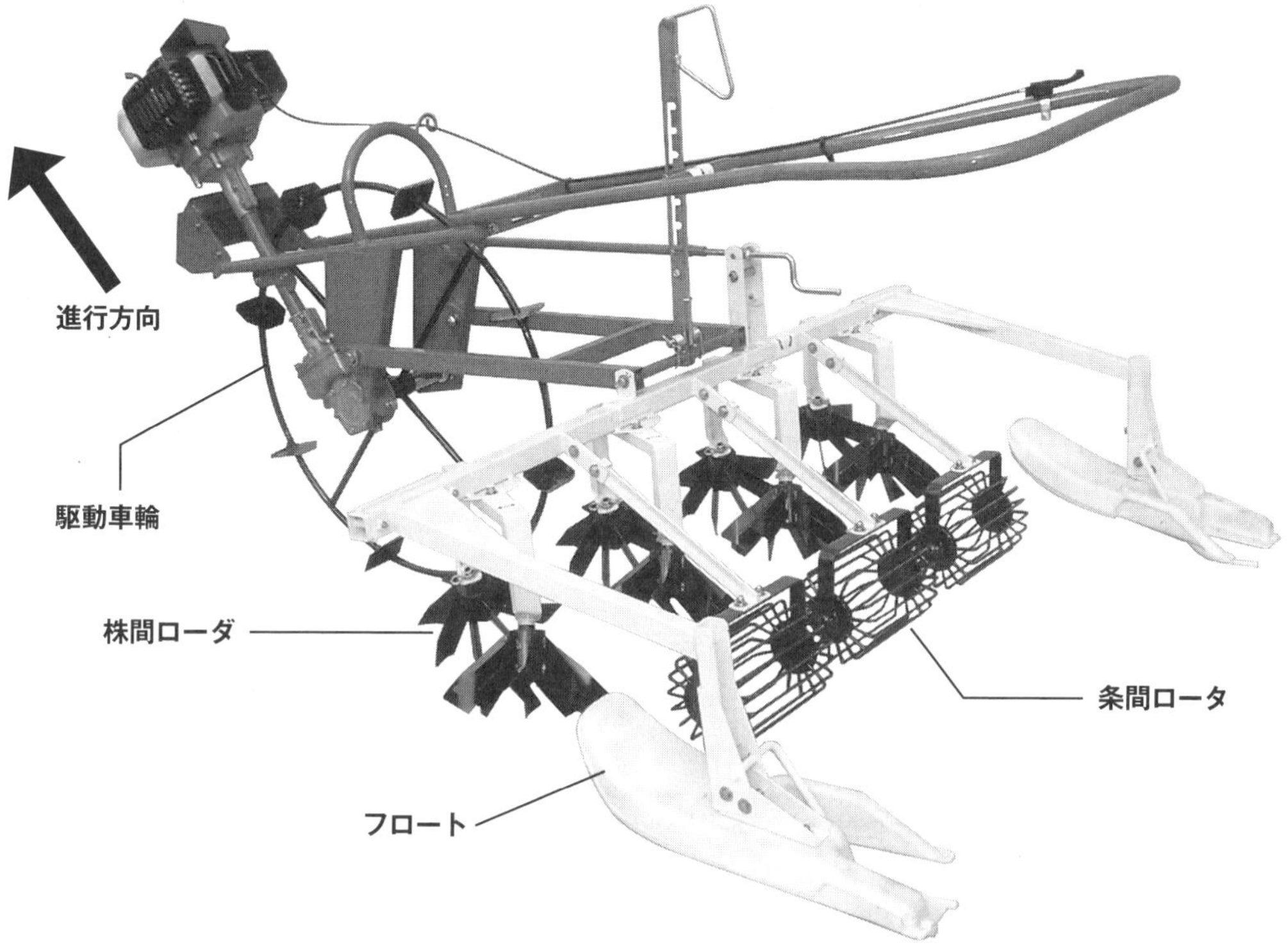

5本爪スクリューで草を根ごと浮かせる「水田用除草機」

㈱和同産業
岩手県花巻市実相寺 410
TEL 0198-24-3221
現代農業 2005 年 5 月号

農具
絵と文 高橋しんじ
46cm
21cm
除草機は、田んぼに生える雑草を除く道具です。条間を押して進むと二つの爪車が回転して泥を反転・攪拌、雑草を泥の中に埋め込みます。同時に土中のガスを抜きつつ新鮮な酸素を供給するため、イネの根張りもよくなるのです
谷口いわおさん
この機械子どものころよく見ましたナツカシイなあ

除草機と雁爪《がんづめ》

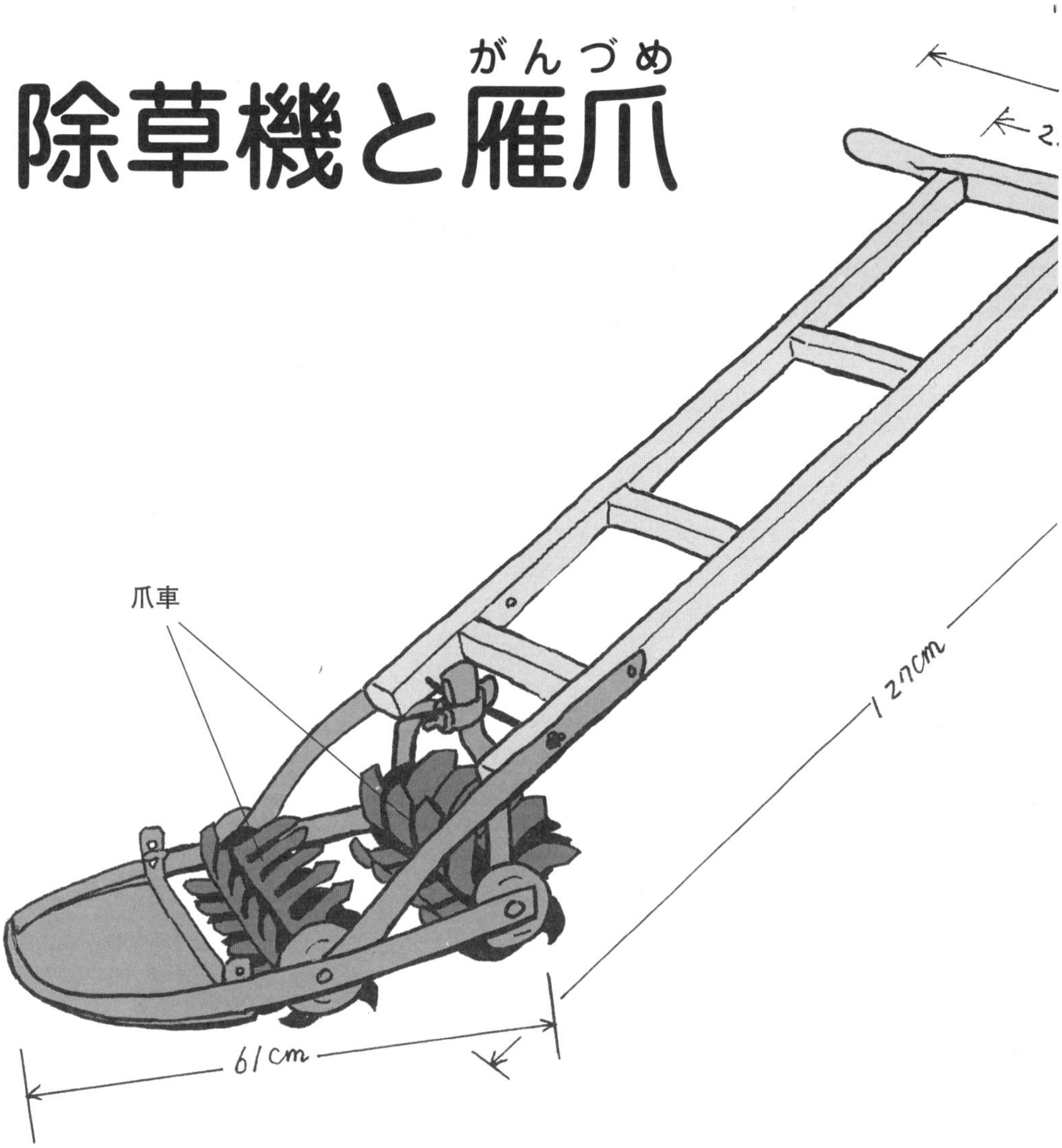

除草機が使われ始めたのは明治時代。その前は雁爪が使われていた。雁爪は、その名の通り雁の爪をヒントに作られた道具で、条間をガリガリと引っかくことで泥を反転・攪拌して雑草を退治する。作業は非常にたいへんだが、やはりイネの生育にもいいのでしっかり行なわれていた

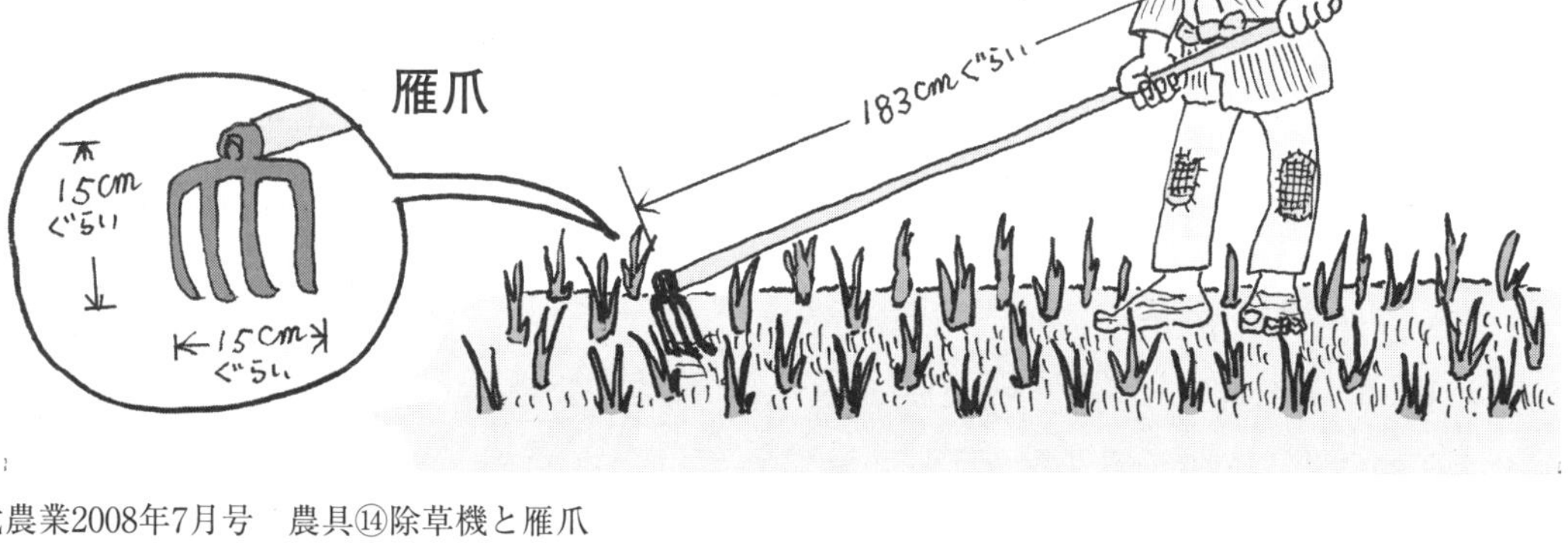

現代農業2008年7月号　農具⑭除草機と雁爪

田んぼの除草にノコ刃付き木製鍬

安井　滉　長野県佐久穂町

九年前に会社を退職し、八aほどの田んぼで農薬を使わない米づくりをしています。当初は田んぼに入って手除草をしていましたが、五年前から腰痛に悩まされ、苦労するようになりました。そこで草取りをラクにできる道具を作り始めました。これまで空き缶やペットボトルを使ったもの、竹ぼうきを使ったものなどいろいろ作りましたが、満足できるものはできませんでした。

でも、それらの失敗がヒントになり、シンプルな鍬を作ったところ、満足のいくものができました。材料は身のまわりにある木材とノコギリ刃（廃品）。とても軽いのが特長です。木材は水に浮くのでさらに軽く感じます。ノコギリ刃を付けたことで、根の張った草でも簡単に取れるようになりました。腰をかがめる必要もなく、腰痛の心配もなくなりました。

現代農業二〇一二年七月号　ラクラク度急上昇　草刈り・草取り　お気に入り道具　手作り編　田んぼの除草に　ノコ刃付き木製鍬

ノコ刃付き木製鍬

自作した除草鍬。「草取り君」と命名。刃の部分はノコギリ刃。木材に切れ込みを作って挟み込み、ネジで固定した。柄の長さ1.3m、刃幅175㎜、重さは約400g。とても軽い

『現代農業』掲載後に改良したもの。刃の幅を10cm、高さを30cmほどにして穴を空けている

パート4

畑の草を取る

15haのキャベツ畑をカルチで除草（164ページ）

各種の穴あきホー（150ページ）（撮影　倉持正実）

三角鎌（156ページ）（撮影　赤松富仁）

畑の草取りには、現在ではさまざまな機械や道具が使われています。パート4では、それら畑用の除草機具の特徴や使い方をまとめました。

直売野菜の畑や家庭菜園などのこまごま畑には、穴あきホーや三角鍬などが便利。大きさや形もさまざまあり、野菜の品目に応じて使い分ければ、除草効果もいっそう高まります。

また面積の大きな畑には管理機やカルチ（カルチベータ）が有用。従来は畑の区画の大きい北海道で主に使われていたカルチは、近年では本州などでも使われはじめ、畑での脱・除草剤の動きを後押ししています。

こまごま直売野菜の除草に欠かせない穴あきホーの使いこなし術

山下正範　兵庫県姫路市

筆者。産直用のお米と多品目直売野菜をつくる。ホームページ「除草剤を使わないイネつくり」（http://www2.ocn.ne.jp/~josonet/）の世話人。HPの趣旨は「あなたの失敗はわたしの肥やしです」（写真は＊以外、倉持正実撮影）

穴あきホーは優れもの

けずっ太郎やQホーのように穴の開いた除草道具（穴あきホー）を最初に見かけたのは、近くの故・井原豊さん（著書に『家庭菜園ビックリ教室』（農文協）など）の畑でした。幅も広く、いかにも手作りといったふうの道具で、ダイコンの肩を削っておられました。おそらく井原さんも誰かから教えてもらって自作されたのだと思われます。具合のよさそうな道具だなあと思っていたのですが、井原さんの死後、市販された道具があることを知り、愛用しています。

穴あきホーのいちばんの魅力は切れ味です。雑草の根際から土の表層を薄くスライスしていくので、土を動かすことがなく、力があまりいりません。土質が軽く、こなれがいい場合は雑草が枯死しやすく、また毛細管を

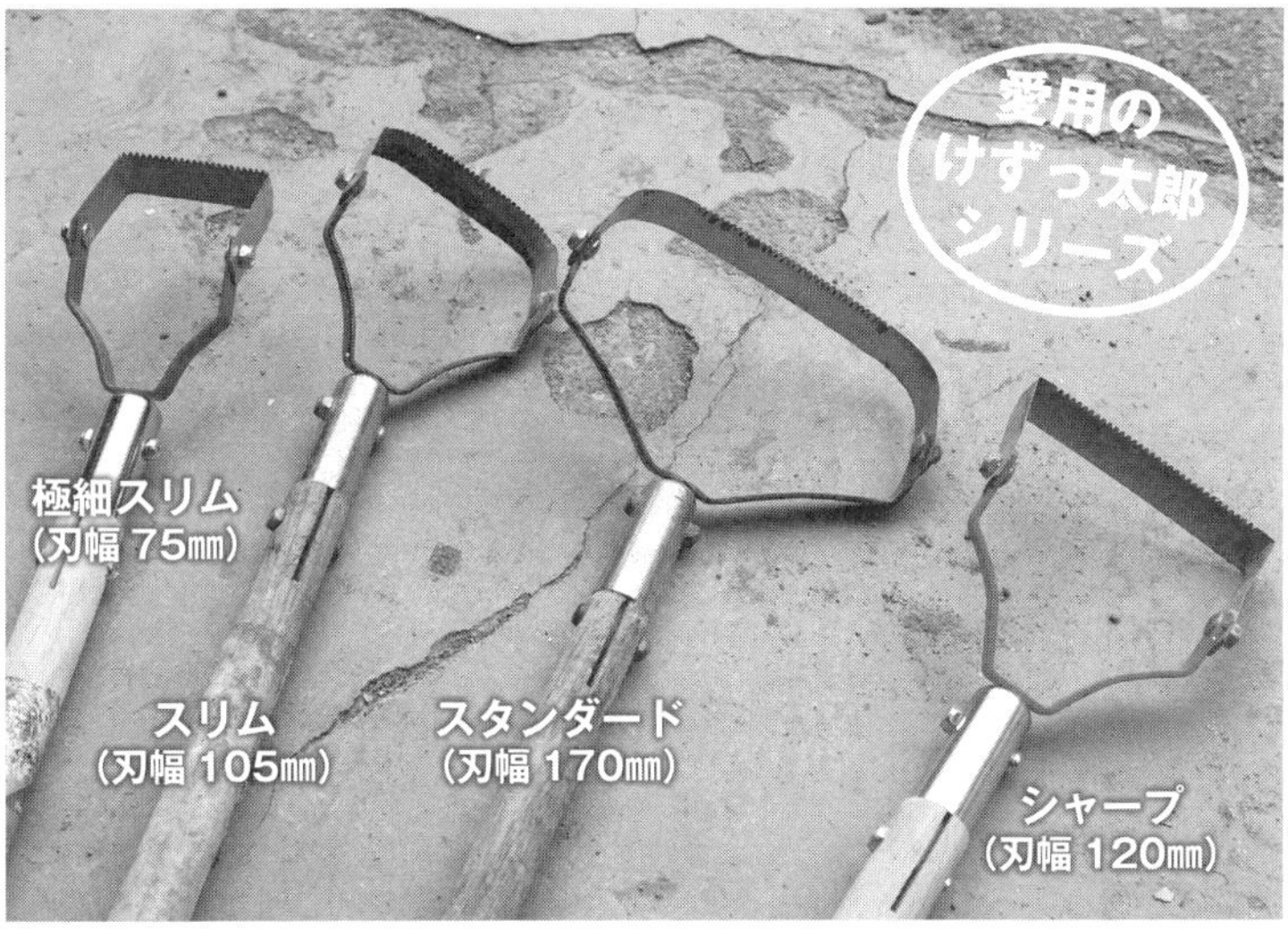

どのタイプも刃の片方は平刃で、もう片方はノコギリ刃が付いている。平刃を下にして柄を持ったとき、刃が地面と平行になるように設定してある
※「シャープ」の正式名称は「けずっ太郎　角刃コーナー」。「シャープ」とは筆者が付けたネーミング。
けずっ太郎の問い合わせ先は
㈱ドウカン　TEL 0794-82-5349

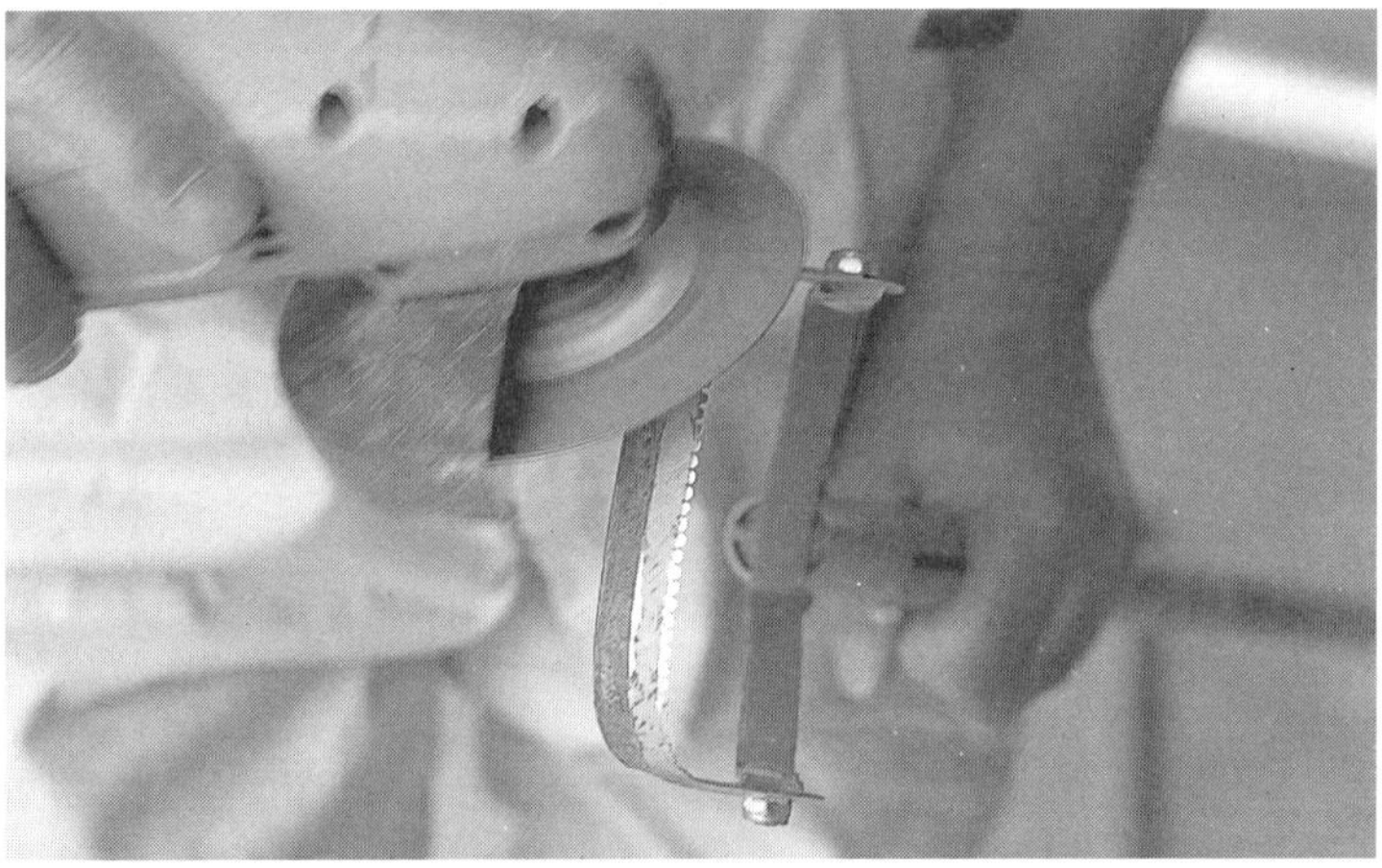

切れ味が命。安価で軽量の刃物研ぎグラインダーで数回研ぐ。回転数は4000くらい

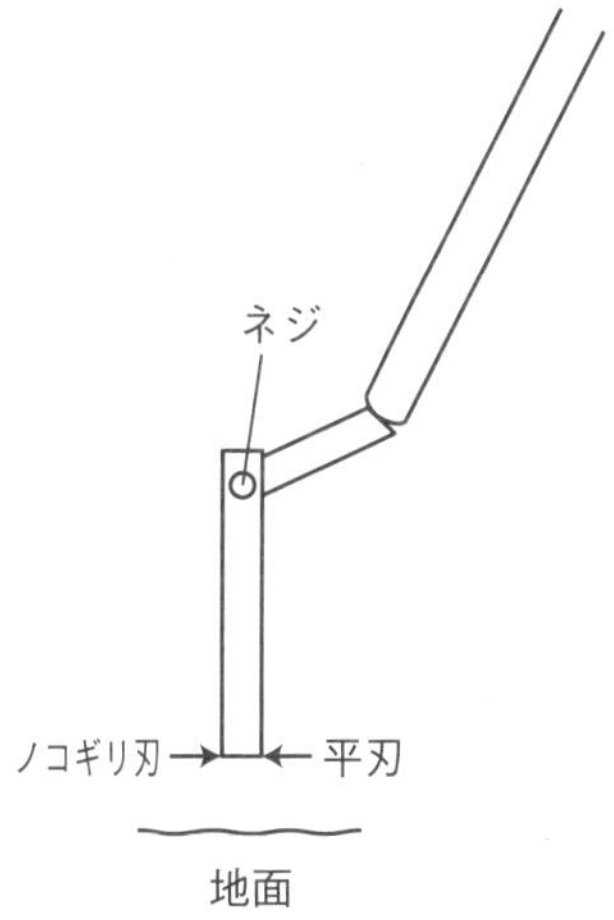

切断して土の表層が乾くので、その後雑草が生えにくいという、優れものの除草道具のように思います。

株元ギリギリまで攻められるけずっ太郎ができた

兵庫県三木市は豊臣秀吉の時代からという古い刃物職人の町として有名ですが、そこにあるけずっ太郎のメーカー「ドウカン」の社長が、時々わが農園を訪ねてきてくれます。先日、社長にあるお願いをしました。

「けずっ太郎は、刃の角が丸くなっていて、作物やマルチを傷めなくていいんだけど、株元ギリギリの雑草を処理しきれないもどかしさがあります。角が鋭角のタイプのけずっ太郎シャープとでもいうようなものを作ってもらえませんか」

しばらくして、新製品を含めて数種類持ってきてくれました。「けずっ太郎シャープ」「けずっ太郎スリム」「けずっ太郎極細スリム」「けずっ太郎ジャンボ」などなど。角が鋭角の新タイプが「シャープ」です。これらを使った中で、どれがよいかと聞かれれば、やはり「シャープ」。期待していた以上に株際まで攻めることができます。

刃物だから使う前に研ぐ

では具体的な使い方を説明しましょう。でも、その前にちょっと待った。穴あきホーは刃物であり、魅力はその切れ味にあります。時々研いでやりましょう。刃物研ぎグラインダーがあれば便利です。軽量で、低回転のグラインダーが安価で売っています。それにダイヤモンド砥石を付けて三～四回こすればOKです。

平刃とノコ刃の使い分け

けずっ太郎には、どのタイプも平刃とノコ刃が付いています。柄をクルリと回して反転させれば、どちらでも使えます。僕は基本的には平刃を使っています。立ち姿で柄を持てば刃が地面に平行になるようになっていますので、地表を五㎜～一㎝くらいの深さでスライスしていきます。土を動かさず、薄く削り取っていく作業ですので、ほとんど力がいりません。女性でも楽に扱えます（下の写真）。

ただヨウカンを薄くスライスするような感じで、土や雑草を削っていきますので、水気が多かったり、こなれが悪い土の場合には、

土を動かさない

トウモロコシのウネの除草。平刃でサーッと引くと、土を動かさずに雑草の根を切ることができる。とてもラク。軽い土寄せも兼ねたいときは、けずっ太郎を裏返してノコ刃を使う

株元ギリギリまで攻める

刃の角が鋭角の「シャープ」を使う。ノコ刃側で少し傾けて角の部分を使えば、株元ギリギリまで攻められる

株元ギリギリの雑草が取れた

雑草と土がうまく離れてくれずに、再生してしまう場合があります。そんな時には、あえてノコ刃を使うことがあります。ノコ刃にすると、少し刃が立った感じになり、引っかくような、雑草を引っこ抜くような感じになって、土もバラバラに砕けてくれます。

刃の外側で作物をよけたり、角部分でポイント除草したり

例えば、二条植えのトウモロコシなどを除草する場合を考えてみます。トウモロコシの通路側は平刃で削っていきます。雑草も作物の株際もよく見えて、スイスイと株際まで攻めながら削っていくことができます。

刃の外側で作物を押しのけながら株元の雑草を取る

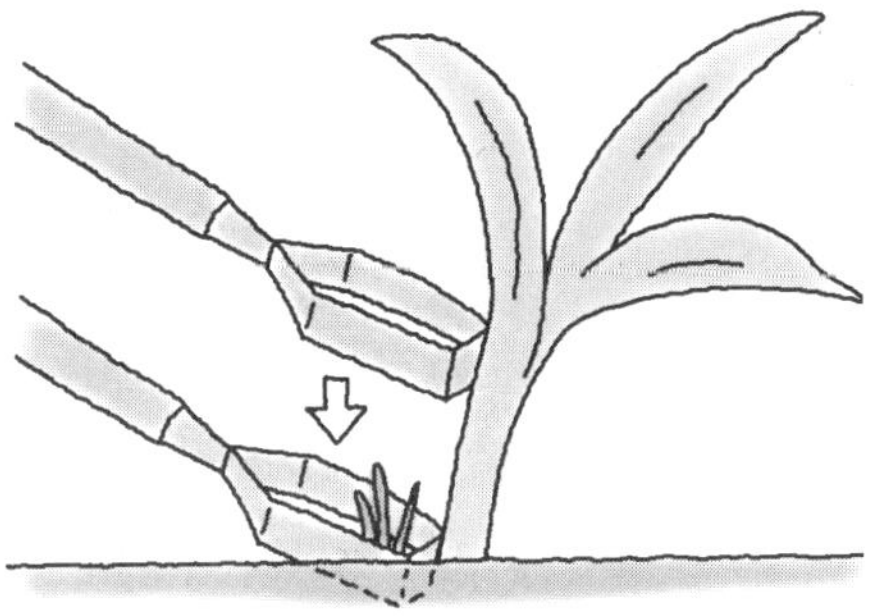

穴あきホーを前へちょっと押して、株元の雑草と作物の間に刃をザクッと入れる感じ。作物を傷めずに株元除草ができる

でも、その反対側の株際を除草をしようとすると、作物の陰になったりするので、通路から少し身を乗り出したりしながらの鍬さばきになります。そんな時こそ「シャープ」を使うと、具合がよくなります。株際ぎりぎりに雑草が生えている場合、作物と雑草のすきまにノコ刃を入れて「ちょっとどいててね」と刃の外側を使ってトウモロコシを押しのけながら、雑草を削り取ることができます。

また、刃を斜めにして鋭角な角の部分を使って、点で雑草を取ることもできます（前ページの中央写真）。今までは三角鍬を使ってそのような作業をやっていましたが、「シャープ」のほうが「ちょっとどいててね」という「機能」がある分、間違って作物を切ってしまうことが少ないと思いました。

狭い株間は「極細スリム」で

刃幅75㎜。狭い株間の除草に便利

マルチ際には「スタンダード」

刃の角が丸いので、マルチに引っ掛かりにくく、際までラクにいける

作物ごとの除草法、大公開

夏播きニンジンやネギ類は太陽熱処理だけでOK

さて、有機で多品目の野菜を栽培している僕は、事前にその作物ごとの除草（抑草）対策を頭に入れながら、タネを播いたり定植したりしています。以下は具体的なやり方です。

除草で神経を使うのが、初期生育の遅いニンジンやネギ類です。無手勝流で行くと、いくら猫の手があっても足りません。八月、九月にタネ播きをするニンジンやタマネギ苗は、透明マルチで二〇日間ほど覆う太陽熱処理を教えてもらってから、とてもラクになりました。ほとんど雑草は生えてきません。

春播きのネギについては、仮植床に一カ月ほど前から黒マルチを張っておけば、雑草がモヤシ（枯れ死）状態になります。そこにセルで育てた苗を仮植すれば、けずっ太郎で一〜二回中耕する程度で問題ありません。でも油断大敵。本植えの七月まで梅雨が入るので、小さく見えた雑草もググン大きくなって、手に負えない根張りになってきますので、見逃さず削るようにしています。

多品目野菜がズラリ。中央の黒マルチのところが夏の果菜類。通路部分には防草シート。隣の春播きネギは黒マルチで太陽熱処理をしたおかげで雑草が生えない

冬播きニンジンは、太陽熱＋けずっ太郎＋熊手の合わせ技

数年にわたって苦労したのが一月末播きのトンネル栽培の春ニンジンです。毎年試行錯誤を繰り返していましたが、今年やっと目処が立ち始めたかなという気がしています。

十一月中下旬に透明マルチを張って雑草を生やせるだけ生やしてしまいます。頃合いを見計らって、その上から防草シートですっぽり被覆して、生えた雑草（の根）の勢いを弱らせます。播種する一週間ほど前に防草シートとマルチを剥いで、土の表面をけずっ太郎で薄くスライスして雑草を削り取ります。

ただし、わが畑は砂壌土で関東ローム層のように土が軽くありません。スライスしただけでは枯死してくれないので、数日後スチール製の熊手で二回ほど引っかいて、整地を兼ねて雑草の土離れを促進します。そこにタネを播いたら、雑草量が数分の一に激減しました。雑草が数分の一に減れば、除草作業の手間はその何倍もラクになります。

ゴボウは初期に雑草ごと削っちゃう作戦

けずっ太郎の後に熊手を活用するのはゴボウでもやります。十月末に播種した大浦ゴボウ、二月頃はまだ小さく（本葉二〜三枚）、ハコベやホトケノザと共存状態です。そこをけずっ太郎で雑草ごと全部削ってしまい、日を置いて熊手で二〜三回引っ掻き、表面の土と雑草を攪拌して雑草を枯らしてしまいます。

ゴボウは頭を切られても大丈夫です。生長点が土の中にあるので、暖かくなってくると本葉三〜四枚目からググン葉を出してきて

くれます。その後の生長が早いので、もう雑草に負けることはありません。

マルチ穴の雑草は海砂埋め込み作戦

夏場の果菜類は黒マルチの力を借りなければ雑草天国になってしまうので、黒マルチを使い、マルチとマルチの間の谷に防草シート（五〇cm幅）を敷いています。スイカやウリ、カボチャ類などのツルが広がっていくウネには、幅広の一五〇cm幅の防草シートです。

ニンニクの株元。マルチ穴から生える雑草には海砂がいちばん。フタをするようにかけてやれば生えてこなくなる（＊）

生育期間の長いニンニクは、黒マルチを張ったところに穴をあけて定植、ニンニクの芽が出そろった頃には雑草も生えそろってきているので、株元に海砂を注ぎ込んで雑草を埋め込みフタをしてしまいます。これで雑草はほとんど生えてきませんので、収穫までほとんどすることなしです。

この海砂を株元に入れる方法は、極早生のタマネギや、十月末に播種して三~四月に収穫するダイコンにも使っています。海砂がマルチの穴を押さえてくれるので、マルチが風でバタつかず、地温も上がるようです。モミガラを使うより強力です。

育苗する葉物は一回削れば大丈夫

葉物野菜の中でも育苗しやすい、また一株あたりの単価の高い野菜は、一二八穴のセルトレイで育苗して、ロータリで雑草を叩いたきれいなウネに、ネギロケット（植え穴をあける道具）を使って定植します。わが直売所でいえば、一株一〇〇円、最低でも五〇円になる野菜、たとえばミズナ、ミブナ、シュンギク、レタス類など。これらは途中一度けずっ太郎で中耕する程度でまあ大丈夫です。

直播きの葉物で手抜きできるのは

葉物野菜でも、ホウレンソウ、コマツナ、シロナ（姫路若菜）など、いわゆる菜っ葉類は播種器で直播きしていますが、ホウレンソウは比較的ていねいに中耕するものの、ほかは雑でもいいと思っています。ホウレンソウは雑草が多いと収穫の時に、もつれて手間がかかりますが、コマツナなどはその心配がありません。

などなど、ほかにも例を挙げればきりがありませんが、このように畑の場合は次々アイデアがわいて、除草（抑草）技術が向上して仲間から教えてもらったり、ヒントをもらってそれを継承発展させていったものばかりです。

現代農業二〇一二年七月号　ラクラク度急上昇　草刈り・草取り　削る道具を使いこなす　こまごま直売野菜の除草に欠かせない　穴あきホーの使いこなし術

畑の隅々まで草が取れる万能両刃鎌

平川まち子　埼玉県久喜市

狭いところも広いところも使えるから、まさに万能

筆者愛用の野口式万能両刃鎌（撮影　赤松富仁）

私が嫁に来てから三八年間ずっと愛用しているのが「野口式万能両刃鎌」です。三角鎌の先を立てると雑草の根っこまで取れるところが気に入っています。ナシ園の樹の根元やナシ棚を支える支柱回り、田んぼのアゼ際など、ふつうの鎌ではやりづらい細かい場所まで雑草が取れます。逆に広いところでは、刃を寝かせて使えば速く草が取れるので、まさに万能です。

草取りは、座って手鎌でやる方法もありますが、私は立ったまま鎌を動かしたほうがラク。だからこの鎌が手放せません。

草取りだけでなく、鍬代わりにもなります。自家用畑での溝切りや苗ものを植えるときの穴掘り、タネを播くときに必要なスジを付けるときにも重宝しています。

問い合わせ先
野口鍛冶店（埼玉県菖蒲町）
ＴＥＬ〇四八〇-八五-〇四二二

現代農業二〇一二年七月号　ラクラク度急上昇　草刈り・草取り　お気に入り道具　市販品編　畑の隅々まで草がとれる、万能両刃鎌

しゃがむ姿勢が苦しくなって名機「人力カルチベータ」を愛用

村上カツ子　熊本県合志市

ホウレンソウの条間に人力カルチベータを引っぱる筆者

草取りにてんてこ舞い

気温が高くなってくると、草取りに追われるようになります。

昔は草を手で取っていましたが、四七歳のときに膝の靭帯を切って以来、しゃがんで取るのがきつくなってしまいました。どうしても手で取らないといけない株間の草取りはシルバー人材センターに登録している友達に頼みます。あとは道具を使ったり、除草剤をかけたり…と、あの手この手で草取りしています。主人が町会議員をやめて手伝うようになってから野菜畑が増えたので、なおさら草取りにはてんてこ舞いです。

草取りの名機「人力カルチベータ」

私の草取りの名機といいますと、人力カルチベータです。六〇年ぐらい前に畑作地帯だった私たちの地方には、各農家に一台はあったものです。

小中学生の頃、畑の手伝いに行けばその機械を引いたものでした。手に豆ができ、父母たちが鍬で土寄せする横で泣きたい気持ちで引きました。

鉄製で重いせいか、今はほとんど使われていませんが、私は今でも愛用し、重宝しています。梅雨上がりの土がかたくなっているウネ間を耕せば、やわらかくなり、作物もぐっと元気になるし、草もなくなるし、本当にいいものです。

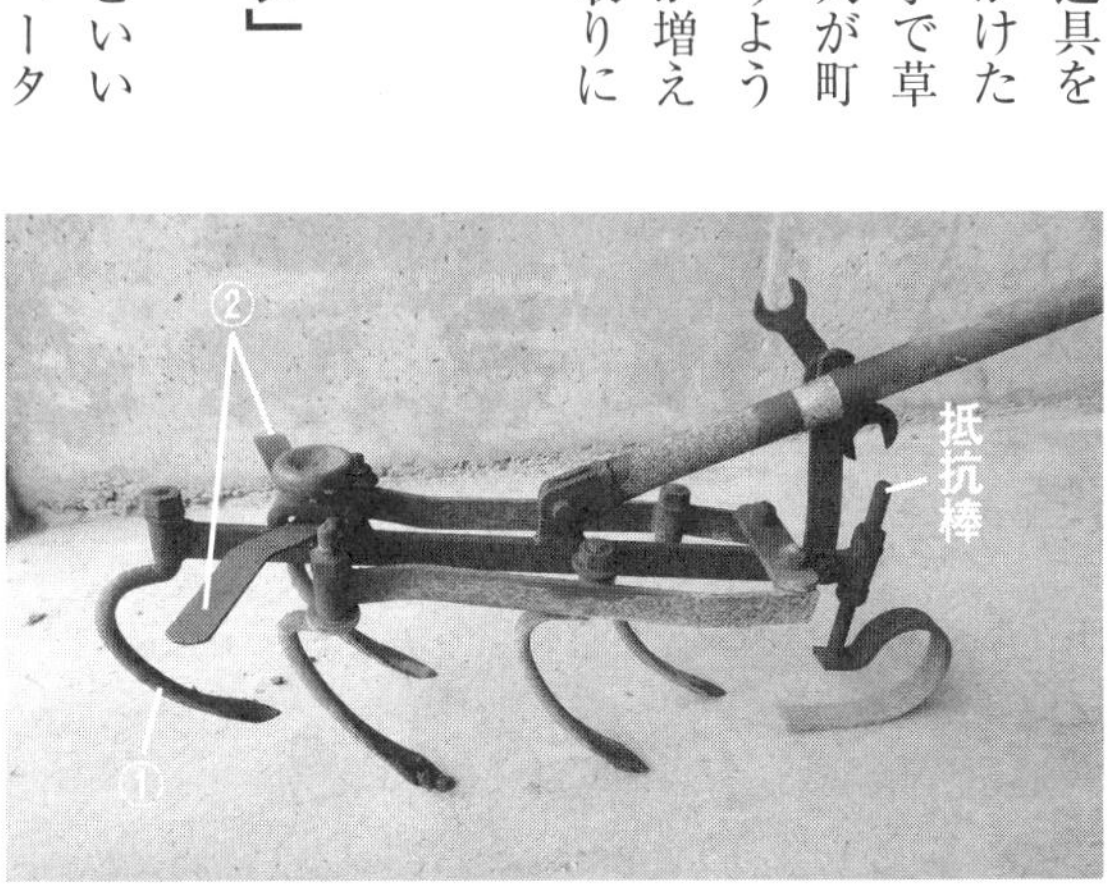

カルチベータのツメの部分。①のツメは取りはずし可能で、培土板と取り替えることができる。②を動かすとツメの幅も変えられる。抵抗棒でツメの入る深さも調整可

現代農業二〇一二年五月号　1日2万円売れんとイヤ！　直売所名人の畑から⑷　畑の草取りあの手この手

現代農業に登場した

畑の除草機具たち

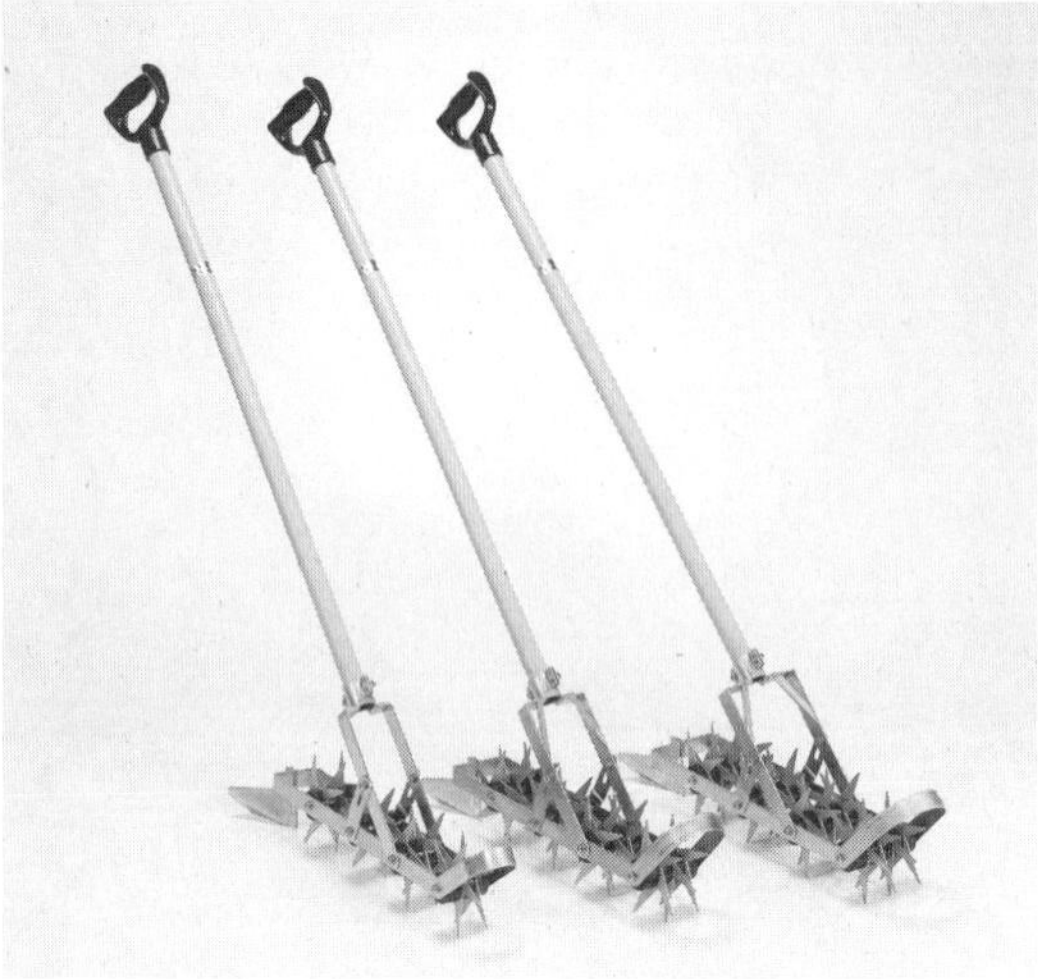

条間の狭い軟弱野菜の中耕除草「たがやす」

販売元：㈱向井工業
大阪府八尾市福万寺町４丁目19番地
TEL 0729-99-2222
現代農業 2010年5月号

回転羽でラクに畑の中耕除草「くるくる・ポー」

㈱美善
山形県酒田市両羽町9-20
TEL 0234-23-7135
現代農業 2007年8月号

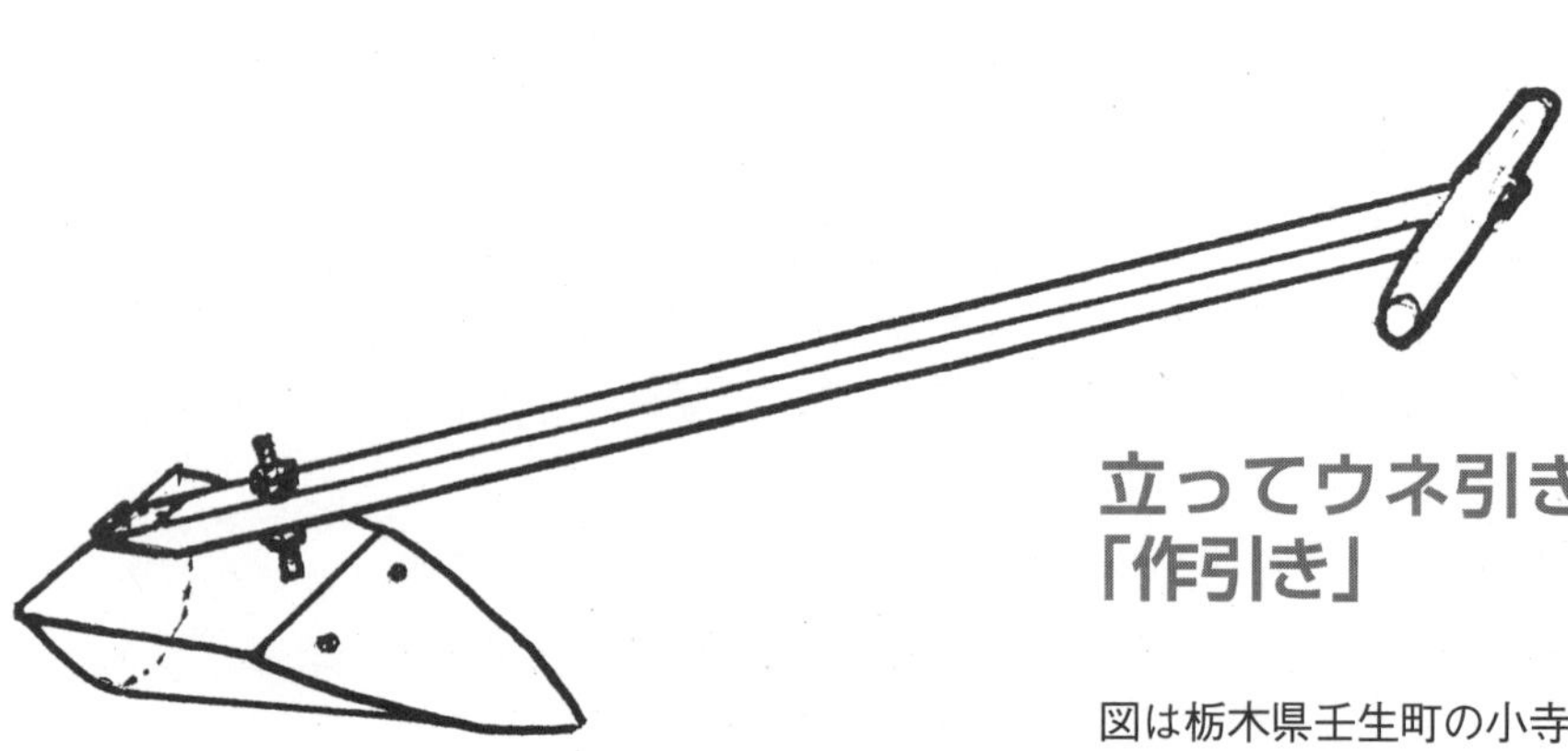

立ってウネ引きや中耕除草「作引き」

図は栃木県壬生町の小寺伸さんが使っているもの

現代農業 2009年8月号

※機械・器具の最新情報は、メーカーにお問い合わせ下さい。

根の深い草も簡単に抜ける「草取りカギカマ」

現代農業 2005 年 3 月号

どちらも熊谷鉄工所
岩手県大船渡市三陸町綾里字大明神 13
TEL 0192-42-3076

草を削りレーキで集める「草取りレーキ」

現代農業 2009 年 8 月号

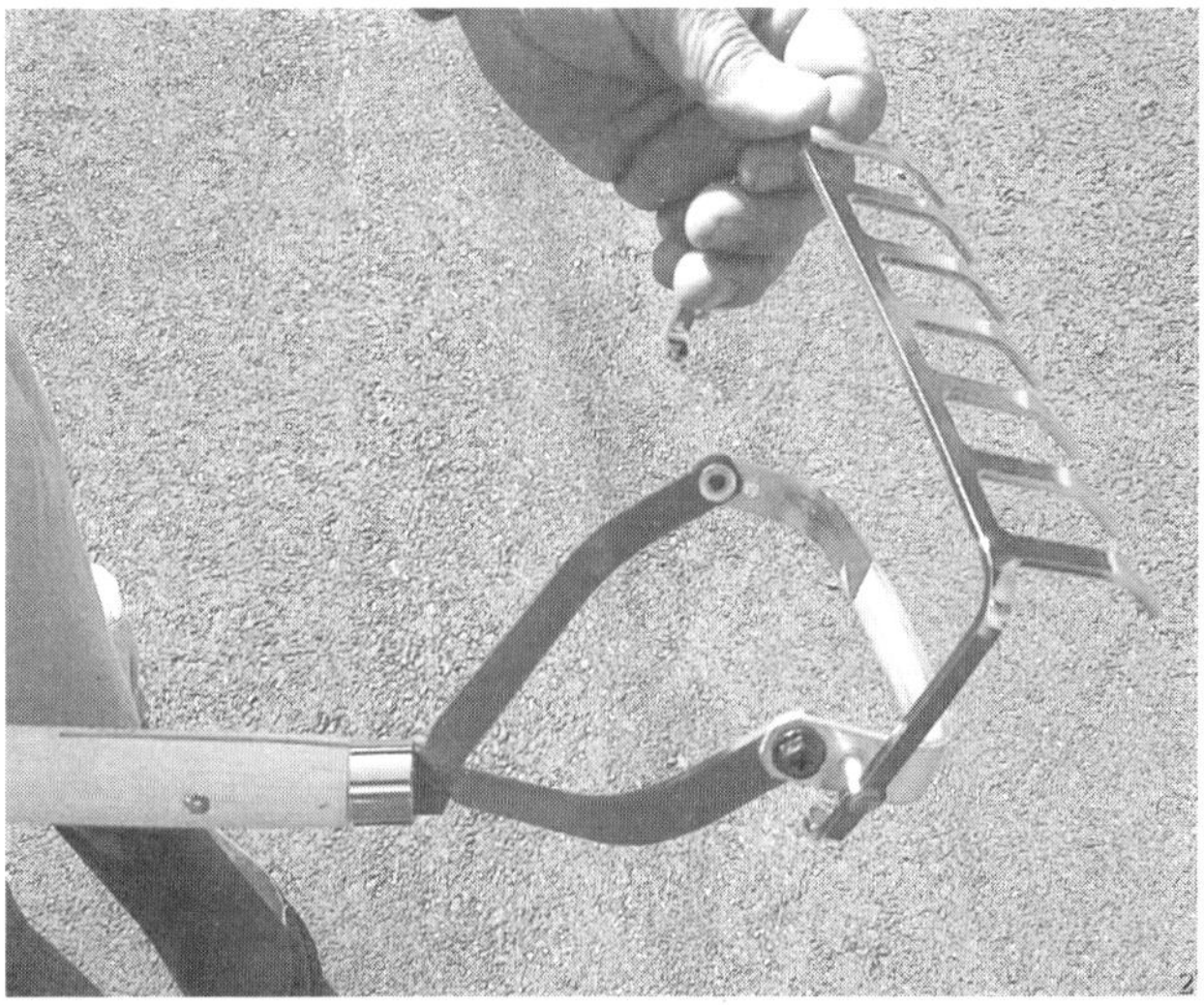

草を根ごと抜く「根浮かし鍬」

ギシギシなどの草を引き抜くのに使う。写真は島根県邑南町の沖川吉弘さんが使っているもの

現代農業 2005 年 12 月号

機械がなかった頃のおじいさんのワザをヒントに
ウネ間ラクラク除草

上野真司　長野県飯田市

上農は草を見ずして草を取る!?

四〇aほどの畑でスイートコーンをマルチ栽培しています。

以前は、草を取るときには、雑草が五〜一〇cmほどに伸びてから、ウネ間を一輪管理機で耕しながら草を埋め込むように除草していました。管理機の刃が届かないマルチの際部分は、三角ホーで除草していました。

しかし、雑草が大きいため、三角ホーでの作業は力が必要で、せっかく除草した草が死なずに活着し、復活することも多く、畑全体の除草が追いつきませんでした。

あるとき、お向かいのおじいさんKさんが、何も植わっていない畑で三角ホーを動かしていました。気になり、Kさんに聞いてみると、「ホウレンソウのタネを播いたので、それが発芽する前に一度除草をしている。三角ホーで土の表面を軽く動かすと、発芽しかけている雑草を退治できて、その後の雑草の発生を大幅に減らすことができる」とのことでした。

おじいさんは雑草の発芽前か直後の、より早い時期に土を動かして、除草をラクにしていたのでした。

三角ホーを三回かけるだけで草が生えなくなった

そこで、そのやり方を参考にして、スイートコーンのウネ間を、以前よりも早い段階で除草するようにしました。

雑草の草丈が五cmぐらいになるまでに三角ホーで土の表面をひっかくように除草するようにしました。このときに雑草の生えていない部分もホーで土を動かします。

すると、雑草が小さいのであまり力もいらず、除草時間も短くなりました。この作業をトウモロコシが伸びてくるまでに三回ほど繰り返すと、土の表面の雑草のタネがほとんど発芽してしまうためか、雑草の発生がほとんど見られなくなりました。

管理機も使ってもっとラクに

昨年からは、このやり方にさらに改良を加えました。

雑草の草丈が五cmぐらいに伸びるまでに、一輪管理機でマルチの際部分にウネ間の土を盛ります。こうすると、マルチの際の雑草も、ウネ間中央部の雑草も土に埋もれるなどして、死に絶えてくれます。

この作業から一〇〜二〇日ほどたつと再び雑草が伸びてきます。すると今度は、盛った土を三角ホーでウネ間中央部に落とし、雑草を埋め込んでしまいます。この作業は、土を上から下に下ろすだけなので、ほとんど力も必要なく、非常にラクで仕事も早いです。

この二工程をトウモロコシが伸びてくるまでに二〜三回ほど繰り返すと、雑草がほとんど生えなくなってきます。

現代農業二〇一一年八月号　いま、昔の農業をヒントにする　機械がなかった頃の手作業に学ぶ　おじいさんのワザをヒントに　ウネ間ラクラク除草

おじいさんのやり方をヒントにした除草法

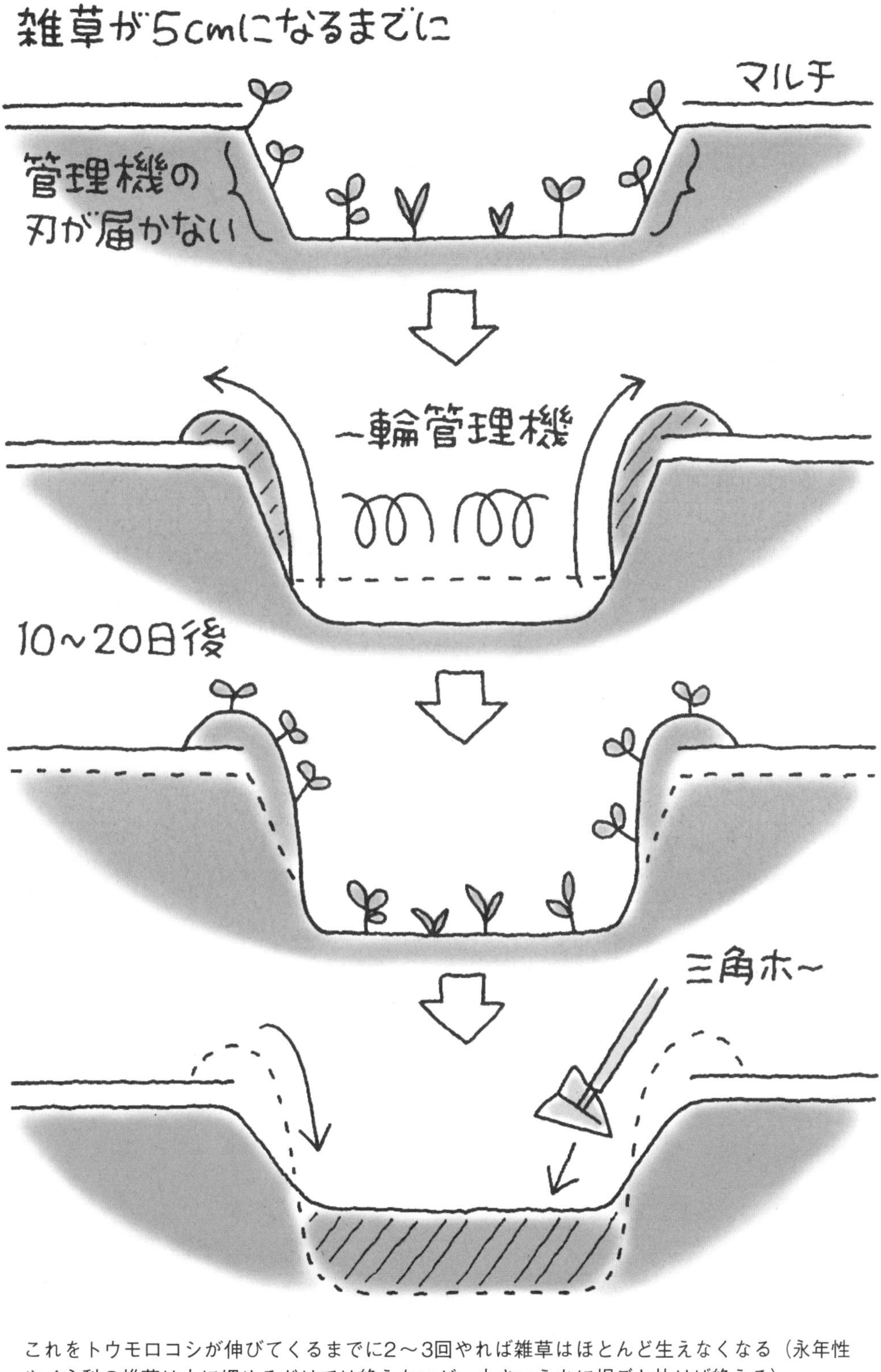

これをトウモロコシが伸びてくるまでに2～3回やれば雑草はほとんど生えなくなる（永年性やイネ科の雑草は土に埋めるだけでは絶えないが、小さいうちに根ごと抜けば絶える）

除草剤よりよく効く！ニラ畑での米ヌカボカシと管理機の使い方

石井　稔さん　宮城県登米町　編集部

石井さんのニラ畑には草がない。きれいなもんだ。除草剤はいっさい使ってないのに、不思議なもんだ。

秘密の一つは、米ヌカボカシ。上からまくと、有機物マルチになって草が生えないし、土がフカフカにやわらかくなる。もし生えたって、手でちょっと引っ張れば、根からスルッと抜けてくれる。

そしてもう一つの秘密が、じつは、広ーいウネ間。普通の人は四〇〜六〇㎝くらいのウネ間なのに、石井さんのはナント八〇〜九〇㎝！「そんなに広くしちゃったら、単位収量が上がらないだろう」って？　そうなのです。石井さんは収量が低いのです。ただし、それは最初の数年だけ。ニラは次々分けつして、倍々ゲームで殖えてくれる作物だから、狭いウネ間で三年で植え替えるよりも、広く植えて何年もとり続けたほうが、絶対儲かるんだそうだ。

そして、ウネ間を広くとったおかげで管理機が使える！　石井さんの畑がきれいなのは、除草剤を使わなくても、ウネ間を管理機で除草できるからだ。手取り除草しか手がない人は、やっぱり除草剤に頼りたくなっちゃうもんね。

ニラ栽培は草との戦い。収穫のときに草だらけだと、調製の手間ばかりかかって大変。でも草がまったくなくなると、雨の泥ハネでニラが汚れるので、少しはあったほうがいいんだそうだ。

機械と米ヌカをうまく使いこなせれば、ちょうどいいくらいに草がなくなる。完全無農薬なのに、手間がかからないから、面積も多くやれてしまうんだそうだ。

石井さんの畑

7月、草はほとんどない。ウネ間は80㎝とってあるから管理機が使える

除草剤を使った畑

7月、除草剤が切れて、たいへんなことに……

（写真はすべて倉持正実撮影）

石井さんのニラ管理の実際

昨日、ニラを収穫したところ（ニラの刈り跡と株間にあった草が見えている）

刈り跡の草と刈り残しのニラ株を一緒に、小型のハンマーナイフで表層だけ砕く（ハンマーナイフの跡は、右側のウネのように、とてもきれいになる）

ニラの刈り株は見えなくなってしまったが、ウネと思われるところの上に、米ヌカボカシを2t／10a以上まく。畑いっぱいにいい香りがたちこめる

通路に1回目の管理機をかけてウネ上に土寄せ。管理機の幅は40cmだが、爪を1本とってあるので、ニラの株を傷める心配はない

翌日、辺りにはニラが伸びて、地上部に顔を出してくる

5日目にはこれくらい。ニラは20～25日で38～40cmになって収穫できる

1週間後、そろそろ通路に草が生えてくるので、この頃にもう一度だけ管理機をかける。写真は収穫3年目の株。5～6年目になると、ウネいっぱいに広がって管理機が入らなくなる。そうなったら、さすがの石井さんも植え替えだ

現代農業一九九九年十一月号　除草剤よりよく効く、ニラ畑での米ヌカボカシと管理機の使い方

一台四六万円のカルチが二〇〇万円の利益を生みだした

三浦 誠さん 岩手県岩手町 編集部

三浦誠さん（左）と父の誠士さん

岩手県岩手町の高原キャベツ産地で、三年ほど前から注目を集めている機械がある。除草カルチだ。

「もう画期的ですよ。除草剤をいっさい使わなくてすむし、経費も減らせます」。そう語るのは約二〇haの畑でキャベツを主体にナガイモ、ゴボウなどをつくる三浦誠さん（二八歳）。

除草剤だけでは草は抑えられない

かつての三浦ファームの草取りは家族と従業員合わせた六人の人海戦術だった。もちろん除草剤は最初に使うのだが、それだけではどうしても草は抑えられない。植えた直後に苗の上から全面散布するフィールドスター（キャベツには影響ないといわれる）は、とくにアキボコリ（メヒシバなどの地方名）には効きが悪いうえ、この草は一日に一〇cm以上も伸びるやっかいな草だ。

鎌を片手に「今日はこの畑、明日はこの畑」とひたすら草取り。大きい畑は一枚二～三haあるから根気も必要だ。梅雨を過ぎて暑くなると草は猛烈な勢いで伸びるから、タイミングが遅れるとすぐに草畑。キャベツの肥大は悪くなるし、虫がついても草が邪魔をして防除すらできない。取り残した草がタネを落とせば翌年はもっとたいへんなことになる。

「農業はホント、草との闘いです」

後継者として就農して七年の、若き三浦さんの実感だ。

バネのようなレーキが根際の草も引っ掻く

三年ほど前、地域の先輩が試験的にカルチを導入した。資材にはシビアでめったに「いい」とはいわない先輩が「これは入れたほうがいい」というのだ。

三浦さんもカルチのことは知っていた。北海道の農機具展示会などで見たことはあったが、先輩に見せてもらったそのカルチはラグビーボールのような一見変わった形をしていた㈱キュウホーの「ウルトラQ」)。レーキの部分だけ借りてきて一晩中眺めた。これでいったいどうやって草をとるのか、皆目検討がつかなかったからだ。

その後、実際に畑に入ったところを見せてもらって驚いた。バネのように動くレーキが、ウネ間だけでなく、株の根際や株間も引っ掻きながら草をとっていく。しかも速い！

左がカルチをかける前、右がかけた後。株間まできれいに草がとれている（Q）

トラクタより田植え機で引くのがいい

三浦さんもすぐにカルチを購入。二条がけタイプで約四六万円。正直、こんな針金みたいなレーキならもっと安くてもいいんじゃないかと思ったが、さすがに自分ではつくれそうにない。

カルチを引っぱる機械は田植え機にした。カルチは少しでもずれるとせっかく植えた作物を根こそぎとってしまう危険性がある。三浦さんの畑は傾斜畑が多いので、タイヤが太いトラクタだと微妙にずれることもありそうが、田植え機ならタイヤが細い。四駆の六条植え田植え機を中古で六万円で入手。

新幹線と自転車くらい違う

さっそくカルチをセットして一〇〇mのウネを走ってみた。振り向くと、前に見えていた草がきれいにとれており、「これはいける」と確信した。時間を測ると一〇〇mで三〇秒足らず。手除草しようものなら気合いを入れても二〇分はかかる距離で、まるで「新幹線と自転車くらいの違い」。

運転に習熟したいまは、一日に一人で二haぐらいはこなせるという。

二〇〇万円の経費削減＋増収効果

経費面から見ても全然違う。比較してみたのが次ページの図だが、じつに約二〇〇万円の削減効果！

これに加え、収量が一～二割増えるおまけもつく。除草剤をかけると、キャベツにどうしても悪影響が出る。生育が不揃いになり、いっせい収穫ではとりきれないものが出て収穫ロスとなっていたぶんだ。

三浦さんの上手に使うコツ

ところでカルチがけは技術も必要だ。ヘタをすれば草も取れずに作物の根を傷めたり、一列引き抜いてしまう危険だってある。

三浦さんのカルチ（キュウホー「ウルトラQ」2条タイプ）。手を入れている部分で作物を抱え込むように株際まで除草する。写真はウネ間60㎝キャベツの2条用にセットしたもの。レーキはそれぞれ取り外しできるので株間の広いゴボウは1条にして使う。ウネに合わせてレーキの高さや角度が調節できる

▼ウネはまっすぐに立てる

歪んだウネだと苗を引き抜く可能性が高くなる。ウネ立てのときは遠くの一点を見つめ、曲がらないように慎重にいくのが第一条件。もちろん苗をまっすぐ植えることも重要だ。

▼入れるタイミングは活着直後

タイミングは最初がいちばん肝心で、キャベツを定植して一週間から一〇日たったとき。苗が確実に活着したころだ。二回目は定植して二五〜三〇日後。この二回を確実にできれば、あとは草が生えてもキャベツが負けることはない。だが、あまりに草が多い畑はもう一回入れることもある。

▼草が見えないときに入れる

見た目にはまだ大丈夫かなと思っても、土の中ではすでに草が根を出し始めている。その根がレーキにたくさん引っかかるようなタイミングだと抜群の効果がある。

▼天気予報を見て晴れ予報の日に

土が湿っていると、せっかく引き抜いた草もまた根を下ろしてしまうので、翌日が雨の日はやらない。天気予報を見て、二〜三日晴れが続くときにかけるようにしている。

▼時速一五㎞で

スピードがあまり遅いと草を引き抜く力が弱まるので、時速一五㎞が目安。ただ、粘土質の硬い土だけは八㎞くらいにする。レーキが土に刺さりにくくなるからだ。レーキの高さも一㎝下げ、ゆっくり走ると、硬い土でも草はちゃんと削れる。

▼ウネはあまり高くしない

最初はウネを三〇㎝の高さにしていたが、このカルチは土を削っていくのでウネの肩が削れていく。植わっている部分が狭くなると株がグラグラして倒れてしまうので、ウネはあまり高くせず、ウネ上面を幅広にする。だが、低すぎると長雨のときに根腐れを起こす

ので、二〇cmくらいが目安。

▼苗が何本か抜ける覚悟は必要

どんなに気をつけても苗が何本かは抜けることがある。それくらいの覚悟はしておくことも必要だ。

家族が笑顔に

さて、三浦ファームにカルチが入って三年目になる。父親の誠士さんが言うには、契約先の量販店などに「除草剤なし」とアピールできることは、ものすごい強みだそうだ。

「それにやっぱりラクだあ。除草はオレは見てるだけ。全部息子（誠さん）に任せている。安心して見てる」とも誠士さん。

カルチは誠さんの判断で入れたもので、その使いこなしは今後経営を担っていく後継者の腕の見せどころでもある。失敗すれば従業員をよけいに雇わなければならないし、とくに草取りは女性たちの負担になる。いま、三浦ファームのみんなの顔がとても穏やかなのは、誠さんの技術研鑽の結果だといえそうだ。

※㈱キュウホーの連絡先
北海道足寄郡足寄町西町七-四
TEL〇一五六-二五-五八〇六

現代農業二〇一〇年五月号　畑の草にいけるぞ！カルチ　一台四六万円のカルチが二〇〇万円の利益を生みだしてくれた

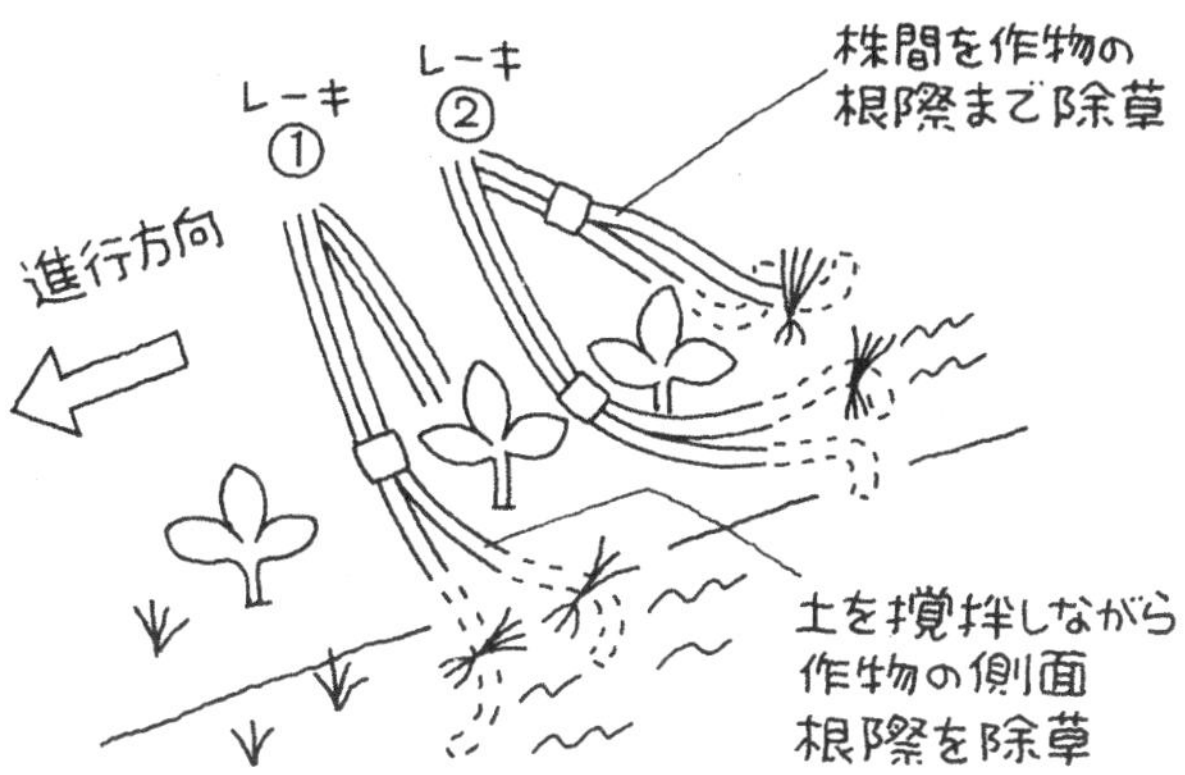

キャベツの除草経費

カルチ除草		かつての除草	
〈10aあたり〉			
カルチ		除草剤	
所要時間 30分		フィールドスター	2000円
（田植え機で引っ張る）	人件費 500円	所要時間 10分	
	ガソリン 100円	（大型トラクタでブーム散布）	人件費 170円
	小計 600円		軽油 100円
			小計 2270円
1作2回	600円×2回	手除草	
		所要時間 60分（6人）	
			人件費 6000円
		1作2回	6000円×2回
			小計 1万2000円
計 1200円		計1万4270円	
〈三浦さんの15ha（1500a）として〉			
1200円×150		1万4270円×150	
18万円		約214万円	

カルチ利用については、高橋義雄・菅原敏治『こうして減らす畑の除草剤』（農文協）もご覧下さい。

形の悪い畑が多いから わが家は小型カルチ

平澤大輔　茨城県茨城町

大玉が求められる業務用キャベツ。株間を広くして栽培するが、除草はカルチでバッチリ

筆者（平澤ファームの栽培管理責任者）、長男と

腰が痛い、余裕もなくなる手取り除草

わが家はキャベツをはじめ、ジャガイモ、ハクサイ、ダイコン、ゴボウなど露地野菜中心の経営ですが、除草作業はたいへんでした。

たとえばキャベツでいうと、株の間を葉が重なって覆ってしまえば雑草の発生率も減りますが、定植してから約一・五カ月の間は葉が小さいので除草は欠かせません。約六〇cmのウネ幅で、手が届くのは三ウネ。中心のウネをまたいで両側のウネの株元まで手や立ち鎌などで除草していきますが、私は背が高いので（身長一八四cm）前かがみになっての作業は腰が痛くなってたいへんでした。

草の少ない時期なら短時間で多くの面積をこなせますが、草が多くなってしまうと小面積でも時間がかかります。気持ち的な余裕もなくなり、ほかの作業にも影響が出てしまいます。人海戦術では苦労が絶えませんでした。

小型カルチに出会った

五年ほど前、農機具の展示会に行き、そこで見つけたのがキュウホーというメーカーの除草機（カルチ）で、「草を見ずして草を取れ」というキャッチフレーズのものでした。針金状のタインが交差していて、地表面の下一～二cmのところを引っかいていき、草の芽や根を切っていく機械です。私はそのとき、これならわが家に向いていると思いました。

大型トラクタに取り付けて一回に五～六条のウネを除草していくタイプから、中耕機に取り付けられる小型タイプまでありましたが、わが家では小型を選びました。北海道のように一枚が何haもある畑なら大型でもよいのですが、わが家は一枚が広くても一haくらい。形も台形や変形の畑が多く、どのようにウネを作っても、必ずといっていいほど端のウネが短くなります。大型のものは旋回時に大きな枕地を使うので作付け面積が減ってしまったり、五～六条ずつだと除草できないウネができたりして、かえって効率が悪くなってしまうのです。

ひとウネごとにできるから確実

小型タイプなら枕地をほとんど使わないし、端のウネだろうが、条間が少しずれていようが、ひとウネごとに使えます。株を傷めたり残草することもほとんどありません。それに乗用管理機より、株を間近で見ることができるので、作物の生育状況や病害虫の発生などもより発見しやすくなります。

ちなみに一〇aの作業時間はだいたい一・五時間。スピードは大人の早歩き程度です。

作物の上を両輪でまたいでいくので、車高が低いと作物の頭が管理機にぶつかってしまいます。そこで普通のゴムタイヤではなく、直径八〇cmの鉄車輪につけ替えました。使い方で注意していることは表のとおりです。

土に酸素を入れる役目も

カルチは除草以外に、土中に酸素を入れることで根を活性化させるというメリットもあります。機械や人が踏み固めることで排水性や通気性が低下して、病気の発生の元となりますが、カルチによる中耕で土をリフレッシュさせることができます。とくに追肥後に入れると作物の根に肥料分を近づけることができるので効率的に吸収しやすくなります。

現代農業二〇一〇年五月号　畑の草に　いけるぞ！カルチ　形の悪い畑が多いから、わが家は小型カルチ

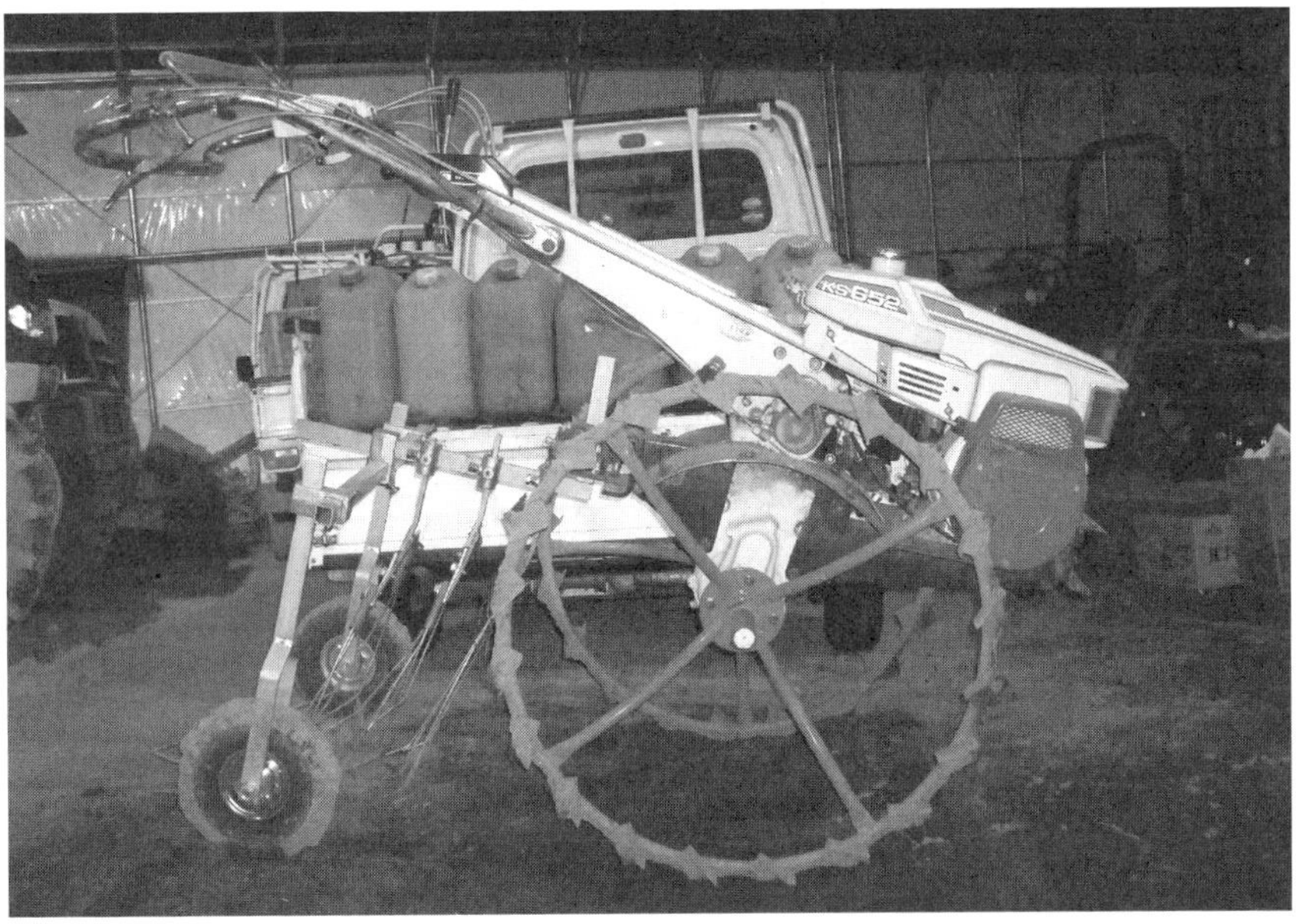

愛用のカルチ。価格は約11万円

カルチのタイミング私のポイント

1回目の見きわめ	**キャベツ（移植）** …手で株を持ち約1kgの力で引き抜いても抜けない状態のとき **ダイコンやゴボウ（直播き）** …本葉が3～4枚にそろったとき
土壌水分	土の表面がうっすらと白く乾いたとき。水分が多いと車輪やタインに土が付き、作物の上に土がのってしまう
時間帯	11時～16時。水分がなく暑いほど雑草がひからびる
草の状態	地表面の草が出るか出ないかというとき。指で地表面を引っかいて白いもやし状態の雑草が見えたとき
回数	作物の外葉が15cmくらいになるまでに2～3回

北海道・ビート
初期カルチを制する者、除草を制す

平　和男　北海道新得町

「上農は草を見ずして草を取る」

雑草が生える前、あるいはまだごく小さいうちに退治しておけば、後がラクになるという金言です。

しかし、言うは易く行なうは難し…。お天道様相手の商売。そうそう教科書通りにはいきませんね。

それでも除草がうまくいって、愛しい古女房に「とうちゃん、もしかして、腕あがったんでないかい?」なんていわれれば、それはそれで嬉しい。

そんなわけで、カルチ活用に血道をあげてきました。

初期生育を早め作物に草を取らせる

ビートは寒冷地の作物ながら初期生育がとくに緩慢です。幅六六cmのウネが茎葉でふさがるには定植してから二カ月近くもかかり、この隙に雑草がはびこってしまうのです。

初期に発生する雑草はおしなべて生育量も旺盛で、はびこらせると非常に厄介です。

そこで、初期生育をよくして株間・ウネ間を作物の茎葉でいかに早くふさぐかがポイントとなるわけです。雑草を作物の茎葉で抑えることを「作物に草を取らせる」といいます。

カルチングには初期生育促進効果も

カルチングには除草効果だけでなく、地温を高めて作物の初期生育を促す効果もあります。

とくに春先、カルチを入れると畑は太陽エネルギーを取り込んで、土は乾いて白くなり、ビートが一晩でグンッと大きくなっていることがあります。

地温を高め、微生物を活性化させて有機物を分解し、作物の根域環境を良好にできる作業は、カルチングしかないのです。最近、このことが二義的なものとされたり、あるいは見逃されがちであることは残念なことです。

さらに、カルチを入れると降雨後の圃場の乾き具合が全然違います。近年、春先の植え付け時期にまとまった雨が降って排水不良、滞水する圃場が目につくようになりました。それに対処して改善する方法も畦間《けいかん》サブソイラなど、カルチ作業しかありません。

除草剤は生育停滞を起こすことも

一方で近頃は、作業効率はもちろん、除草効果が高まったり薬害が低減したことから、カルチを入れず除草剤のみに頼る人が多いようです。

ハーブラック（広葉生育処理、タニソバなどに有効）の登場以降、たしかに薬害は少なくなりましたが、生育遅延はまったくのゼロではありません。天候不順で低温多雨な春は、この生育遅延が致命傷になることもあり、とくに初期の除草剤は使わずにすませたいところです。

カルチ作業中の畑

また、除草剤を使うとしばらくカルチを入れることができません。初期生育を早めたい、カルチフリークの私としては、この期間がなんとももどかしいのです。

カルチはタイミングが命

では、いよいよカルチ作業のカンドコロを紹介したいと思います。まずは、いつカルチを入れるか。そのタイミングについてです。

「ほかの仕事も一段落したし、ちょっと暇になったからカルチでも入れるべか〜」なんていうのは論外で、カルチには入れなくてはいけない、そのタイミングがあるのです。

その1　一回目は移植の二週間後

まず、最初のカルチをいつやるか。

定植後一週間ほどで活着するビート。その頃、まだ寒い北の春でも発芽温度が低い雑草たちのタネは今か今かと発芽するタイミングをはかっています。最初のカルチはこのタイミング、定植二週後をめがけて入れます。

「えー、もうカルチ入れてるの？」と、まわりの農家には驚かれますが、じつはちょっと早めのタイミングこそベスト。ここを逃してしまうとあとあと苦労します。

タイミングが遅すぎるとビートの横根を傷めてしまいます。「カルチを入れないで除草剤だけで対応したほうがとれる」という方は、タイミングが遅れてビートの根を傷めてしまい、生育が遅延した結果だと思います。

その2　二回目は、その五日後

また、「カルチを入れると逆に草が生える」という方もいます。これは二の太刀、つまり二回目のカルチングのタイミングが失敗した結果ではないでしょうか。一回目のカルチで目を覚ました雑草の芽を、これまたいいタイミングで叩いておかなくては結果的に雑草をはびこらせてしまうことになるのです。

私の場合は、一回目から二回目まで一週間以上空けると、あとで苦労します。理想的なのは五日後くらい、圃場の条件や天候によっては三日後に入れることもあります。

この二回目までを思うようにカルチングできると、そのシーズンの初期除草の八割がたは成功したと思っていいはずです。

その3　作業は早朝、朝日に向かって

そして、カルチング作業は必ず早朝から行ないます。地温が上昇するタイミングでカルチを入れると殺草率が上がり、地温が下がる夕刻時は逆に殺草率が極端に下がって雑草が生き残ってしまうからです。

1回目のカルチがうまくいくと、ビートはグンと伸びて株間が茎葉でふさがる。このタイミングで2回目のカルチを入れる

1回目のカルチを終えたウネ

また、午前中であればビートの茎葉が立った状態なので株元まで効かせる、攻めのカルチができます。怖がらずに作物の株元を攻める。この攻めの姿勢こそカルチングの腕を上げる秘訣であり、それのためには早朝からの作業が必要なのです。

その4　週間天気予報をにらんで逆算

これらの作業は週間天気予報をにらみながら、事前にどの圃場から作業するかの優先順序を決めていきます。

カルチ作業中の天候、気温はカルチングの精度と成否を大きく左右します。雨の前に終わらせてしまいたいと誰しも考えるところですが、カルチング直後の降雨と二～三日経ってからの雨では殺草率が違います。

できるだけ晴天時、気温の上がるときに入れられるよう、圃場の条件や植え付け順序、品種等を考慮して逆算するわけです。

カルチを成功させる私のこだわり

ここからは、カルチ作業における私のこだわりを紹介します。人とは違うやり方もありますが、雑草を制するポイントだと考えています。

こだわり1　苗ごと踏みつけて鎮圧

まず、勝負は定植から始まっています。土がよくこなれていて細かく耕されていることは、カルチングの作業性や精度を上げるための必要条件の一つです。

さらにわが家では、定植時に植え付けた苗に鎮圧ローラーをかけて株元を成形しています。鎮圧ローラーをかけて平らにすることで、作物の株元ギリギリまでしっかりカルチを入れることができ、固まったウネの表層がカルチでひび割れることで幼少の雑草の芽を駆逐することができます。この効果が意外と大きいのです。

こだわり2　作用ツールが多いこと

たとえば一回目のカルチにはウィングディ

スクと、水平回転して株間の除草をする株間《かぶま》輪《りん》、さらにカゴローラーの後ろに熊手を装着しています。これらは、それぞれ独立して効果の高いアイテムですが、組み合わせることで殺草率はかなり上がります。

弱点は、ツールが多いので取り付けや取り外しなど調整に時間がかかることと、作業機が長くなるのでウネの出入り口に除草できないスペースができてしまうこと。それに、傾斜では流されますが、そこは腕の見せどころです。

こだわり3　トラクタの腹下には自作のバックミラー

ウネの真ん中を走るのも重要なため、目印となる移植時のタイヤ跡を消さないように気を付けています。

また、トラクタの腹の下に取り付けたバックミラーが役に立っています。タイヤ跡とバックミラーと作業機とを見ながら、カタツムリのようにノロノロと、しかし確実にセンターに、ていねいに入れていきます。

畦間サブソイラで印がつくので二回目以降はラクなのですが、それもこれも初めが肝心なのです。

こだわり4　人の目、人の手、人の声

そして一番のこだわりは、家内や補助者にカルチングの後を歩いてもらうことです。たとえば、株間輪には石や枝が挟まってしまいがちです。そこを補うのが人の目で、石が挟まったら「ストーップ」と合図してもらいます。

「もっとみぎー」とか「少しひだりー」とか指示もしてもらいます。後ろに目があることの安心感、ほんとうに助かります。母ちゃんも「ホーで除草するくらいなら、このほうがずっとラク！」といってくれます。

ちなみに、町内ではこんなことをしている人は皆無です（同業者にはきっと変な目で…）。しかし、このおかげで初期の除草剤がパスできて年間一〇万円以上の除草剤代が浮くうえ、ストレスをかけないのでビートの初期生育をより良好にでき、安定生産が確保できるわけです。

さらにカルチのタイミングとやり方がよかったのかどうかを、複眼的に評価できるという大きな意味もあります。おそらくどこの農家でも草取り部隊長はお母ちゃんですが、じつはそのお母ちゃんの目こそ雑草を制するための、貴重な情報源なのです。

定植時に鎮圧ローラーをかける。これがのちのカルチングに活きてくる

こだわり5　お母ちゃんとは仲良く

私はけして上農ではありませんが、凡農であっても支えてくれる古女房がいるからこそ、腕まくりして鉢巻きキリリとできるというもの。

毎年、少なくとも春作業の間はケンカしないようにしています。いつも以上にできるだけ穏やかに相手のことを想いやって優しく接し、仲良くすることを心がけています。ケンカしながら植えた畑や作物は、秋までなにかとトラブルを起こします（不思議な話

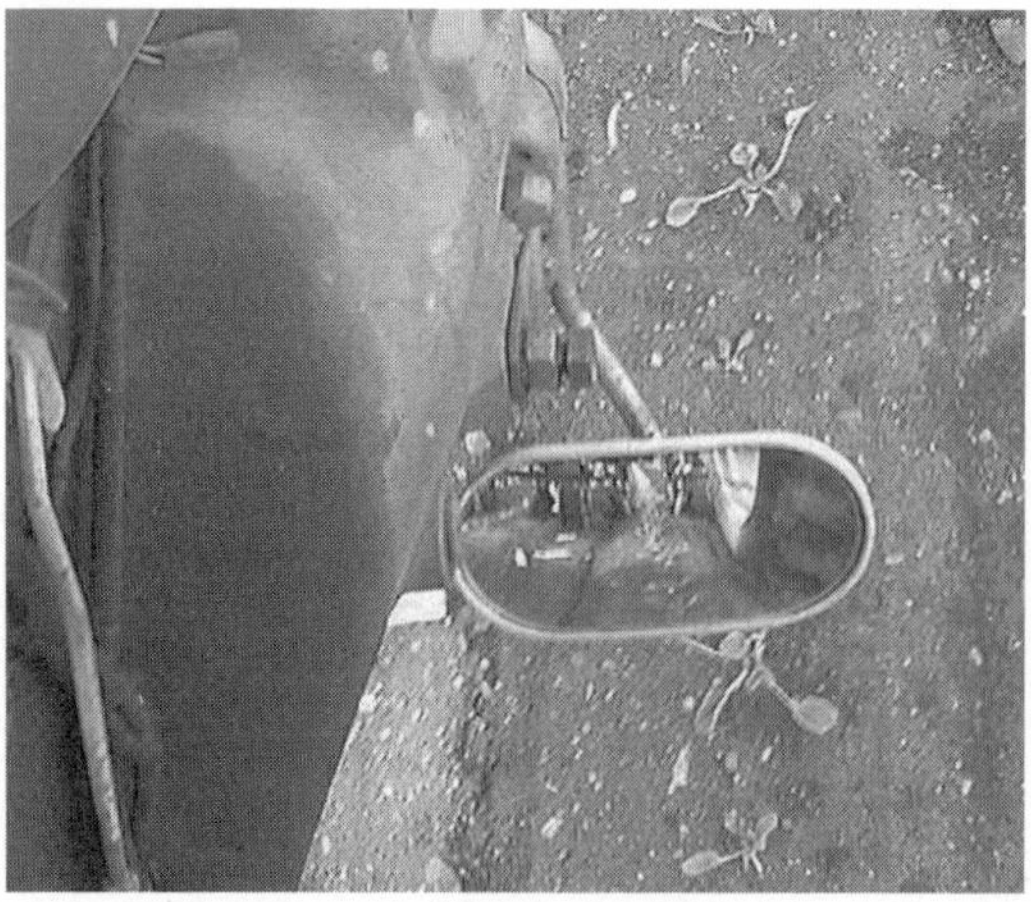

トラクタの腹下に取り付けた自作のバックミラーで確認しながらていねいに進む

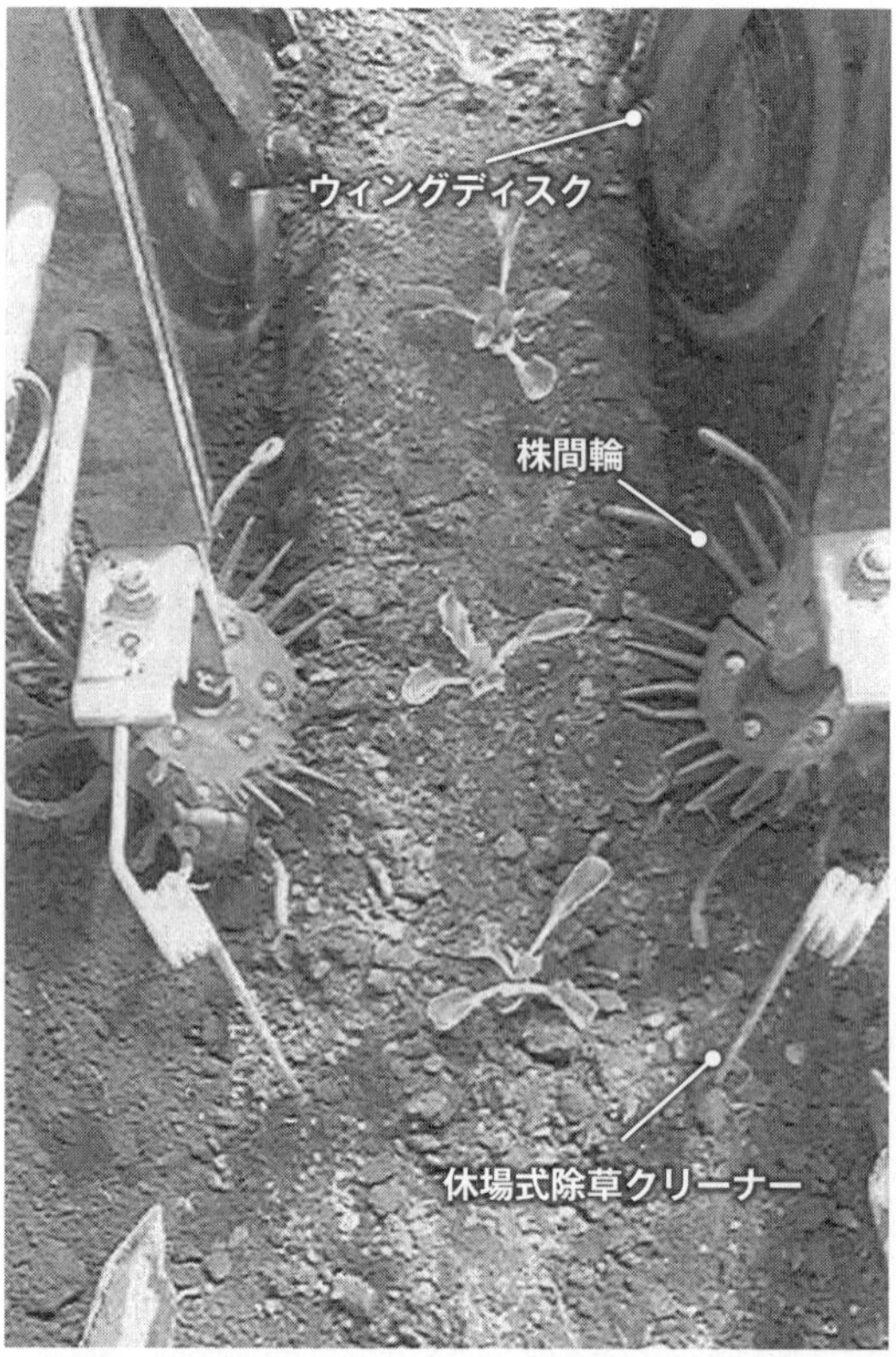

ウィングディスクと株間輪。株間輪の裏側にある休場（やすみば）式除草クリーナーが株元間際の草を駆逐する

カルチングの後を母ちゃんに歩いてもらう。お母ちゃんの草抜きをラクにするためにもカルチの精度を高めたい

ですが、ホントです）。

カルチングの極意とはまさに夫婦で作り上げていくもの。読者諸兄も女性と太陽を最大最強の味方として、明日の朝日に向かってカルチングに挑んでいただきたいと思います。

現代農業二〇一二年七月号　ラクラク度急上昇　草刈り・草取り　削る道具を使いこなす　北海道・ビート初期カルチを制する者、除草を制す

株間・根際の除草にこだわった製品開発

永井　求　㈱キュウホー

玉カルチでタマネギ畑を除草している様子。3回かけることで除草剤以上の除草効果が得られている

当社は、畑作用除草機械の専門メーカーとして開発を続けてきた。地元・北海道では、除草作業に大きな変革をもたらし、この一〇年間成長を続けている企業として注目されている。

農家に育ったわたし自身、若いころは家業の農業を手伝っていたが、農作業のなかでいちばん嫌だったのが手取りの除草作業である。その後、役場に勤務し、趣味の家庭菜園や緑化木栽培を行なっていたが、その二反ほどの面積を手取り除草するのもたいへんであり、ほとほと手を焼いていた。とくにやっかいなのが、作物の株間と根際にある雑草である。いろいろな除草剤を試したが、緑化木には使うことができなかった。

こんな経験から、役場を退職する以前より除草機に関心をもち、数々の製品を開発しては特許を取得した。以下、わたしが開発してきた製品を紹介してみよう。

Qホー

社名の由来にもなった、最初に開発した手取り除草器具。従来の除草ホーとはまったく違う丸みを帯びた刃が特徴。この形は、調理用のお玉からヒントを得た。作物を傷つけにくく、株元まで除草できる。水田のなかでも使用可能。毎年一〇〇〇本の需要がある。

魔法のカルチ

作物を中央に挟んで押して使う、手押し式

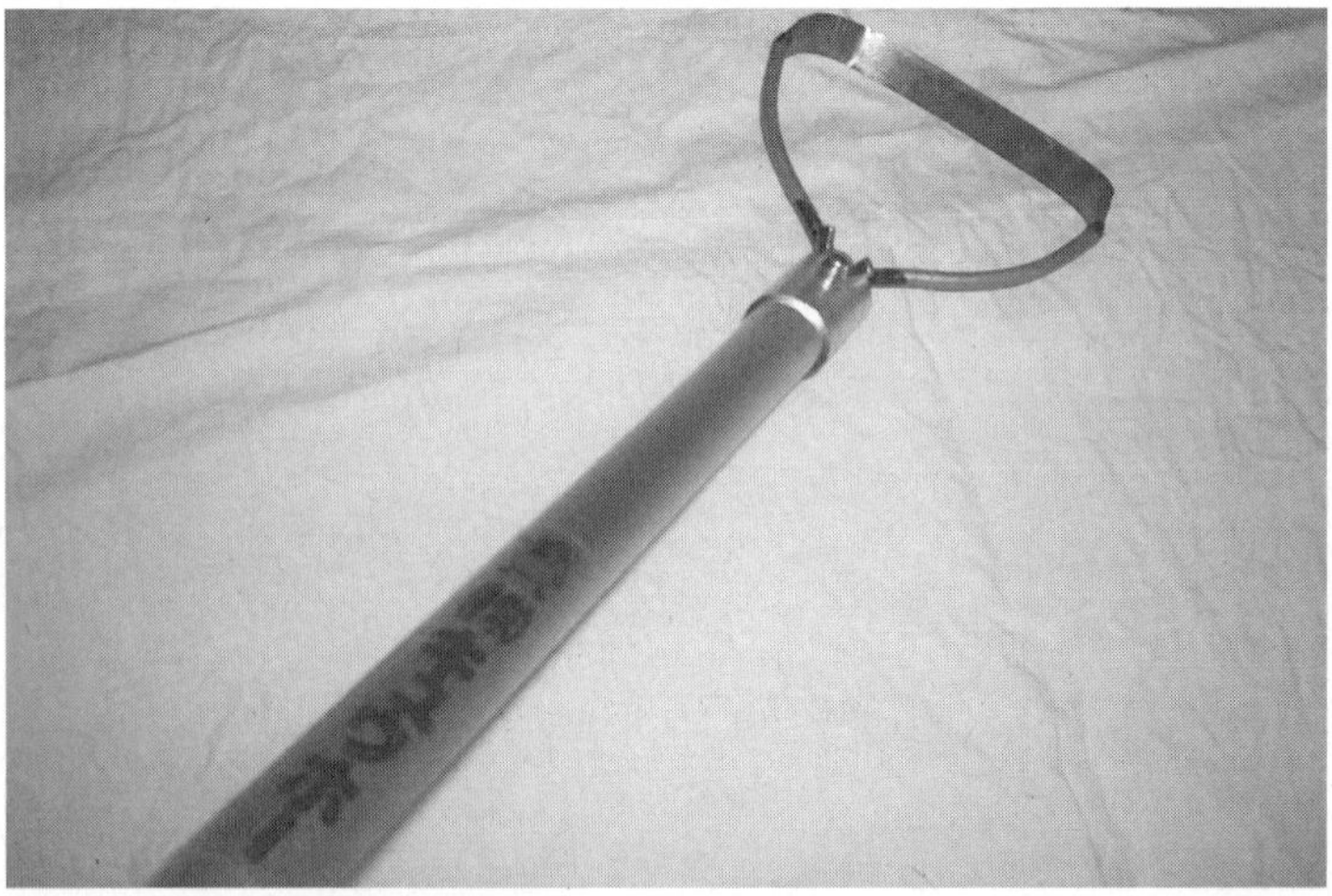

Qホー。価格は4,620円（税込み）

の株間除草器具。作物の草丈が低いうち（二葉くらいまで）に使うのがベスト。昨年は本州の野菜農家からも五〇〇本の需要があった。

ウルトラQ

トラクタに取り付けて、作物の株間と根際の雑草まで退治できる除草機。作物が小さい

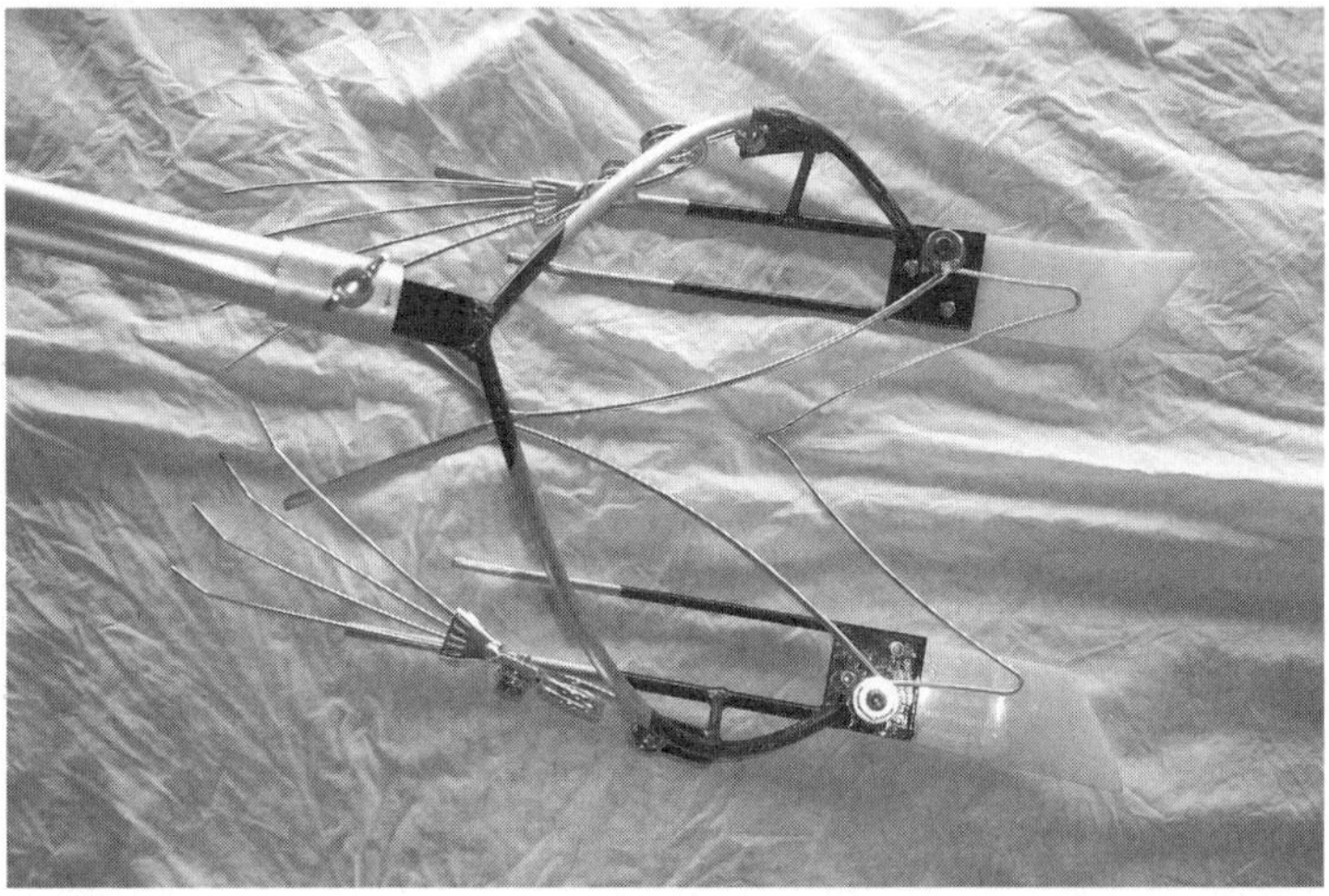

魔法のカルチ。価格は25,200円（税込み）

ときから大きく生長して以降まで、作物を傷めたり引き抜くことなく雑草を退治することを目標に開発した。開発当初、素晴らしいテスト結果が得られたときは、正直言って足が震えるほどの喜びを感じた。

ウルトラQの最大の特徴は、三段階に除草するための形状の違う三つのレーキにある。作物を挟んで、表層二cmほどの土のなかをこれらのレーキが引かれていく。まず、一番目のレーキで土を攪拌し、二番目でさらに攪拌しながら作物の側面根際の草を取り、最後のレーキが株のあいだまで滑り込むように入って株間の根際まで除草する。

レーキの先端側が、作物を抱え込むように、地面をなでるような形に曲がっていることがポイントで、作物を傷めないうえに、抜いた草をそのまま土中に引き込んで枯らしてしまうような働きをする。いわば針金を組み合わせただけのシンプルな構造だが、ただの針金ではないのである。

生育初期から中期・後期まで除草可能。ダイズなどでは、芽が地上に出る前からウルトラQを使うことで、ダイズといっしょに発芽してくる草を退治することもできる。

北海道の農家から毎年一五〇〇セットの需要がある。条間を攪拌・除草するためのカルチベーターと組み合わせた製品も開発されている。

玉カルチ

本邦初のタマネギ用除草機である。タマネギの場合、移植した苗を引き抜いたり、玉に傷を付けて商品価値を下げるといった理由から、除草機の製品化は無理だと言われてき

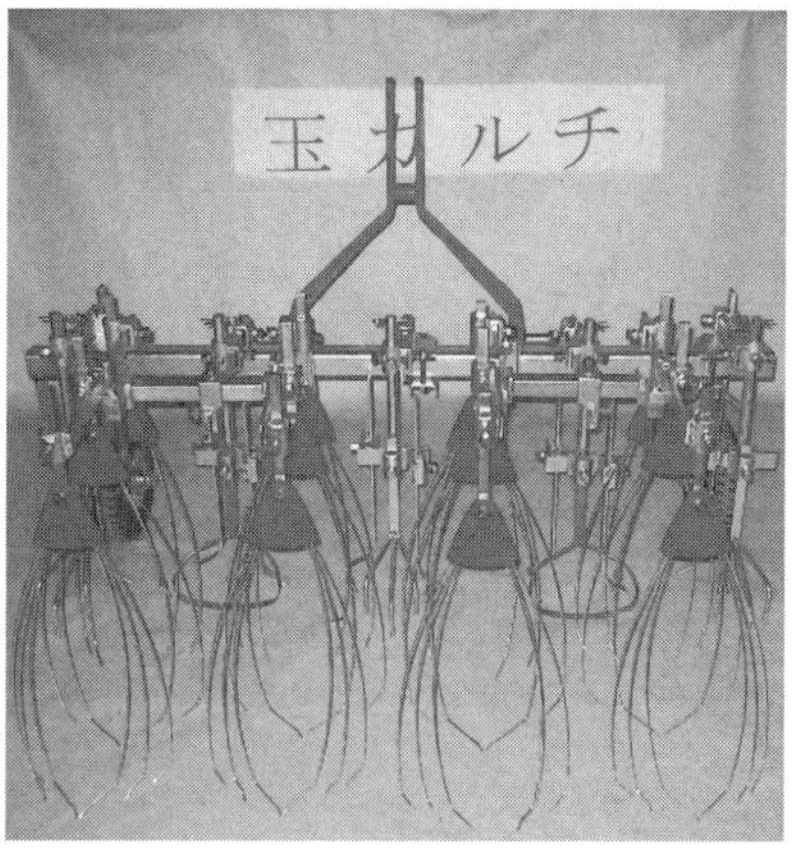

玉カルチ。価格は条数によっても異なるので直接お問い合わせください

ウルトラQの除草のしくみ

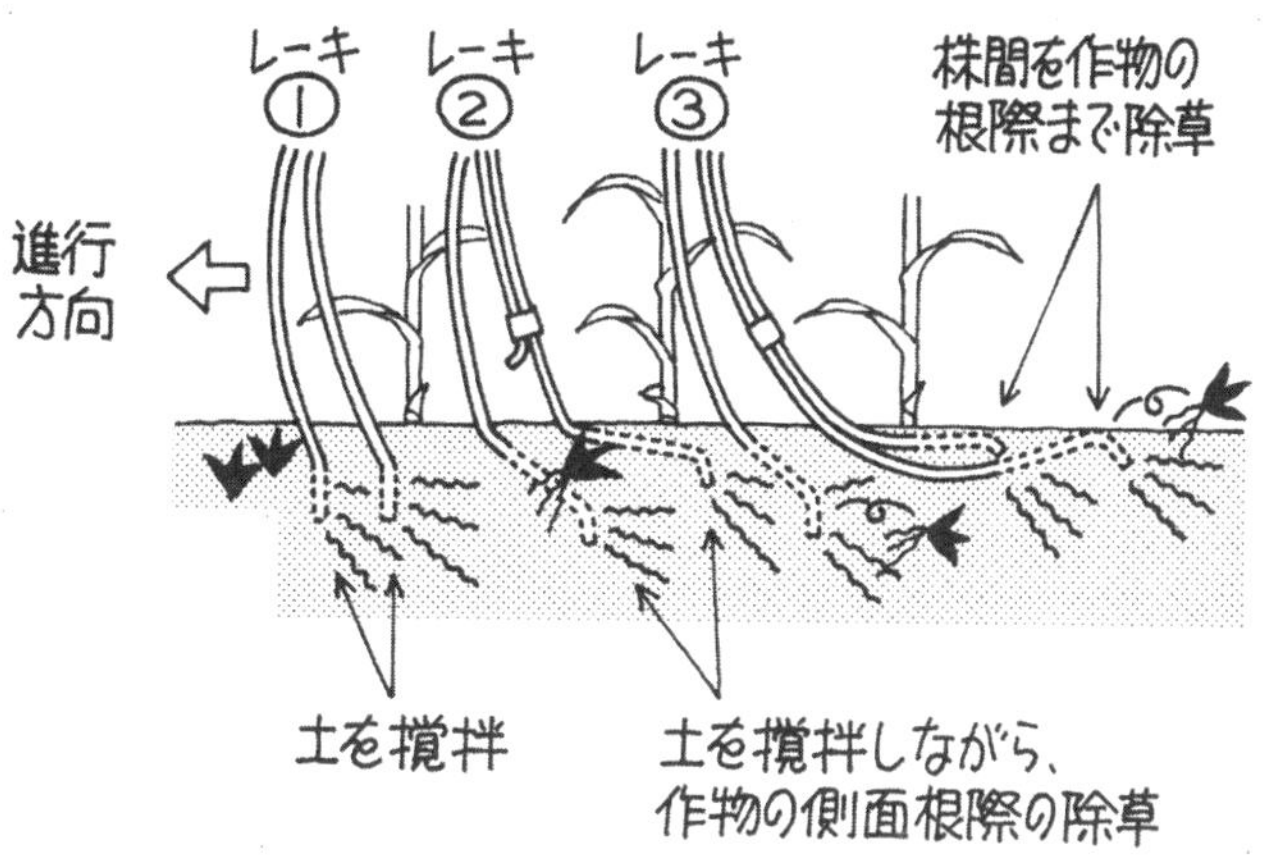

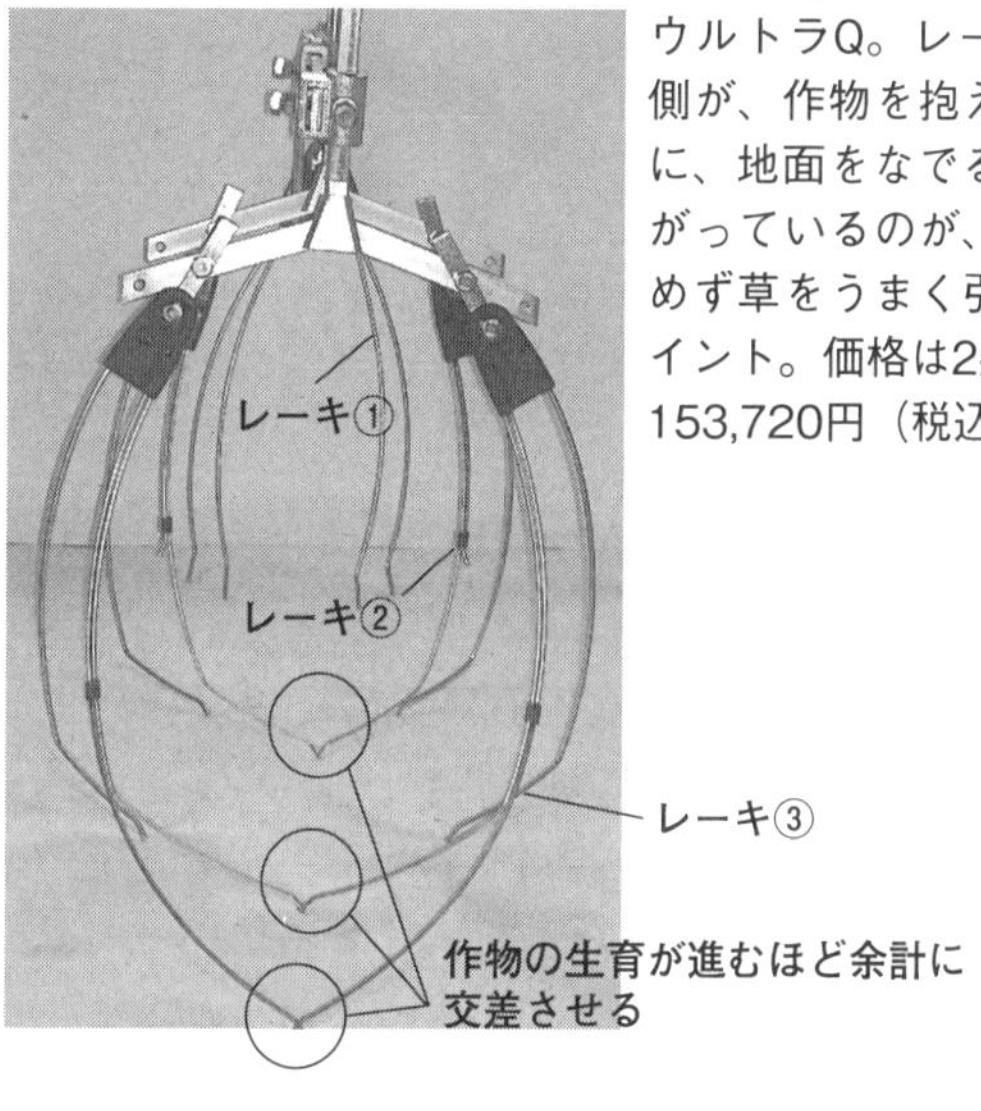

ウルトラQ。レーキの先端側が、作物を抱え込むように、地面をなでるように曲がっているのが、作物を傷めず草をうまく引き抜くポイント。価格は2条分で153,720円（税込み）

た。だが、有機栽培農家が除草作業に苦労している姿を見て、なんとか雑草を退治できないかと考えた結果生まれたのが玉カルチである。

三〇cmという狭い条間を、移植機の植え付け条数に合わせて、株間と根際、条間の除草ができるものを開発した。玉カルチを三回かけることで、除草剤より高い除草効果が得られている。

一昨年、平成十五年度は五〇セット、昨年は一五〇セットの需要があった。同じ条間のニンジン農家からも需要がある。今後も、除草剤を使用したくない農家からの注文が見込めると考えている。

農業の過酷な労働を解消するために各種の機械化が進んだが、作物と同一線上に生える株間の雑草を退治する機械は少なかったし決定打はなかった。その壁を打ち破ったのが当社の製品であると自負している。たかが針金、されど針金である。実際に使っていただいている農家の方々からは絶賛されている。

炎天下の手取り除草のつらさから思い立った除草機開発だったが、食の安全が叫ばれている昨今は、除草剤を減らすという観点からも注目を集めるようになった。有機栽培、環境保全型農業の発展に今後も貢献できれば幸いである。

＊畑作除草および水田除草のビデオとカタログを希望者に提供いたします。ご連絡ください。

（㈱キュウホー　北海道足寄郡足寄町西町七-四　TEL〇一五六-二五-五八〇六　FAX〇一五六-二五-六一二一　http://www11.plala.or.jp/qfo/）

現代農業二〇〇五年三月号　畑の草取り　ラクにする機械・道具　株間・根際の除草にこだわって新発想の製品を続々開発

刈り払い機改造　ウネ間専用草取り機

影山芳文　愛媛県宇和島市

刈り払い機で耕すように草取りしたい

就農当初、畑の雑草取りでたいへんな目に遭ったことから、簡単に雑草を取る方法はないかと考えてきました。あるとき、刈り払い機の先に耕作刃を付ければ、土を耕す要領で雑草が根こそぎ取れるのではないかと考え、さっそくとりかかりました。悪戦苦闘の末、完成したのが「耕作君」です。

刈り払い機に耕作刃を付けただけのシンプルなものですが、草がビッシリはびこった畑のウネ間を素早くきれいにできます。腰の疲労も軽減できました。

「耕作君」で草取りをする筆者

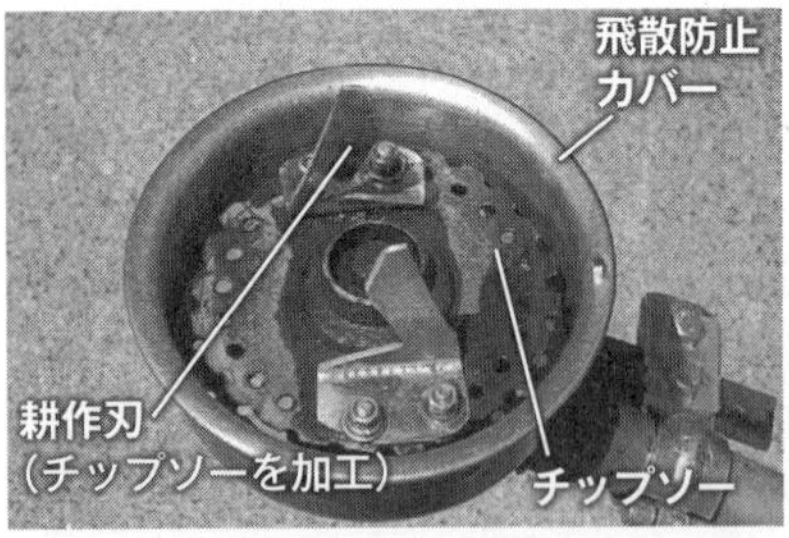

ゴミ受けの真ん中に穴をあけ、刈り払い機のヘッド部分を入れ、角バンドや立バンドなどの金属固定具で留める

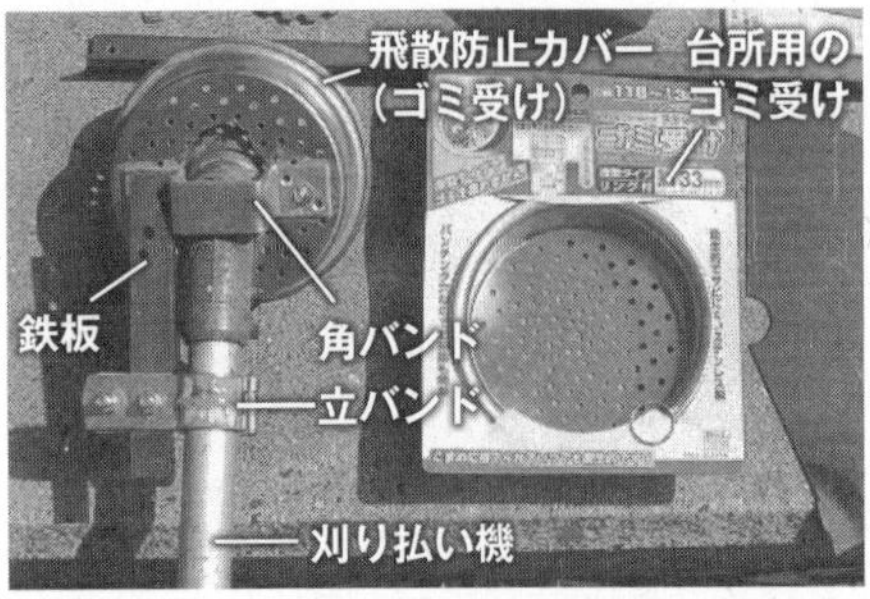

チップソーに取り付けた2本の耕作刃が高速回転する。刃は土に入れたときの抵抗力を減らすために斜めに細くした

使い古しのチップソーで耕作刃

作り方として、まずは刈り払い機のチップソーを使います（穴があいているものがベスト）。それを台座にし、そこに二本の耕作刃を取り付けます。耕作刃はいろいろな素材を試しましたが、折れずに丈夫で軽く、使いやすかったのが、これもチップソーでした。使い古しのチップソー（JASマークのあるものは鋼入りで耐久性がよい）を細長く切り、L字に曲げ、穴をあけてネジとボルトで台座に固定します。

L字に曲げるときは、ガスバーナーで一度焼き、鋼がやわらかいうちに万力に挟むようにします。そのまま曲げると折れてしまうことがあるからです。耕作刃を付ければひとまず完成です。

カバーは一〇〇円ショップで

ただ、そのまま使うと刈り払い機は回転が速いので、耕したときに土が飛散してしまいます。植えたばかりの小さな苗が、飛散した土に埋まってしまうことがありました。そこでカバーが必要になりました。カバーもいろいろ試しましたが、一〇〇円ショップで売っている台所の流しに置くステンレス製のゴミ受け（直径約一三cm）がちょうどいいことがわかりました（まだ試していませんが、ステンレス製の鍋でもいいと思っています）。このカバーを上の写真のように固定すれば完成です。

使い方は、草刈りと同じ要領で、刈り払い機を左に動かしながら進みます。土の硬さに応じてエンジンの回転を調整するとスムーズにいきます。

耕作刃を長くすれば深く耕せます。簡単ですので、ぜひ皆さんも作ってみてください。

現代農業二〇一二年七月号　ラクラク度急上昇　草刈り・草取り　お気に入り道具　手作り編　刈り払い機を改造　ウネ間専用草取り機

水田用除草機でニンジンのウネ間除草

石山耕太
北海道中富良野町

㈲太田農園では主に根菜類を中心とした野菜、小麦などを有機栽培しています。面積は三五haほど。とくにニンジン栽培にはこだわりをもっており、除草剤は使用せず、機械除草と手除草を行なっています。

ニンジンは播種後、発芽する前から雑草が伸びてくることもあり、毎年四～六haものニンジン畑を何度も除草するのに苦労していました。

そこで、水田用の除草機を株際の除草に利用できないかと考えました。ニンジンは四条植えですが、このウネ間が水田用の除草機とぴったり合うことがわかり、使ってみたのです。

畑で活躍する水田用除草機「オータケMA3」。
価格は12万～13万円くらい

ニンジンの根が太り始める前であれば、葉や茎を傷めずに株元ぎりぎりまで除草できます。根を伸ばしたばかりの小さな雑草も根こそぎ取り除くことができます。

水田用除草機を使うよさは、前を向きながら除草できることです。これで人海戦術による手除草を大幅に軽減できました。

また、草の茂り具合に応じてゆっくり除草したり、速度を上げてどんどん除草を進めたり、調節が簡単にできるところも気に入っています。

今はニンジンだけでなく、葉物野菜やタマネギなどの除草にも使っています。

現代農業二〇一二年七月号　ラクラク度急上昇　草刈り・草取り　お気に入り道具　市販品編　ニンジンのウネ間除草に　水田用除草機

刈り払い機に付けられる除草爪

小山田正平　栃木県大田原市

除草爪は反動で振り回されることがないので、ハウスのパイプや作物の生え際すれすれまで除草できる

チップソーなどの刃を替えるだけ

私は教員を退職後、余暇を利用して家庭菜園を始めましたが、除草作業でたいへん苦労しました。そこで農家ならどこにでもある刈り払い機を利用し、簡単に「草取り」ができる除草爪を開発しました。チップソーなどの草刈り用の刃をこの除草爪に替えるだけで、安全で効率的な除草作業ができます。

除草爪は、皿状の円形金属板（ナイロンカッターの皿部分を利用）に、基部をコイル状にした鋼鉄線を二つ固定したものです。鋼鉄線の爪が地中で回転することで雑草を根こそぎ除草できる中耕方式です。

小石に当たっても自在に回避

一般に刈り払い機で草を刈るときには、小石などがまわりに飛散して危険な場合があります。しかし、二本の鋼鉄線が回転するこの除草爪は、中耕時に起きる反作用の力を吸収するうえ、爪（鋼鉄線）が小石などの障害物に当たっても自在に回避する構造であるため、機器が振り回されたり、小石や土などが飛散したりするのも抑えられます。生育中の作物を傷めることもなく安全に作業できます。

除草された草は地表に並び、天気がよければそのまま枯れる

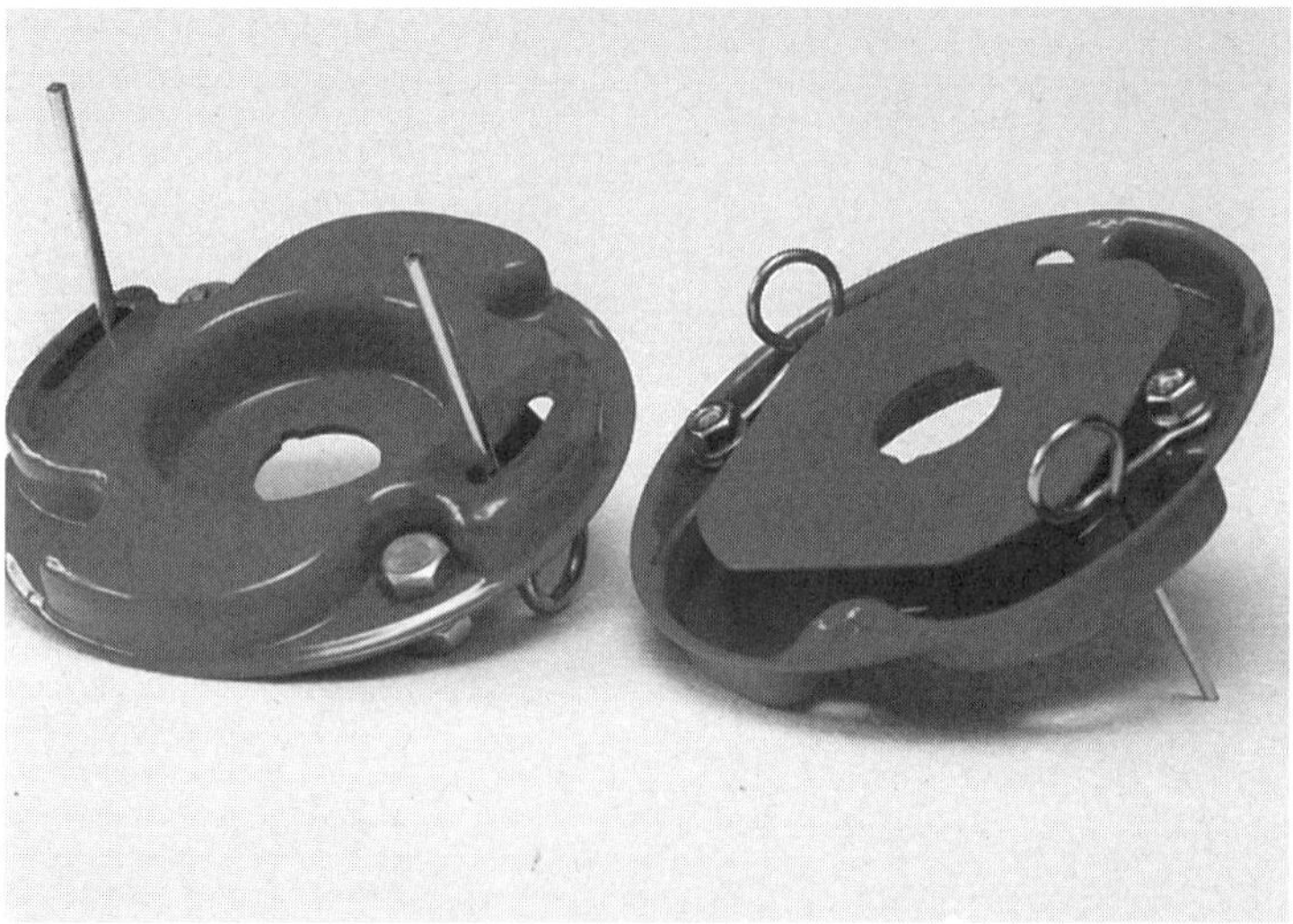

右側の、爪（鋼鉄線）が下向きになっているものが畑用、爪の長い左側（逆さに置いた）が水田用。円盤部分はナイロンカッターのものを利用

また、爪に巻き付いた雑草の根などは、抵抗が大きくなると自然に外れるので、作業を中断する必要がありません。鋼鉄線をやや太めで長いものに替えれば、水田や用水路などの除草も簡単です。

農家を営む兄にも使ってもらったところ、畑の隅々まで簡単に除草できるとたいへん喜ばれました。

多くの方の役に立てるよう製品化することも考えていますが（特許出願中）、器用な方なら自分で作れると思います。

現代農業二〇一〇年五月号　こんなのつくったアイデア農機具　第三三回　刈り払い機に付けられる除草爪

ダイズの初期除草に真ん中二本の刃を抜いたレーキ

佐藤健一　北海道北見市

広いウネ間は市販の熊手を使う

無肥料栽培を続けているすごい友人から畑一・五haを借りて、自分も九年ほどマメやニンジンを無肥料栽培でやってきた。当初、その友人から「何といっても除草をいかに効率よくやるかがポイント」と言われた。まさに、その言葉通り。私の本業は自然食品店の経営なのだが、超多忙な毎日となり、休みもない日が続いた。

いかに効率的に除草できるかと考えていたとき、マメを集める作業で使っていたレーキを手にして、真ん中の刃二本をグラインダーで削れば、ダイズの初期除草ができるのではないかと考えた。さっそく実行。すると株際の小さな雑草もよくとれる。ふつうの鍬を使うより一〇倍は作業がはかどる。雨に降られた直後は土が固まってしまうのでできないが、土が乾いていれば十分いける。

真ん中2本の刃を除いたレーキ。ダイズの上から引きずるだけなのでラク

現代農業二〇一二年七月号　ラクラク度急上昇　草刈り・草取り　お気に入り道具　手作り編　ダイズの初期除草に　真ん中2本の刃を抜いたレーキ

タインで草を引っかき浮かせる「田《た》、米《め》カルチ」

㈱キュウホー

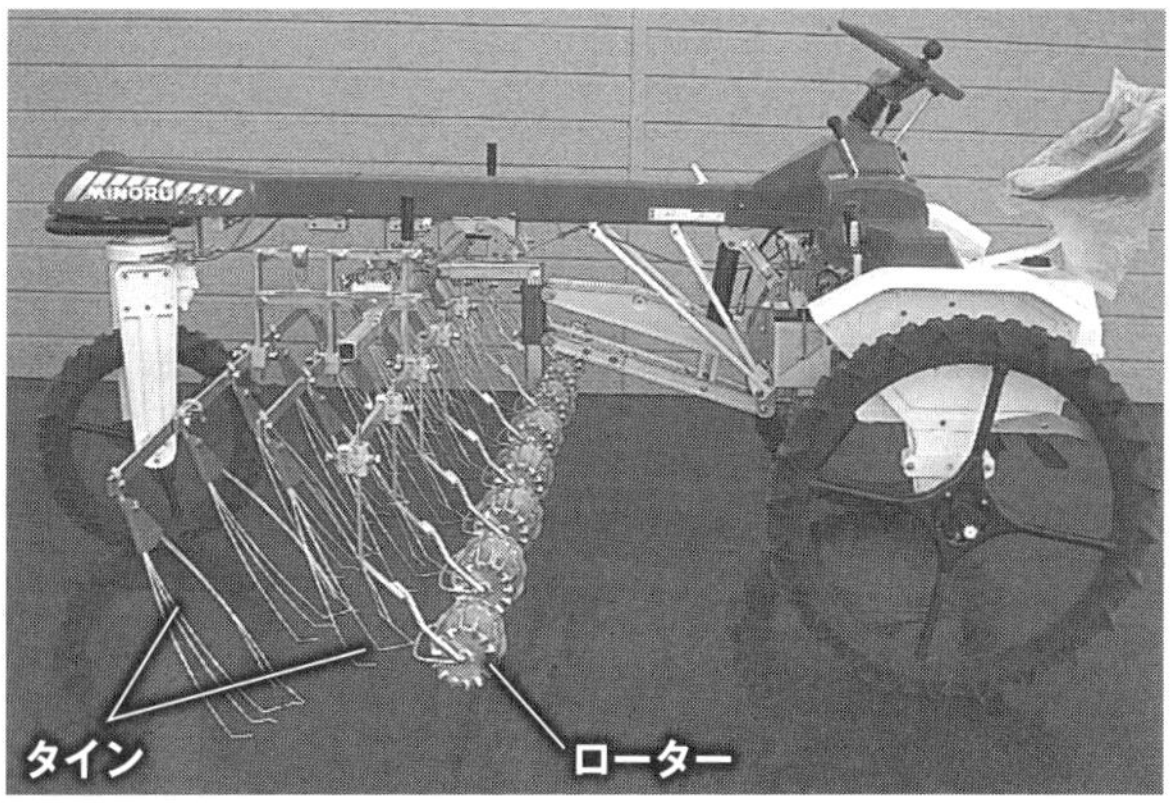

「田、米カルチ10条型」
みのる乗用管理機に装着したところ。田植え機の条数に合わせて4～10条まで可能
6条で約67kg価格47万円（税抜き）
＊ヒッチおよび条間と条数などで価格が変わります
＊北海道価格は別です

中古田植え機、または「みのる乗用管理機」に装着するタイプの除草機です。田植え機はどの機種でもかまいません。ただ「みのる乗用管理機」を推奨します。前方で作業状態が直視できるのと、三輪走行なのでイネの損傷が少ないからです。

除草部の特徴

除草部には動力が必要なく、シンプルなものです。

株間と根際は、畑作で多くの農家が除草の実績を認めた「タイン」で除草します。条間はキュウホーの新型ローター（ラクビーボール形に板状の刃が付いたもの）にて除草します。

除草の初期は一連のタイン（イネにやさしい径の細いタイプ）とローターにて除草。中期・後期は二連のタイン（径の太いタイプと本数が多いタイプの二種類）とローターで除草。タインは三種類が標準装備されています。ローターは刃がついているので、ホタルイ、ヒエ等の雑草を切り、埋め込んでいきます。タインとローターにより田んぼの土を攪拌して、ガス抜き効果でイネの生育の促進もします。

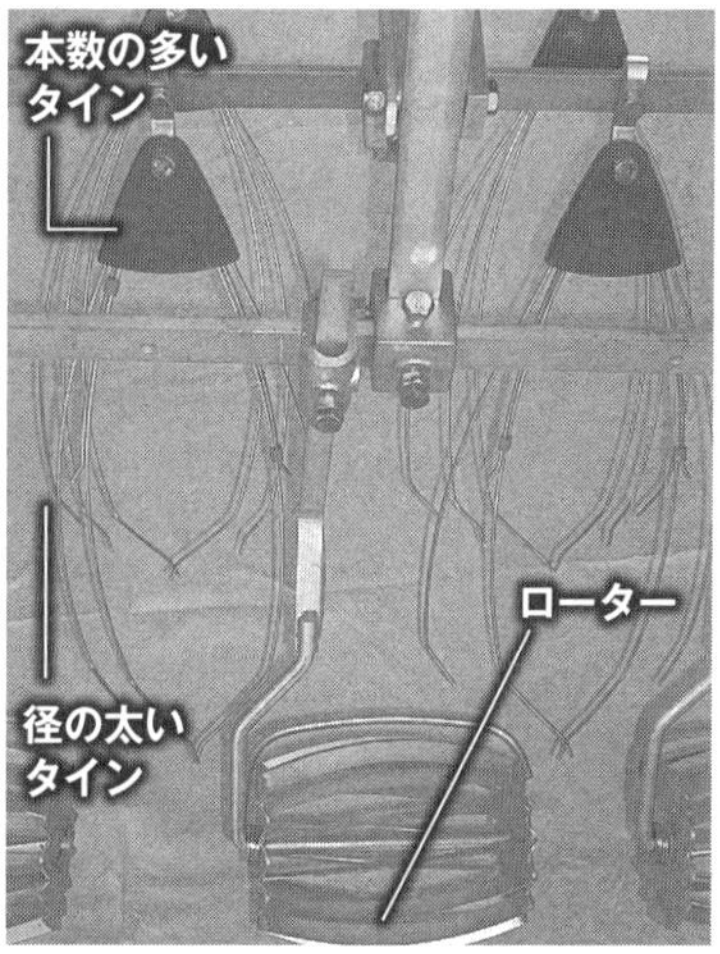

中・後期除草用の二速タイン

雑草や藻が絡みに対策

タインは針金状なので、もともと、除草部に草はたまりにくくなっております。しかし、さらにゴミ・雑草・藻・土を引きずって初期のイネを引き倒すことが少ないように、タインの傾斜角度を調整するレバーがついています。タイン先端のイネに触れる部分も、ゴムリングを上下することで強弱を調整できるようになっております。

使用に適した水深

タインで引っかき、浮かせるという構造ですので、水深は六cm以上が適当です。

（北海道足寄郡足寄町西町七丁目四　TEL〇一五六-二五-五八〇六）

現代農業二〇〇五年五月号　タインで草を引っかき浮かせる「田、米カルチ」　続々登場田んぼの除草機　乗用型除草機

田畑の強害雑草の強み、弱み

編集部
（編集協力・写真提供　森田弘彦）

参考文献　民間稲作研究所編『除草剤を使わないイネつくり』（農文協）

田んぼの草　ノビエ

おいらはイネよりも早く根を張り、養分を奪い、高く伸びるぜ。でも、深水にはトホホだよ。

タイヌビエ（イネ科）

よっ、みんな元気？　おいら、湿生雑草のタイヌビエ。いつも伸び伸びさせてもらってるよ。

雑草ヒエのこと、みんな「ノビエ」って呼んでるけど、仲間はいろいろだぜ。おいらは田んぼだけだけど、イヌビエは畑にもいる。ヒメイヌビエは畑専門。ヒメタイヌビエは西のほうの田んぼで暴れてる。みんなまっすぐ伸びて（イヌビエとヒメイヌビエは這うこともある）、高さ五〇～一五〇㎝になって円すい形の穂をつけるよ。

イネよりも早く根を張り、養分を奪い、高く伸びるのが、おいらの身上さ。たとえば、田植えと同時においらが一㎡当たり二〇本も生えてくれば、イネは一九％も減収する。

それより遅れて、田植え四日後に二〇本生えてきても一一％、田植え八日後でやっと三％。どーよ、スゴイだろ。

まぁ、種子は最低一〇℃前後あれば発芽できる。でも、秋に成熟した種子は休眠状態だから、そのままでは発芽できない。晩秋から早春にかけての低温と、春の変温や湛水で一次休眠から覚醒して発芽するんだ。

発芽してなんとか根を張って、いったん土に定着しちまえば、少々水を張られても大丈夫。だから、乾田直播の田んぼじゃ大活躍さ。

でも、種子は土の下のほうにいると発芽できないことがある。そんなときは夏の高温と湛水で二次休眠に入って、チャンスがくるのをじっと待つんだ。種子は土の中で六～八年間、乾田の耕土の下層なら一〇年以上も生きられるんだぜ。はははのはー。

えっ、深水？　ヒエーっ！　その言葉、聞くだけで胸が悪くなるぜ。

田植え後三〇日間、一〇㎝の深水で、おいらの生長（乾物重）は約六〇％にダウン。一五㎝の深水なら約五％にダウン。仲間のイヌビエなんか、おいらよりも深水に弱い。

ふつう、種子で増える一年生雑草は種子の寿命が長く、冬の寒さや乾燥に強いんだが、おいらのような湿生雑草は、水生雑草と違って深水にされると、酸素不足で発芽も生長もできなくなっちまう。

農家の皆さーん、深水はイネの分けつを抑制するし、いいことないぜーっ！　えっ、そんなことないって？

いいこといっぱいあるって？　なるほど、やり方次第なのか…。おっと、感心してる場合じゃねぇ。くそっ。

左からヒメイヌビエ、イヌビエ、ヒメタイヌビエ、タイヌビエ

幼苗のタイヌビエ（右）はイネ（左）に酷似しているが、第1葉が完全葉で、葉耳・葉舌を欠く

田んぼの草　クログワイ

クログワイ（カヤツリグサ科）

わたくし、クログワイでございます。北海道の皆様はあまりご存じないかもしれませんが、内地じゃ、ちょっとした有名人ですのよ。なんといいましても、除草剤による制御がいちばん難しい多年生水生雑草なのですから。おほほほほ。

わたくしの最初の姿は黒くて丸い塊茎でございます。まず、針のような葉をツンツン出します。それから、細い茎をシュルシュルたくさん伸ばします。茎は八〇cmくらいまで高くなるかしら。強い風が吹くと、イネさんを道連れに倒れ込んだりいたします。

土の中では根茎を横に伸ばし、分株をたくさん作って、子や孫を増やします。秋には茎の先端に穂が一本つくのですけれど、その頃には土の中に塊茎がいっぱいというわけでございます。

自慢ではございませんが、わたくし、塊茎の休眠が深いのです。ですから出芽がそろわず、きわめて長い間、ダラダラと発生し続けます。塊茎は深さ三〇cmの土中からでも出芽できます。

それに、塊茎には頂部に芽が数個ついておりまして、萌芽した芽が除草剤やロータリー耕で枯死したとしても、残った芽が生き続け、ダラダラと発生できるのです。塊茎は田んぼの土の中で五～七年は生きられます。あら、やだ。本当に自慢じゃなくってよ。ほほほほほー。

えっ、さすが雑草界の女王ですって？まぁ、うれしいわ。でも、本当は不死身というわけではございませんのよ。塊茎を凍死させるにはマイナス五～七℃と、寒さにはやや強いのですが、乾燥にはとても弱いのです。塊茎は含水率四〇％前後で萌芽力を失い、三〇％で死んでしまいます。

わたくしのように塊茎や地下茎など、おもに栄養繁殖体で増える多年生雑草は、蓄えられている栄養分が多く、また、深いところからでも発芽できるのが強みでございます。でも、冬に田んぼを起こすなどして塊茎や地下茎が外気にさらされると弱いのです。

除草剤では、発生初期の生育を強く抑制するスルホニルウレア系、ベンフレセート、ダイムロンなどの成分を含むもの（ザーク、ウルフ、アクト、ゴルボなど）に、ベンタゾンなど生育中期の茎葉処理剤（バサグラン、グラスジンなど）を組み合わせ、それを数年間続けられると塊茎の数が減り、大きさが小さくなり、土中での位置も浅くなります。

あら、やだ。調子に乗って余計なことまでしゃべっちゃったわ。今のは忘れてちょうだい。じゃ、ごめんあそばせ。ほほほほほ。

クログワイは黒色球形の塊茎から針状の葉を出し、細い円柱形で内部に隔壁のある茎を伸ばし、横走する根茎で多数の分株を作って群生

クログワイの繁殖様式（稲村 1992 年より）

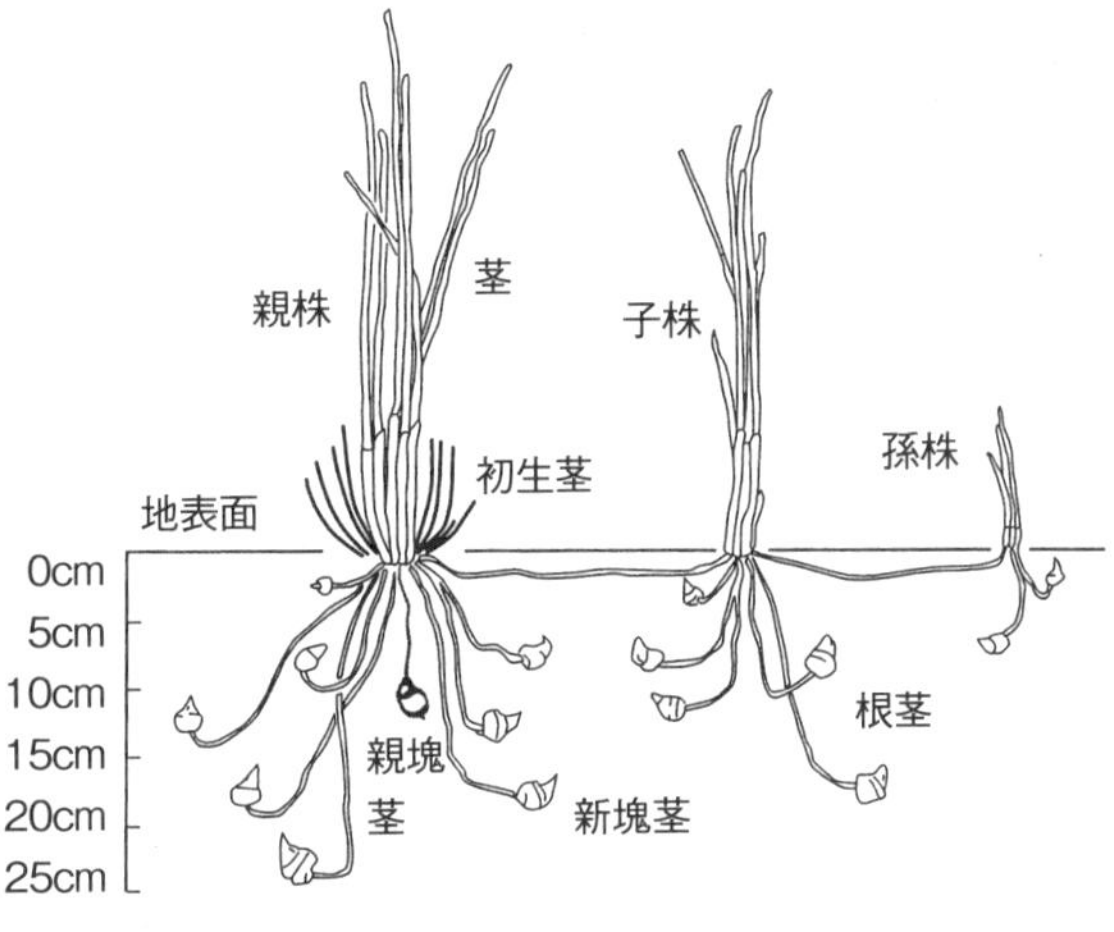

田んぼの草　ミズガヤツリ

ボク、うっかりにつけ込んで増えるんだ。でも、念入りな代かきで浮かばれないかも。

ミズガヤツリ（カヤツリグサ科）

ボク、北海道を除く全国の田んぼで、ふつうに生えてる多年生の湿生雑草。種子からも発生するけど、クログワイおばさんのように塊茎から発生したものが厄介っていわれてるんだ。

ボクの塊茎は短い円柱形で、萌芽して線形の葉を出す。塊茎には頂芽のほかに節部にも芽がある。生育が進むと長い根茎を引いてたくさんの分株を出し、秋に花穂をつける頃には地中に塊茎を作る。

ボク、同じカヤツリグサ科なんだけど、クログワイおばさんほどダラけてないんだ。塊茎が休眠しないから、一〇℃くらいから萌芽する。温暖地以西では耕起前から発生することも多いよ。それに、萌芽は土壌水分三〇～六〇％の畑水分条件が適しているから、うっかり土が水面より上に出たり、乾いたりすると元気になるんだ。

でも、湛水による低酸素条件では萌芽できないし、土中五cm以下に埋没すると出芽もできない。だから、念入りな代かきで塊茎が深く埋め込まれれば、もう発生できなくなる（除草剤もよく効く）。表層に浮いて残った塊茎も、田んぼの水が切れたりしなければ、どうすることもできないんだ。

ボクって、浮かばれないなあ。

ミズガヤツリは塊茎から光沢のある線形の葉を抽出し、秋に3稜の稈の先端に花穂を出す

ミズガヤツリの生活環（中川原図）

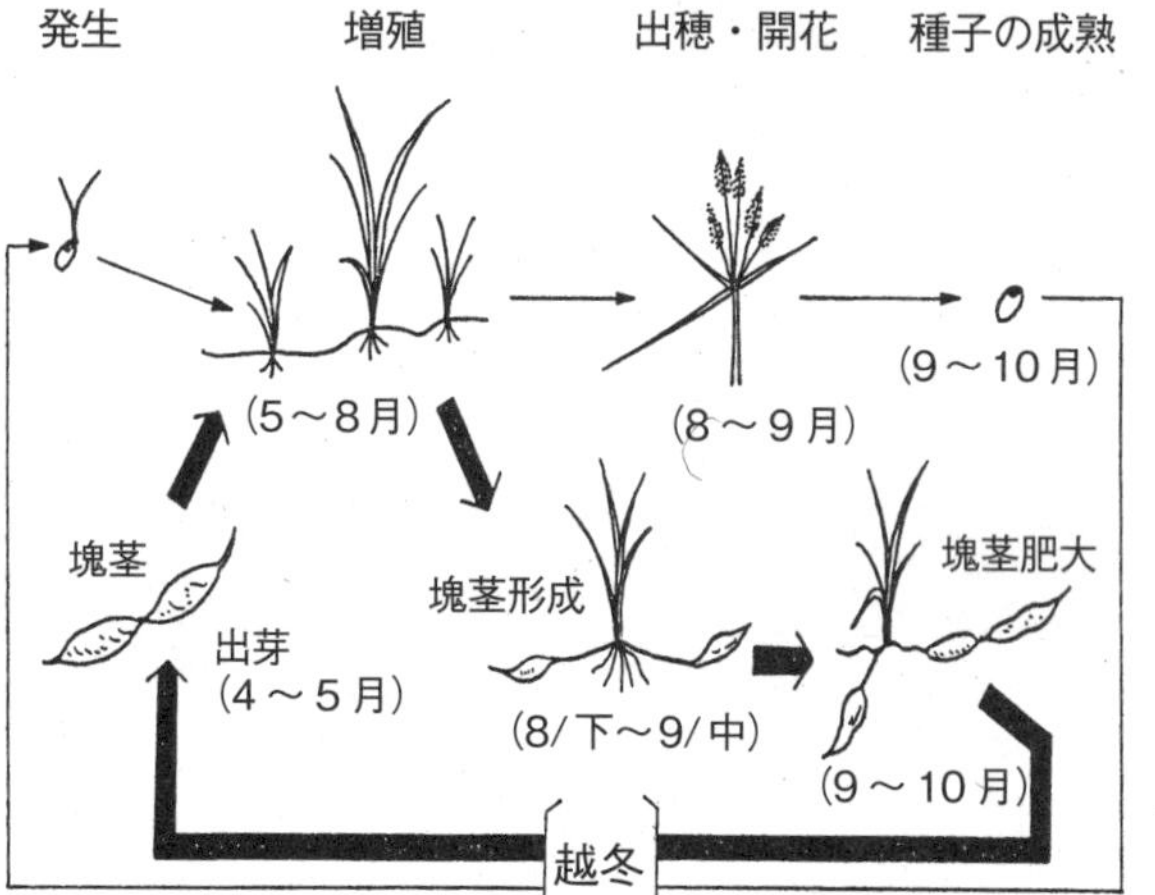

田んぼの草　オモダカ

あたい、肥料の残った田んぼだと秋にガンガン頑張るの。でも、芽がとれちゃうと、もうサイアクゥ。

オモダカ（オモダカ科）

クログワイったら、ちょっとクスリが効きにくいからって、ずいぶん態度デカいわねぇ。あたいだってさぁ、除草剤による防除が難しい広葉多年生雑草ってことで、全国の田んぼに名が通ってんだからね。東北地方じゃ、近縁のアギナシもはびこってるよ。

あたいは夏、長い花茎を出して白色三弁の花をたくさんつける。下は雌花、上は雄花、そりゃキレイなもんよ。茎も八〇cmくらいにはなるから、高さもクログワイに引けをとらない。

種子でも増えるけど、やっぱ、農家が嫌がるのは塊茎でしょ。休眠が深くて、五～二五cmの土中からも出芽できる。だから、発生もばらつくし、長期間にわたる。クログワイのように分株を作って仲間を増やしたりはしないけど、お日様が短くなる短日条件で、たくさんの根茎を作るんよ。

イネ刈り後、暖かいうちに雨がたまったりすると、イネが吸収し残した養分で、ガンガンに塊茎を作るよ。秋の間に田んぼを塊茎だらけにして、次の年はあたいの天下さ。塊茎は田んぼの土の中で寿命一年くらい。転換畑の下層土なら数年間生きられるわね。

でもね、発生初期のスルホニルウレア系除草剤に、生育中期の茎葉処理剤なんかを組み合わせて、数年継続されると参っちゃうわねぇ。それに、クログワイと違って、ふつう一つの塊茎に一つの芽しかつかない。ロータリー耕なんかで芽がとれちゃうと萌芽できない。もう、サイアクゥ…。

認めたくないけど、このあたり、あたいの弱いとこ。キーッ、ぐやじい〜。

オモダカは通常、1塊茎に1芽。幼植物は数枚の広線形葉を出し、次いでヘラ形葉から矢尻形の成葉を出す

田んぼの草　コナギ

深水でも発芽できるのが、わたしの強み。でも、わざと発芽させて抑えるなんて、ヒドーイ。

コナギ（ミズアオイ科）

お久しぶりー。あら、忘れちゃったの？　わたしよ、わたし。コ・ナ・ギ。昔はどこの田んぼでも馴染みだったじゃない。北海道南部より南の田んぼで発生する広葉一年生雑草よ。

まだ思い出せないの？　まぁ、忘れられても仕方ないわよね。除草剤の普及で、すっかりご無沙汰してたもんね。クログワイさんなんかと違って、クスリに敏感だったから。

ガマンの甲斐あって、コナギにもツキが回ってきたわ。ほら、最近、除草剤を使わない田んぼが増えてきたじゃない？　そう、リベンジ（復活）ってわけ。北海道中部ではコナギより大型のミズアオイ、岡山県とかでは属が違う帰化種のアメリカコナギもがんばってるわ。

え、ウチにはこないでくれって？　いーじゃないの、往生際が悪いわね。知っての通り、深水されたって平気で発芽できるのがコナギの強みよ。水生雑草は酸素が少ない条件で発芽するから、湛水すると増えるの。種子は気温一五～一六℃で、地表一cmの層から出芽。

チッソをガンガン吸うから、お宅のような少肥の田んぼなら、イネは弱るいっぽうね。それに、条件がよければ個体当たり七〇〇〇粒も種子を作れる。種子は湿田では一〇年程度で死滅するけど、乾田なら長期間生存で

コナギは幼時や水中では線形の葉、生長するとハート形の葉。青紫色の6花被片の花をつける

きるわ。ふふふ。

　ところで、ちょっと聞いてよ。小耳に挟んだんだけど、湛水でわざとコナギを発芽させたところで、米ヌカとかクズ大豆をまいて有機酸を発生させ、せっかく出たばかりの根を焼く。その後は深水とかウキクサとかで酸素や光を遮断してコナギに光合成させない農家がいるんだって！　お宅ではそんなこと、しないわよね？

　それに、こんなに一途なコナギを食べてしまう農家もいるらしい。とってもおいしいんだって。ヒドーイ。

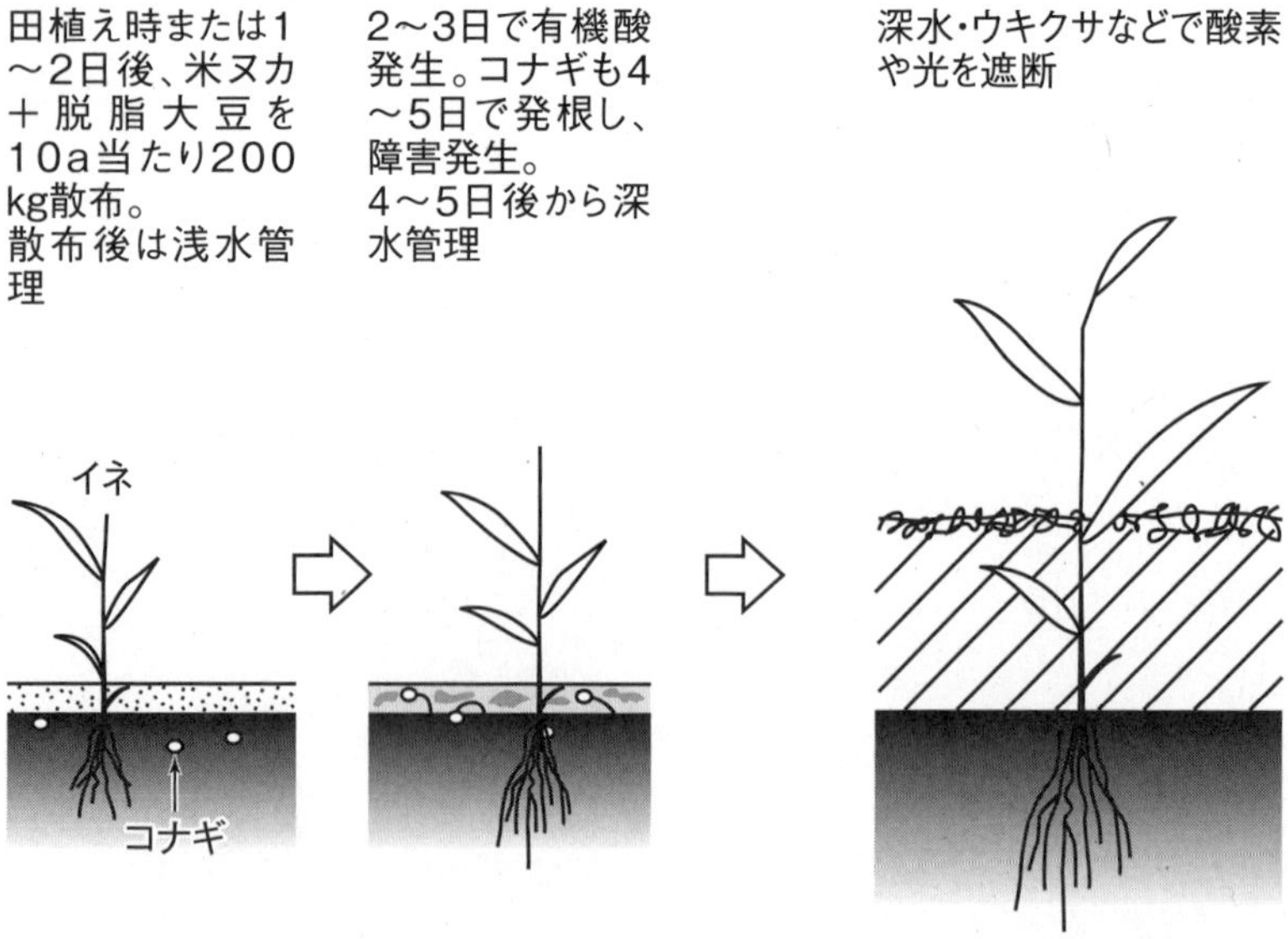
田植え時または1〜2日後、米ヌカ＋脱脂大豆を10a当たり200kg散布。散布後は浅水管理
2〜3日で有機酸発生。コナギも4〜5日で発根し、障害発生。4〜5日後から深水管理
深水・ウキクサなどで酸素や光を遮断
イネ
コナギ
〈浅水＋有機酸〉＋〈深水＋ウキクサ〉によるコナギ抑草法

田んぼの草
キシュウスズメノヒエ

そぉーっと田んぼに入ってフエテイマス。でも、畦畔除草が"ウィークポイント"デス。
キシュウスズメノヒエ（イネ科）

ハウドゥーユードゥ？　オー、マチガエマシタ。ゴキゲンいかが？　でした。

　ミー（私）は関東地方以南、とくに西日本に多く生えています。名前に紀州とありますが、もともと北アメリカ原産の多年生帰化雑草なのです。今でもちょっと気がゆるむと、イングリッシュ（英語）が出てしまいます。オーノー（あー、やだやだ）！

　私はヨソモノとしての分をわきまえて、今でも水田には"そぉーっ"と入ります。畦畔から稈を数m、いわゆる「ヤベヅル（夜ばい蔓）」を伸ばして。それが耕起や代かきで切断され、広く散らばった稈の節から萌芽するのです。

　まあ、種子でも増えるんですが、稈が地表を這い、節からよく分枝し、発根してマット状に広がります。日本の稲作は私たちが稈で増えるのにとても都合がよく、見事、強害雑草になりました。

　そんな私にもウィークポイント（弱点）があります。まず、当然といえば当然ですが、畦畔雑草の管理が行き届いている田んぼだと、なかなか増えるのが難しくなります。

　それから、代かきを丁寧にするなどして、稈が湛水土中に完全に埋没してしまうと、節から萌芽できません。ただし、私よりも全体的に大型で、葉身と葉鞘の毛が密生しているチクゴスズメノヒエはさらに深いところでも生育できるようです。

　除草剤では、ノビエ用のシハロホップブチル（クリンチャーなど）でギブアップ（降参）です。ただし、ヤベヅルは私ではなく、アシカキやギョウギシバなど他の雑草のことも多いようです。その場合、シハロホップブチルが効かないこともあります。

　ヤベヅルを識別する専用の「草調

ベシート」が中央農業総合研究センター水田雑草研究室で作成・配布されています。識別できる農家が増えると、日本もだんだん住みにくくなりそうです。オーノー（あー、やだやだ）！

キシュウスズメノヒエは葉が線形で、葉身と葉鞘に白色の毛が疎らに生える。夏に20～40cmの高さの稈を出して先端に2本の穂をつける

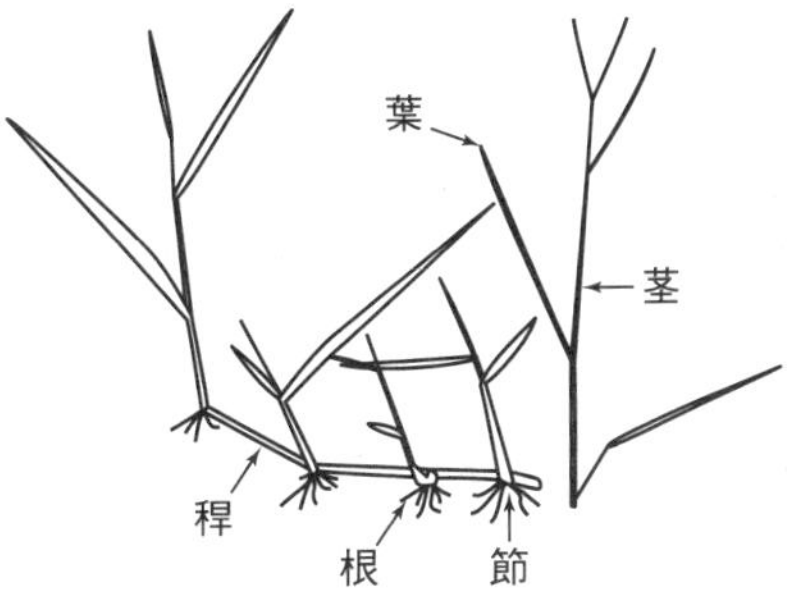

キシュウスズメノヒエのヤベヅル

畑の草　エゾノギシギシ

オレたち、ギッシリ増えるんだ。でも、土を動かされると弱いんだ。

エゾノギシギシ（タデ科）

オレたち、エゾノギシギシ。ヨーロッパ原産で、明治時代の初期に侵入した多年生の帰化雑草さ。全国で発生するけど、寒冷地に多い。やや酸性で湿った畑が得意で、増えるところじゃギッシリ増えるんだ。

オレたちに近縁の帰化種で、ナガバギシギシってヤツは葉身の幅が細く、緑色が淡く、果実の翼に切れ込みがない。あいつは農道などに多いな。それから、市街地で増えてるのはアレチギシギシ。みんなギシギシがんばってる。

オレたちの増殖の秘密は種子の多さと寿命の長さ。一株で五〇〇〇～七〇〇〇粒つけ、土中で二〇年以上生存できるんだ。種子の発芽適温は一〇～二五℃。ギシッ。

畑じゃ、ゴボウのような根茎から、柄の長いちぢれた葉を出し、春から夏にかけて茎を伸ばし、ギッシリ花をつける。土が動かない放牧地では牧草を負かして増えるんだけど、普通畑では頻繁に耕起されると根茎からの発生が少なくなっていくよ。

それに、実用化されてないけど、甲虫のコガタルリハムシが、オレたちをギッシギッシ食べるもんだから、生物防除が検討されたこともあるんだ。

それから、愛知県の水口文夫さんが畑にブロッコリーを植えて、オレたちをギシッと退治するなんて話もあった（『現代農業』一九九七年五月号「ちょっとしたことで畑の草とりラクになる」参照）。

それはともかく、今日もオレたちは増え続ける。ギシギシ、ギシギシ……。

エゾノギシギシは春～夏に高さ1mほどの茎を伸ばし、緑色の小花を密につける。果実は熟して赤褐色になり、1種子を含む

畑の草　ハコベ

いつでも、どこでも生えとるよ。でも、嫌がらない農家もおるよ。

コハコベ（ナデシコ科）

　わたしゃ、至るところに生えとる広葉一年生雑草のコハコベ。ずいぶん昔からおるよう思われとるが、そんなことは、ねえ。あんまり知られとらんがな、本当はヨーロッパ原産で、大正時代に東京で見出された帰化植物なんだよ。

　花がきれい？　これでもナデシコ科だからねぇ。ふぁっふぁっふぁっ。でも最近は、町場の道端で花びらのない花をつけるイヌコハコベが増えとるよ。在所も同じヨーロッパ原産なんだが、近ごろの若い衆の考えることはわからんねぇ。

　友達で、あんまり土が動かないとこに生えとるのはミドリハコベ。雄しべが五～一〇本と多く、種子の縁の円錐形の突起が目立つ。北海道では畑にも生えとるよ。やや大型で多年生にもなるウシハコベは柱頭が五本と多い。

　わたしゃ、畑にごくふつうに生えとるよ。秋から春にかけて多く生えるが、土がせわしく動くとこなら一年中生えてきて種子を作る。種子はだいたい一株で約四〇〇粒だなぁ。茎は基部からよく分岐して這っていく。

　そういえば、ハコベを嫌がらない農家もおるよ。なんでも「ハコベが生えているところはアルカリ性土壌を好むトマトなどがよく育つ」とか、「ウメの園地にハコベが生えてくるようになったら一人前」とか、「夏に枯れるから草生栽培にいい」とか、「土がフカフカになる」とかねぇ。

　わたしゃ、本当に強害雑草なのかねぇ…。

コハコベは茎の片側に軟毛があり、葉は卵～心臓形、短柄で対生。葉腋に白色5弁の花を単生し、柱頭は3本、雄しべは1～7本

畑の草　メヒシバ

わしをクスリで防ぐのはたいへんだぞ。でも根気よく除草すれば消えていくのだ。

メヒシバ（イネ科）

　わしは日本全国の畑や樹園地などの耕地、いや、非農耕地にも広く発生する強害雑草なのだ。昔は家畜のエサに使われて、各地でハグサ（葉草）とも呼ばれておった。

　近縁のアキメヒシバは、わしより発生時期がやや遅く、出穂の開始も遅い（八月下旬からは重なる）。やや小型で葉身や葉鞘に毛のあるものは変種で、アラゲメヒシバ、ウスゲアキメヒシバというのだ。

　わしは種子（えい果）から発生する夏生一年生草本で、株の基部からよく分岐し、節から根を出して横に広がるのだ。気温は一三℃程度で発生し始め、一五～二〇℃で旺盛になる。

　わしをクスリで防ぐのは大変だ

ぞ。いろいろ組み合わせなければならないのだ。イネ科雑草に効く土壌処理剤を播種後に処理。わしが三〜五葉期ならロータリー耕で防除。広葉作物の畑ならセトキシジム（ナブ乳剤）、フルアジホップ（ワンサイド乳剤）などの茎葉処理剤で防除せねばならぬ。

しかし、土壌中での種子の寿命は二、三年と短いので、生き残る草を少なくしていけば、種子の量も減るのだ。火入れで土を七一℃以上で一時間、五六℃以上で三時間処理してやっても種子が死ぬ。

それに、わしのことを、愛知県の水口文夫さんは「夏の間は早期にタイミングよく除草しないと困るが、秋に生えたものは（穂を出すこともなく、霜や寒さで）自然消滅するから、除草の必要はない」といっておった。

わしは、わしは…強害雑草なのだぞ！

メヒシバは初夏〜秋、稈の先端に長さ10cm、幅２mmほどの十数本の枝（総）を傘の骨状につけた穂を出す

畑の草　スギナ

地下深く根を伸ばして増えちゃう。でも、作物に上を覆われると困っちゃうな。

スギナ（トクサ科）

スギナちゃんは、北半球の温帯を中心に広く分布する多年生のシダ植物だよ。地中に暗褐色の根茎を横に走らせ、よく分枝して節から二種類の地上茎を出すの。緑色で、高さ三〇〜六〇cmになるのが栄養茎のスギナちゃん。茶褐色で、先端に胞子嚢穂をつける胞子茎がツクシくん。

スギナの胞子茎（ツクシ）と栄養茎

ツクシくんはスギナちゃんより先に地上に出るの。農道や畦畔ではツクシくんが出るけど、畑のように土が何度も動かされるところではスギナちゃんだけ出ることが多いよ。スギナちゃんたちは、ツクシくんが作る胞子でも増えるけど、畑ではだいたい根茎で増えちゃう。

根茎は深いところまで伸びて、地下一mになることもあるの。根茎からの萌芽は五〜三五℃、ところどころに球状の塊茎をつけて、塊茎からも増えるんだよ。だから、根茎がはびこると密生しちゃう。

でも、スギナちゃんは草丈が低いし、遮光に弱いの。だから、畑で健全に育った作物に上のほうを茎葉で覆われちゃうと元気がなくなっちゃう。除草剤は、土壌処理剤よりも茎葉処理剤のほうが苦手だな。

現代農業二〇〇五年五月号　草刈り・草取り　名人になる！　あなたの強み、弱みは何ですか？　田畑の強害雑草一〇種に聞きました本書は『別冊 現代農業』2012年10月号を単行本化したものです。

著者所属は、原則として執筆いただいた当時のままといたしました。

農家が教える
ラクラク草刈り・草取り術

2013年 3月25日　第1刷発行
2021年 6月15日　第9刷発行

農文協　編

発行所　一般社団法人　農山漁村文化協会
郵便番号 107-8668 東京都港区赤坂7丁目6-1
電 話 03(3585)1142(営業)　03(3585)1147(編集)
FAX 03(3585)3668　振替 00120-3-144478
URL http://www.ruralnet.or.jp/

ISBN978-4-540-12228-6　DTP製作/ニシ工芸㈱
〈検印廃止〉　印刷・製本/凸版印刷㈱

定価はカバーに表示
乱丁・落丁本はお取りかえいたします。